本教材由国务院侨务办公室立项、彭磷基外招生人才培养改革基金资助

非参数统计

——基于R语言案例分析

Non-parameter Statistics

Based on the Case Analysis with R Language

柳向东　编著

暨南大学出版社
JINAN UNIVERSITY PRESS
中国·广州

图书在版编目（CIP）数据

非参数统计：基于R语言案例分析/柳向东编著. —广州：暨南大学出版社，2015.2（2021.7重印）
ISBN 978-7-5668-1320-6

Ⅰ.①非… Ⅱ.①柳… Ⅲ.①非参数统计—高等学校—教材 Ⅳ.①O212.7

中国版本图书馆CIP数据核字（2015）第011239号

非参数统计：基于R语言案例分析
FEI CANSHU TONGJI：JIYU R YUYAN ANLI FENXI
编著者：柳向东

出 版 人：张晋升
责任编辑：曾鑫华 姚晓莉
责任校对：卢凯婷 龙梦姣 黄志波
责任印制：周一丹 郑玉婷

出版发行：暨南大学出版社（510630）
电　　话：总编室（8620）85221601
营销部（8620）85225284 85228291 85228292 85226712
传　　真：（8620）85221583（办公室） 85223774（营销部）
网　　址：http：//www.jnupress.com
排　　版：广州联图广告有限公司
印　　刷：佛山市浩文彩色印刷有限公司
开　　本：787mm×1092mm 1/16
印　　张：14
字　　数：349千
版　　次：2015年2月第1版
印　　次：2021年7月第4次
定　　价：36.00元

前　言

非参数统计是21世纪统计理论的三大发展方向之一。标准的参数方法强烈地依赖于对数据分布的假设，而非参数统计对模型要求甚少，不假定特定的总体分布，因此更加简单、稳健和适用。随着计算工具的发展，非参数统计模型在许多领域中应用更加广泛。非参数统计不仅是统计类学科的必修课，也是统计应用工作者必须掌握的基本方法和思想。

非参数统计以概率统计这门数学学科为基础，运用了很多现代统计思想和原理，因此它的原理涉及秩统计量的渐近正态、稳定性等复杂的统计学问题，较为抽象，对学生的数学基础要求较高，教学中存在的大量的公式推导、演算，必须借助现代化的计算工具，本书正是基于广泛使用的统计分析软件——R语言进行的。

R语言是GNU系统的一个自由、免费、源代码开放且功能强大的软件，是一个用于统计计算和统计制图的优秀工具，因此开发和使用R语言对我国统计事业的发展大有裨益。笔者根据十多年的教学经验认为，初学者只要了解总体和样本、随机变量及分布、统计量、检验和估计等统计学的最基本的内容，即可看懂本书。本书的重点不在于对公式的推导和演算上，而是在对非参数思想的理解和对实例的应用以及如何读懂结果和评价结果上。一旦掌握了R语言在非参数统计研究中的运用，就会有一种游刃有余的感觉。

本书从问题背景与动机、方法引进、理论基础、计算机R语言实现以及应用实例等诸多方面来介绍非参数方法，其内容包括：基于秩检验的符号检验、Wilcoxon检验、Kendall相关、列联表、Kolmogorov-Smirnov检验、非参数密度估计和回归等。本书在强调实用性的同时，也突出了应用方法与理论相结合。

本书可以作为非参数统计的教科书，同时笔者也希望本书能够成为查询非参数统计中最有用方法的快捷参考书，读者可通过本书了解如何使用最常用的非参数方法，并从中找到清晰的说明。

本书有以下几个特色和创新点：

（1）按问题的背景与动机、原理方法、假定条件、假设、检验统计量、实例分析以及计算机实现这样的顺序来编写，使内容显得条理清晰，适用易懂，便于学生了解该方法的直观意义以及来龙去脉、适用于哪类问题以及如何去解决该类问题。选用的案例具有时代性。

（2）每章都会通过R语言结合具体案例进行统计分析，并且有一定的习题，重要的习题都有相应的解答。

（3）图文并茂，利用R语言可以绘制出高质量的图形，一图胜过千言万语。

（4）本书可以作为非参数统计的实习实践教材，所有的计算结果都是由R语言计算出来的，十分值得信赖。

（5）注重处理那些条件少、数据非正态和总体分布未知的模型，突出非参数的稳定性和效率高的特点。

（6）非参数统计是一门统计科学，同时也是一门技术，只要有一般的数学和统计学基础，只要知道总体和样本、随机变量及分布、统计量、检验和估计等统计学的最基本的内容，学好它就非常容易。

（7）本书不提供任何统计分布表，希望读者能够使用计算机和 R 语言进行统计分析。强调动手能力和计算机支持，实际上，如果没有计算机支持，很难对一定规模的数据在任何统计方向进行深入的分析。

本书共有 7 章，讲授 60 个学时较为合适和有效，建议每周 3 个学时（其中 1 个学时为上机实验）。本书的内容是在吸收国内外关于非参数统计的论著的基础上，根据在暨南大学十几年的教学过程中所撰写的讲义修改而成的。笔者还在最后章节尝试阐述了如何应用非参数的方法（包括非参数密度估计和回归、Kolmogorov-Smirnov 检验、中位数回归等）写作本科毕业论文。感谢暨南大学经济学院统计学系的韩兆洲教授、刘建平教授、郑少智教授、王斌会教授、尹居良教授、陈平炎教授以及郭海华副教授和陈光慧副教授的大力支持。感谢陈天然、胡小娟、杨飞、钟聂等研究生全程参与了本书的编著工作，也要感谢统计学系的历届学生，特别是王文静、王琦、王思丹、范洋洋等同学，他们的参与使笔者在教学中对设计的内容越来越有体会，享受到了极大的乐趣。

由于笔者的知识和水平有限，书中难免有错误和不足之处，恳请读者批评指正！

柳向东

2014 年 9 月于暨南大学经济学院统计学系

目　录

1 统计推断

一般而言，一个典型的统计推断过程通常由 5 个步骤构成：假定分布族、抽样、计算统计量和抽样分布、进行估计与检验、评价模型。假定分布族是对实际问题的描述，它是统计推断的基础。然而在许多实际问题中，人们往往对总体的分布形式知之甚少，很难对总体的分布形式和统计模型做出明确的假定。甚至，有些时候对问题的数学描述本身就是问题的全部。比如，在人为控制因素不多的情况下的大部分经济和社会问题，其数据的分布形态和数据之间的关系常常是不能任意假定的，最多只能对总体的分布做出类似于连续型分布或者关于某点对称等一般性的假定。这种不假定总体分布的具体形式，尽量从数据或样本本身获得所需要的信息，通过推断方法而获得结构关系，并逐步建立对事物的数学描述和统计模型的方法称为非参数方法。本章接下来将逐步介绍我们做统计推断时用到的一些基本概念。

1.1 总体、样本与统计量

我们对所居住的这个世界的大多数认识都来源于样本。比如，我们在某家餐馆吃过一次饭，于是会对这家餐馆的饭菜质量和服务水平有一个看法。我们结识了一些美国人，于是感觉自己差不多对所有美国人都有了一定的认识。在大多数情况下，从样本中获取的认识并不准确，但是，运用科学方法获得的样本却能够提供关于总体比较准确的信息。

科学观点的形成常常源于试验的框架。试验就是每一个步骤都规定得很明确的过程，而在试验之前，每一步的结果都是未知的。例如，检验一种新药的治疗效果的试验由以下几部分组成：选定治疗病人，按照规定的步骤服药，观察该药的治疗效果。检验产品质量的试验则包括两个部分：根据明确规定的步骤抽取和检验产品样本、记录试验结果。我们判断认知是否正确的主要方法也是通过试验验证。下面我们就研究对象——总体、样本进行一些介绍。

1.1.1 总体

总体是指一个统计问题研究对象的全体，它是具有某种（或某些）共同特征的元素的集合。总体是一个集合群体，其中每一个个体都具有已知的在样本内出现的概率。要注意总体的定义是根据所要研究的问题而定的。例如，如果要研究的是北京地区 2008 年长白猪的日增重，则总体由北京地区 2008 年所有长白猪的日增重构成。有时总体仅在理论上存在，而并不现实存在。例如，在研究某种药物对某种疾病的治疗效果（有效还是无效）时，我们将会利用一些发病个体进行药效试验，这部分个体可看成是来自一个假想总体的样本，这个假想总体由此药物对所有发病个体的治疗效果构成，它并不现实存在，因为并没有对所有发病个体用药。但是，在理论上，我们可以对所有发病个体用药。

1.1.2 样本

统计分析的目的就是要对总体的特征、不同总体间的差异等做出推断。由于总体往往很大，而且常常是无限的、动态的和假想的，所以不可能收集到总体中每个个体的数据资料，通常的做法是从总体中按一定的方法抽取部分具有代表性的个体，这部分抽取出来的个体称为样本，即我们把总体中某些元素的集合称为样本。要使一个样本含有关于总体的可靠资料，样本中的每个个体必须在随机的情况下抽取。随机抽取意味着总体内的每一个个体具有已知的在样本中出现的概率。这不是抽样者所能随意判断的，而统计分析的基本任务就是要通过对样本的分析来推断总体。

此外根据获取方法的不同，样本可以分不同的类型。比如，方便样本（convenience sample）是一些最容易获得元素的集合，在街上采访的市民或者电话调查均属此类。我们不太可能从方便样本中获得总体参数的精确估计，而概率样本（probability sample）则能够相对精确地描述总体的未知参数，因为概率样本要求总体中每一个元素都有已知的非零概率。本书中所考虑的概率样本是随机样本（random sample），这个概念我们将在本节的后面定义。

1.1.3 目标总体与样本总体

假如一名心理学家想要研究不停地打断一个人的睡眠对其情绪稳定的影响，他所考虑的总体应是当代的所有人。为了进行试验，他在大学校报上刊登广告来招聘所需要的有偿志愿者。他所抽取的样本很难具有代表性，因为这些志愿者都是大学生，来自同一所大学，年龄范围相当狭窄，并且有某种相似的性情促使他们回应报纸上的研究广告，并应聘成为某项人体试验的志愿者。但是，由于很多实际情况的制约，比如研究资金和时间有限，他不得不使用这种类型的样本，否则就得放弃整个试验。因此有两种总体是值得一提的，即研究的目标总体和实际的样本总体。

我们需要从中获取信息的总体称为目标总体（target population），而从中抽样的总体称为样本总体（sample population）。上面的例子中当代人类的全体是目标总体，而来应聘的志愿者是样本总体。所有的试验者都只能基于样本总体来研究问题，而试验的有效性取决于样本总体与目标总体相似的假设，至少在我们所研究的性质上是相似的。

1.1.4 随机样本

本书所讨论的统计方法通常假设样本是随机样本，所以介绍随机样本的有关概念是很重要的。我们假定总体元素的个数是有限的 N，这里 N 可以很大也可以很小。总体中每个元素的重要性相同，且等可能被抽到。容量为 n（$n<N$）的一组样本可以这样抽取：将总体中所有元素从 1 到 N 进行编号，从中随机抽取 n 个号码，使得出现任意 n 个号码的组合等可能，这 n 个号码对应着总体中的 n 个元素。这种抽样方法通常是无放回（without replacement）的，所有相同的元素在样本中出现的次数不会多于一次，而对于有放回（with replacement）的抽样，相同的元素可能出现两次或两次以上。

【定义 1.1】从有限总体中任意抽取一组容量为 n 的样本，如果每组样本出现的可能性相等，那么称这样得到的样本为随机样本。

上面定义中的“随机”不是针对样本本身，而是指获取样本的抽样方法，这一点看起来似乎有些奇怪。事实上，我们是通过抽样方法，而不是通过样本本身来判断一组样本到底是不是随机样本。

假如一个有限总体共有 N 个元素，那么无放回抽样得到的容量为 n 的样本共有 $\binom{N}{n}$ 种可能，有放回抽样样本共有 N^n 种可能。若每组样本出现的可能性相等，则认为这样的抽样方法是随机的，得到的样本是随机样本。

当总体有限时，前面对随机样本的定义在大多数情况下是合适的。但是，假如我们要考察某人在一个晚上做梦的个数，可能会遇到麻烦。在这种情况下，我们认为“随机样本”指某一晚做梦的个数、另一晚做梦的个数，直至比如说七个晚上做梦的个数。即使在理想的情形下，这种抽样方法也不能符合定义 1.1 中的“等可能性”这一概念。什么叫等可能性？不是针对个体，因为前面我们假设的研究对象只是个体，不是总体的一个代表（尽管这可能是我们想要研究的最终目标）。为了保证等可能性，我们不可能在这个人被期望能够活着的夜晚中，选择一些夜晚来做研究。所以，随机样本至少还需要一个其他的定义。数理统计中随机样本的标准定义如下所述：

【定义 1.2】容量为 n 的随机样本（random sample of size n）是指一组 n 个独立同分布的随机变量序列 X_1，X_2，…，X_n。

在定义 1.1 中，如果抽样方法是有放回时，则定义 1.1 和定义 1.2 是相同的，并且当且仅当在这种情形下才是独立的。无放回抽样产生的观测是非独立的，因为某个个体一旦被选中且不放回，就意味着它不可能再被抽取到。然而，如果总体容量 N 很大，有放回抽样和无放回抽样在实际应用中的差别非常小，就可以忽略这种观测间轻微的不独立性。本书中的定理和公式的推导都假设样本中的观测是独立的。对于有限总体，这些定理在其他假设下的修正是存在的，但不在本书的考虑范围之内。这种修正的效果只要在样本量 n 小于总体容量 10% 的情况下就可以被忽略。

1.1.5 多元随机变量

试验者可能会测量或观测到定义 1.1 中随机样本的每个被选元素，以及定义 1.2 中的每个随机变量 X_i 的几个相互关联的特征，在这种情况下，用来描述几个特征的随机变量通常有两个脚标，比如 Y_{ij}，这里第一个脚标表示所选样本的个体，第二个脚标表示被测量或观测的某个特征。

也就是说，X_i 实际表示的是 k 维随机变量（Y_{i1}，Y_{i2}，…，Y_{ik}），X_i 仍然是独立同分布的，但是 X_i 中的每个随机变量 Y_{ij} 可以是独立的，也可以是非独立的，可以是同分布，也可以是不同的分布。

例如之前讨论的“梦”的试验，随机变量 X_i 表示第 i 个观测夜晚做的梦的个数，假设 X_i 是独立的且同分布（意思是每个 X_i 都有相同的分布函数）有一定的合理性。但是如果试验者每晚不仅记录梦的总数，还记录整个睡眠时间，我们分别用 Y_{i1}，Y_{i2} 表示，这样每晚做梦的个数和睡眠时间可能是相关的变量，所以 Y_{i1}，Y_{i2} 很可能不是独立的。但是，每个晚上的睡眠模式彼此是独立的。在数学上，这意味着 Y_{i1}，Y_{i2}，Y_{j1}，Y_{j2} 的联合概率分布函数可以分解如下：

$$f(y_{i1}, y_{i2}, y_{j1}, y_{j2}) = f_1(y_{i1}, y_{i2}) f_2(y_{j1}, y_{j2})$$

这里f_1和f_2分别是（Y_{i1}，Y_{i2}）和（Y_{j1}，Y_{j2}）的联合概率函数。假如连续两晚睡觉模式的联合概率分布不变，即f_1和f_2一样，那么我们可以说（Y_{i1}，Y_{i2}）和（Y_{j1}，Y_{j2}）有相同的分布。为了更方便地表达这种关系，即随机向量之间要求独立同分布，而随机向量内部的随机变量不必独立同分布，我们可以用Y_{i1}，Y_{i2}的联合来表示X_i，这时称X_i为二维随机变量。X_i的值实际上包括两个值，一个是Y_{i1}的值，一个是Y_{i2}的值。这样，前面所述的可以概括为"随机变量$\{X_i\}$是独立同分布的"。

类似地，我们还可以考虑每晚有k个测量，它们是Y_{i1}，Y_{i2}，…，Y_{ik}，用X_i来表示这k个随机变量，那么称X_i为k维随机变量（k-variate random variable），或是多维随机变量（multivariate random variable）。X_i是独立的就意味着所有$\{X_i\}$的联合概率分布可以分解成n个联合概率函数的乘积，并且每个都是Y_{i1}，$Y_{Y_{i2}}$，…，Y_{ik}的联合概率函数。同样地，X_i同分布是指上面提到的联合概率函数是相同的函数。

现在我们有两种随机样本的定义，第一种定义仅适用于有限总体样本并且直接与样本空间联系在一起。如果每一种可能的样本（容量为n）表示成样本空间中的一点，且样本空间中每个点被选为样本的概率相等，那么这种抽样方法是随机的，且抽得的样本是随机样本。上面的定义中，我们仅用到样本空间以及概率函数的概念，但是并没有明确或含蓄地提及随机变量这一概念。

【例 1.1】一个心理学家希望选取 4 名研究对象来进行个体训练和考试。他登出广告，有 20 个志愿者应聘。他有多种从容量为 20 的样本总体中抽取一容量为 4 的样本的方法。他可能会选择最先来应聘的 4 名志愿者，也可能会选择那些积极主动的志愿者，但这可能就不是随机样本。他也可能严格按照定义 1.1 来考虑，选择容量为 4 的样本，即有$\binom{20}{4} = 4\,845$种可能。抽取样本时，他可以用 4 845 张同样的纸，每张纸上写 4 个名字，每张纸上的组合都不同，然后把它们放到篮子里随机地抽取一张，抽取出来的纸片上的 4 个人则被选中。这样得到的是随机样本，但这种抽样方法是不现实的。

另外一种获得随机样本的方法是，把 20 个名字写在 20 张纸上，然后以某种随机方式一个接一个地抽取 4 张纸，比如可以从装满这些纸的一个帽子中抽取。这种抽样方法同样满足随机样本的定义，这个过程可以通过计算机编程来模拟。

随机样本的第二个定义直接与随机变量有关，而不涉及样本空间。但是，由于随机变量是定义在一个样本空间上的函数，尽管我们没有直接引进样本空间这一概念，但是它隐含在实际背景中。随机变量所有可能取值的全体构成了样本空间，有时，为了解决出现的统计问题，将近似样本空间的点列举出来是必要的。实际上，如果所有可能的测量结果（随机变量假设的值）都是样本空间中的点，那么就不会产生混淆。我们通常认为这些测量结果是数值，但是有时测量的数值很难清楚地表达出来。所以，我们最好讨论各种不同类型的测量。

1.1.6 度量尺度

度量的类型通常被称为度量尺度（scale of measurement），各种不同的出版物都详尽地讨论过，其中包括 Stevens（1946）的一篇优秀论文。我们将逐一介绍名义尺度（即

"最弱"的度量尺度)、次序尺度、区间尺度,比率尺度(即"最强"的尺度)。

第一种尺度是度量的名义尺度(nominal scale),它是使用数字将性质或元素分成不同种类或范畴的一种方法。分配到观测上的数字只是用作"名字",以便说明观测所在的种类或范畴,因此叫做"名义尺度"。对掷硬币,我们可以定义随机变量:硬币正面朝上时,记为1,反面朝上时,记为0,这时使用了度量的名义尺度。我们也可以适当地选择7.3和3.9来分别表示正面和反面,我们选择0和1主要是因为方便计算所掷硬币中正面朝上的次数。当把12个研究对象用1到12个数字任意标号时,这时使用了度量的名义尺度,号码的分配则是随机变量的一种形式。当根据颜色将研究对象分类时,种类可以用1、2、3或蓝、黄、红或A、B、C来标记。这些号码只是类别的名字,当然只要种类保持不变,也可以用其他未使用过的号码来标记。

第二种尺度是度量的区间尺度(interval scale)。在一般的度量中,不仅会考虑度量的次序尺度,还会考虑把两个度量区间的大小,即两个度量间差别(从减法的意义上讲)的大小作为相关信息。区间尺度涉及一些单位长度的概念,任意两个度量间的距离都可以用一些单位长度的倍数来表示。用来理解区间尺度这一概念最好的例子就是我们日常生活中温度的表示法。温度的单位(度)定义为温度计中一定体积水银柱的变化量。因此,任意两个温度的差别可以用这个单位或度来衡量。温度的实际数值只是和一个任选为"零度"的点的比较。测量的区间尺度需要一个零点和一个单位长度(只有后者没有前者是不行的),但是哪个点定义为零点,哪种长度定义为单位长度并不重要。温度可以同时由华氏温标和摄氏温标来计量,它们有不同的零度和不同定义的1度或单位。区间度量的法则不会因刻度或位置或两者同时的改变而受到干扰。

第三种尺度是度量的次序尺度(ordinal scale),它用于存在诸如"更小"、"更大"、"相等"这些比较关系的度量中。度量的这些具体数字只是用来从小到大有序地排列元素的一种工具,由于它能够根据度量的相应大小对元素进行排序,所以称为次序尺度。如果其中一些元素彼此相等,我们称为结。当一个人用数字1来表示3个品牌中最喜欢的一个,3表示最不喜欢的一个,2表示剩下的那个品牌,这时,他就是在使用度量的次序尺度,数字只是他表达喜欢程度的一种方式。当然,他可以用任意三个数如16,20,75来代替1,2,3,只要这三个数的相关顺序能够表达出他相应的喜欢程度就行。

第四种尺度是度量的比率尺度(ratio scale)。当次序和区间的大小很重要,而且两度量的比率也很有意义时,我们需要引入度量的比率尺度。如果,一个量是另一个量的"2倍"是合理的话,那么引入度量的比率尺度就是合适的,如度量产量、距离、重量、高度、收入等。实际上,比率尺度和区间尺度的唯一差别是前者要求有绝对零点,而后者的零点可以是任意一点,和区间尺度一样,比率尺度的单位长度也是可以任意定义的。

我们不可能就度量本身来谈哪种度量尺度是合适的,而应该考虑被度量的量以及度量方法,然后再决定赋予度量数值的含义。

关于这四种度量尺度,科学家们没有达成一致的意见。有些科学家喜欢用其他尺度,而有些度量也不能清楚地归类于上面四种尺度的任何一种。这样看来,上面的分类显得把问题过于简单化了,但针对本书目的而言已经足够了。

大多数常用参数统计方法要求度量是区间尺度(或者比这更强的尺度),而大多数非参数统计方法通常采用名义尺度和次序尺度。当然,每种度量尺度都拥有弱度量尺度的所有性质。因此，只需要弱度量的统计方法可能也会用到强度量。

1.1.7 统计量

到目前为止，我们已经讨论了总体、来自总体的样本，以及度量样本所感兴趣的性质的度量尺度。度量尺度涉及随机变量，因为度量样本元素的体系实际上就是一个随机变量。由于统计量（statistic）是随机变量，因此，度量尺度与统计量有关。对于数理统计学家来说，“统计量”和“随机变量”这两个术语是可以互换的。但是，统计量一词的普遍使用表明它不仅仅是一个随机变量。

统计量是描述样本特征的量，如样本平均数、样本方差、样本相关系数等。统计量可以由样本观测值计算得到，因而是样本观测值的函数。一般来说，每一个总体参数都有一个对应的样本统计量。因而由样本推断总体也可以理解为由统计量推断参数。

【定义 1.3】一个统计量是将样本空间中的样本点映射到实数上的函数，其中样本空间中的样本点是一些多元随机变量的所有可能值。换句话说，统计量就是几个随机变量的函数。

作为统计量的定义，定义 1.3 中的每一句话都是充分的，它们清楚地阐述了这个概念。

【例 1.2】用 X_1，X_2，…，X_n 表示 n 个学生的考试分数，每个 X_i 都是随机变量，令 W 等于考试分数的平均值，则

$$W=\frac{X_1+X_2+\cdots+X_n}{n}=\frac{1}{n}\sum_{i=1}^{n}X_i$$

式中，W 是一个统计量。若 $X_1=78$，$X_2=86$，$X_3=88$，那么 3 个学生的考试分数的平均值为

$$W=\frac{78+86+88}{3}=84$$

统计量 W 满足定义 1.3 中的第二句话：它是随机变量 X_1，X_2，…，X_n 的函数。由于 W 将随机变量（X_1，X_2，…，X_n）映射到实数，这满足定义 1.3 中的第一句话。这时，若多元随机变量（X_1，X_2，X_3）的值为（78，86，88），那么统计量 W 的值为 84。统计学中经常应用这一特殊的统计量，称为“样本均值”，下一节中将进一步讨论它。

1.1.8 顺序统计量与秩

因为非参数统计方法并不假定总体分布。因此，观测值的顺序及其性质则作为研究的对象。对于样本 X_1，X_2，…，X_n，如果按照升幂排列，得到

$$X_{(1)}<X_{(2)}<\cdots<X_{(n)}$$

这就是顺序统计量（order statistic），其中 $X_{(i)}$ 为第 i 个顺序统计量。对它的性质的研究构成了非参数统计的理论基础之一。本书并不试图在理论证明上作深入的推导，但是了解顺序统计量的基本性质对了解非参数方法的思维方法还是有益处的。

许多初等的统计概念是基于顺序统计量的，比如中位数的定义为

$$M=\begin{cases}X_{(\frac{n+1}{2})}, & n\text{ 为奇数}\\ \dfrac{1}{2}\left\{X_{(\frac{n}{2})}+X_{(\frac{n}{2}+1)}\right\}, & n\text{ 为偶数}\end{cases}$$

而极差（range）定义为

$$W = X_{(n)} - X_{(1)}$$

如果样本是独立随机样本，则中位数和极差常作为位置和尺度的度量。另一个位置估计量为修整均值（trimmed mean），定义为

$$T(j) = \sum_{i=j+1}^{n-j} \frac{X_{(i)}}{n-2j}, \quad 0 < j < \frac{1}{2}n$$

这里参数 j 为求均值之前删掉的最大的或最小的一些观测值的数目。有时也用被删除观测值的百分比 α 作为参数。注意，当修整均值所修整的部分的百分比为 0 时，就是均值，当 α 为一半（n 为奇数）或者接近一半（n 为偶数）时，修整均值为中位数。

如果总体分布函数为 $F(x)$，则顺序统计量 $X_{(r)}$ 的分布函数为

$$F_r(x) = P(X_{(r)} \leqslant x) = P(\text{至少 } r \text{ 个 } X_i \text{ 小于等于 } x)$$

$$= \sum_{i=r}^{n} \binom{n}{i} F^i(x)[1 - F(x)]^{n-i}$$

如果总体分布密度函数 $f(x)$ 存在，则顺序统计量 $X_{(r)}$ 的密度函数为

$$f_r(x) = \frac{n!}{(r-1)!\,(n-r)!} F^{r-1}(x) f(x) [1 - F(x)]^{n-r}$$

顺序统计量 $X_{(r)}$ 和 $X_{(s)}$ 的联合密度函数为

$$f_{r,s}(x) = \frac{n!}{(r-1)!(s-r-1)!(n-r)!} F^{r-1}(x) f(x) [F(y) - F(x)]^{s-r-1} [1 - F(x)]^{n-r}$$

我们从此式可以导出许多常用的顺序统计量的函数的分布。比如极差 $W = X_{(n)} - X_{(1)}$ 的分布函数为

$$F_W(w) = n\int_{-\infty}^{+\infty} f(x)[F(x+w) - F(x)]^{n-1} \mathrm{d}x$$

因为本书所采用的方法主要是以秩为基础的，自然要讨论介绍秩的有关分布。如果用 R_i 来代表独立同分布样本 X_1，X_2，…，X_n 中 X_i 的秩，它为小于或等于 X_i 的样本点个数，即

$$R_i = \sum_{j=1}^{n} \mathrm{I}(X_j \leqslant X_i)$$

记 $R = (R_1, \cdots, R_n)$，可以证明：对于（1，…，n）的任意一个排列（i_1，…，i_n），R_1，…，R_n 的联合分布为

$$P(R = (i_1, \cdots, i_n)) = \frac{1}{n!}$$

由此可得

$$P(R_i = r) = \frac{1}{n}$$

$$P(R_i = r, R_j = s) = \frac{1}{n(n-1)}$$

$$E(R_i) = \frac{n+1}{2}$$

$$\mathrm{Var}(R_i) = \frac{(n+1)(n-1)}{12}$$

$$\mathrm{Cov}(R_i, R_j) = -\frac{n+1}{12}$$

类似地，可以得到 R_1，…，R_n 的各种可能的联合分布及有关的矩。对于独立同分布样本来说，秩的分布和总体分布无关。

上面介绍的顺序统计量和秩的一些性质可帮助认识基于秩的统计量的分布性质，以及给定具体总体分布时非参数方法对参数方法的相对效率。此外，我们还将在后面的章节中介绍很多其他有用的统计量，并进一步讨论这些统计量在分析试验结果中的作用。

1.2 估计

统计量的一个基本目的是估计总体的未知性质。这些估计出来的未知性质通常是用数字表示的，并且包括可列举的一些项目，例如未知比率、均值、概率等。事实上，估计是基于样本的（如果有概率描述，则是随机样本），并且估计是关于随机变量分布未知性质的有根据推测，这里随机变量表示对总体研究感兴趣的量。例如，我们可以用产品中样本的不合格率来估计总体的不合格率。用来做估计的统计量自然叫做估计量（estimator）。本节我们将要讨论一些估计量，例如样本均值（sample mean）、样本方差（sample variance）和样本分位数（sample quantiles）。我们首先引入一个与众不同的估计量——经验分布函数（empirical distribution function）。

1.2.1 经验分布函数

一个随机变量的真实分布函数一般是未知的，有时我们只能够推测分布函数的形式，或将推测作为真实分布函数的一个近似。根据样本的观测值作经验分布函数图，以此来作为整个未知分布函数 $F(x)$ 的估计，这是推测分布函数的一种好方法。下面将用具体的例子来介绍这种估计方法，由此我们给出定义：

【定义 1.4】设 X_1，X_2，…，X_n 是一组随机样本，经验分布函数 $S(x)$（简称为 EDF）是 x 的函数，它在 x 点的取值为小于或等于 x 的 X_i 在样本总数中所占的比例，其中 $-\infty<x<\infty$。

【例 1.3】在一项体能研究中，一高中随机抽取了 5 名男生，记录他们跑完 1 英里的时间。时间（转化成分钟后）分别为 6.23，5.58，7.06，6.42，5.20。由于经验分布函数 $S(x)$ 是小于或等于 x 的 X_i 在样本总数中所占的比例，根据这组特定样本有如下经验分布函数：

$$S(x)=\begin{cases}0, & x<5.20\\ 1/5, & 5.20\leqslant x<5.58\\ 2/5, & 5.58\leqslant x<6.23\\ 3/5, & 6.23\leqslant x<6.42\\ 4/5, & 6.42\leqslant x<7.06\\ 1, & x\geqslant 7.06\end{cases}$$

我们也可以很方便地画出该经验分布函数的图象，并且从例 1.3 中可以看出，经验分布函数总是阶梯函数，每阶的高度是 $1/n$，并且只在样本取值处有变化。我们从左到右来考虑经验分布函数的值，注意到 $S(x)$ 在样本最小值前均取值为零，在每个样本取值处会增加一阶的跃度，每个跃度是 $1/n$。在样本最大之处 $S(x)$ 取最大值 1，并且在剩下所有比样本最大值大的 x 处都取 1。$S(x)$ 很像非降的取值从 0 到 1 的分布函数。但 $S(x)$

只是由经验（来自样本）确定的，并由此而得名。

例 1.3 只描述了 $S(x)$ 的一组观测值，其他的样本值将产生另外不同的经验分布函数 $S(x)$，对应的图象当然也不同。这表明了 $S(x)$ 的随机性，从这个意义上讲，它是一个随机变量。但是，由于它是一个函数，且观测值是整个图象而不是单个值，所以称 $S(x)$ 为随机函数（random function）更加合适。因为它能够相当好地估计随机变量的分布函数，所以它通常用作一个估计量。为了区分经验（或样本）分布函数，我们称随机变量的分布函数为总体分布函数。

从某种意义上讲，经验分布函数的观测值可以认为是总体分布函数的取值，准确地讲，基于样本观测值 x_1，x_2，…，x_n，$S(x)$ 的一个观测值和取 x_1，x_2，…，x_n 中每个值的概率都是 $1/n$ 的随机变量的分布是一样的。这种随机变量的分布函数是一个阶梯函数，且在每个数值 x_1，x_2，…，x_n 处的跃度为 $1/n$，因此，我们很容易得到随机变量的均值、方差和分位数。

1.2.2 估计量

为了区分真实“总体”的均值、方差和分位数，由样本计算得到的均值、方差和分位数分别称为样本均值、样本方差和样本分位数。正如经验分布函数可以作为总体分布函数的估计量，样本均值、方差、分位数也可以分别作为总体均值、方差、分位数的估计量。

【定义 1.5】设 X_1，X_2，…，X_n 是一组随机样本，样本 p 分位数 Q_p 满足以下两个条件：

（1）小于 Q_p 的 X_i 的比例小于等于 p。

（2）大于 Q_p 的 X_i 的比例小于等于 $1-p$。

正如总体分位数从总体分布函数得到的方式一样，每个样本分位数都可以由经验分布函数得到。样本 p 分位数是 $S(x)=p$ 处的 x 值，如果有不止一个 x 值满足 $S(x)=p$，我们取最大值与最小值的均值作为该样本 p 分位数，与总体分位数的处理一样。样本 p 分位数 Q_p 取决于随机变量的取值，因此它是一个统计量。注意，为简便起见，我们只针对随机样本定义样本分位数。

一种直接由样本而不通过 $S(x)$ 的图象而得到样本 p 分位数的方法是，用 p 乘以样本容量 n，四舍五入得到一个相邻的较大整数，那么样本分位数是以 $(p\cdot n)$ 和 $(p\cdot n+1)$ 为秩的两个次序统计量的均值。

【例 1.4】从市区妇女俱乐部中的已婚妇女中随机抽取 6 名妇女，记录每位妇女的孩子个数，分别为 0，2，1，2，3，4，经验分布函数如图 1-1 所示。样本中位数 $Q_{0.5}$ 是 2，样本分位数 $Q_{0.25}$，$Q_{0.75}$ 分别是 1 和 3。按照我们的约定，1/3 样本分位数 $Q_{1/3}$ 是 1 和 2 的平均值，即 1.5。这些数可以用来估计未知的总体分位数。

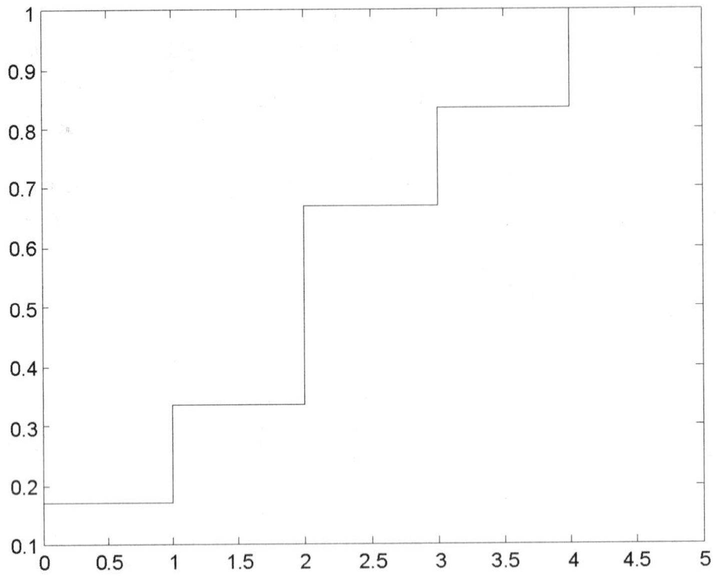

图 1-1　经验分布函数

注意此时样本均值和方差计算起来比较简单。对于这种简便的计算方法，我们给出下面的定义。

【定义 1.6】设 X_1，X_2，…，X_n 是一组随机样本，则样本均值 $\overline{X}$ 定义如下：

$$\overline{X} = \frac{1}{n}\sum_{i=1}^{n} X_i \tag{1-1}$$

S^2 定义如下：

$$S^2 = \frac{1}{n}\sum_{i=1}^{n}(X_i - \overline{X})^2 \tag{1-2}$$

同时，它还等价于下式

$$S^2 = \frac{1}{n}\sum_{i=1}^{n}X_i^2 - \overline{X}^2 \tag{1-3}$$

【例 1.5】例 1.4 中随机样本 0，2，1，2，3，4 的样本均值是

$$\overline{X} = \frac{1}{6}(0+2+1+2+3+4) = 2$$

$$S^2 = \frac{1}{6}(2^2+0+1^2+0^2+1^2+2^2) = 1\frac{2}{3}$$

因此，未知均值的估计是 2，未知方差的估计是 $1\frac{2}{3}$。

除了经验分布函数外，上面所介绍的估计量还提供了未知总体参数的一种叫做点估计（point estimate）的方法，也就是前面的例子中我们得到的未知均值的估计方法。

我们经常更喜欢，同时也更谨慎地说："我们以 95% 的置信水平认为未知均值落在 1.3 与 2.7 之间。"这种估计称为区间估计（interval estimate）。区间估计量由两个统计量组成，它们是区间的两个端点。置信系数（confidence coefficient）是区间估计量包含未知总体参数的概率。前面的叙述中置信系数是 0.95。区间和置信系数一起称为未知量的

置信区间。

点估计是比较容易的，因为点估计只需要考虑一个数，任意一个数。但是，有些点估计量比其余的估计量要好。为了比较哪种估计量更好，其点估计的比较标准几乎在任何一本概率统计导论的书中都可以找到。

一个好的估计量的标准之一是无偏性（unbiased）。在下面的讨论中，我们通常用希腊字母 θ，μ，σ 或 ρ 表示参数，用 $\hat{\theta}$ 表示 θ 的统计量。

【定义 1.7】如果 $E(\hat{\theta})=\theta$，则称统计量 $\hat{\theta}$ 是总体参数 θ 的无偏估计（unbiased estimator）。

下面的定理表明 $\overline{X}$ 是总体均值的无偏估计。

【定理 1.1】X_1，X_2，…，X_n 是一组来自均值为 μ，方差是 σ^2 总体的独立随机变量，那么

$$E(\overline{X})=\mu \tag{1-4}$$

$$\mathrm{Var}(\overline{X})=\sigma^2/n \tag{1-5}$$

证明　由于 X_1，X_2，…，X_n 是独立的，所以有下式成立

$$E(X_1+X_2+\cdots+X_n)=E(X_1)+E(X_2)+\cdots+E(X_n)=n\mu \tag{1-6}$$

而

$$E(\overline{X})=E\left(\frac{1}{n}\sum X_i\right)=\frac{1}{n}\sum E(X_i)=\frac{1}{n}n\mu=\mu \tag{1-7}$$

这表明 $\overline{X}$ 是总体均值的无偏估计，同时有

$$\mathrm{Var}(\sum X_i)=\sum \mathrm{Var}(X_i)=n\sigma^2 \tag{1-8}$$

经过简单的代数运算，可以得到下式

$$\mathrm{Var}(\overline{X})=\mathrm{Var}\left(\frac{1}{n}\sum X_i\right)=\frac{1}{n^2}\mathrm{Var}(\sum X_i)=\frac{1}{n^2}n\sigma^2=\sigma^2/n \tag{1-9}$$

即完成了定理的证明。

1.2.3　标准误差

一个估计量的标准差通常称为标准误差（standard error），所以它不会和总体标准差的概念混淆，因为这是一个完全不同的概念，如定理 1.1 所示，$\overline{X}$ 的标准误差是 $\sigma/\sqrt{n}$。

1.2.4　无偏估计量 s^2

我们可以证明得到 S^2 不是 σ^2 的无偏估计，因此，习惯上我们使用无偏估计 s^2 作为 σ^2 的估计量。

$$s^2=\frac{1}{n-1}\sum(X_i-\overline{X})^2$$

但值得注意的是 S 和 s 都不是总体标准差 σ 的无偏估计。

1.2.5　渐近置信区间

由定理 1.1 及中心极限定理可知，如果 X_1，X_2，…，X_n 是一组均值为 μ，方差是 σ^2 的独立随机变量，那么，当 n 趋于无穷时，

$$\frac{\sum X_i-n\mu}{\sqrt{n\sigma^2}}=\frac{\overline{X}-\mu}{\sigma/\sqrt{n}} \tag{1-10}$$

的分布函数趋于正态标准分布。在实际应用中，如果 n 足够大，

$$P\left(-z_{1-\alpha/2}<\frac{\overline{X}-\mu}{\sigma/\sqrt{n}}<z_{1-\alpha/2}\right) \tag{1-11}$$

的概率近似是 $1-\alpha$，其中 $z_{1-\alpha/2}$ 表示标准正态随机变量的 $(1-\alpha/2)$ 分位数。

上面的不等式经过代数整理，可写为

$$P\left(\overline{X}-z_{1-\alpha/2}\frac{\sigma}{\sqrt{n}}<\mu<\overline{X}+z_{1-\alpha/2}\frac{\sigma}{\sqrt{n}}\right)=1-\alpha \tag{1-12}$$

当 n 很大时，上式给出了 μ 的近似置信区间。进一步讲，既然 σ 很少已知，那么通常情况下，当 n 足够大，对于来自非零方差有限总体的随机样本，根据中心极限定理我们可以用 s 来估计 σ，从而得到 μ 的近似置信区间。对大多数的实际问题来说，当样本容量超过 30 就可以被认为是“足够大”了。

【例 1.6】一窝猪的数量越多，那么农场主可获得的利润就越多。国家实验中心正在研究一种能够提高每窝猪产量的新技术，记录的 55 窝猪中平均每窝存活猪的数量是 9.8，且 $s=1.4$。平均每窝存活猪的总体均值 95% 的近似置信区间下限为

$$\overline{X}-z_{1-\alpha/2}\frac{s}{\sqrt{n}}=9.8-1.96\frac{1.4}{\sqrt{55}}=9.43$$

近似置信区间上限为

$$\overline{X}+z_{1-\alpha/2}\frac{s}{\sqrt{n}}=9.8+1.96\frac{1.4}{\sqrt{55}}=10.17$$

从而，可以以 95% 的置信水平认为真实的每窝猪数量的均值在 9.43 与 10.17 之间。

1.2.6 自助法

定理 1.1 给出了 $\overline{X}$ 的均值和方差，S^2 的均值也不难得到。但是，S^2 的方差却不是那么容易计算。很多统计量作为总体参数的估计量是很难像定理 1.1 那样从理论上来推导的，甚至是不可能的，所以我们用其他的方法来估计它们的均值和方差。其中一种方法称为自助法（bootstrap）。

自助法是从原始容量为 n 的随机样本的观测值中有放回地抽取 n 个值，也就是说，一些原始随机样本的观测值在“自助样本”中可以出现一次，也可以出现多次或者根本不出现。自助样本的个数总是和原始随机样本中观测值的个数相等。

每组自助样本都可以计算出我们所关心的估计量 $\hat{\theta}$。通过计算机模拟，我们可以由原始随机样本的观测值得到成百上千组自助样本，每组自助样本都会产生一个 $\hat{\theta}$ 值。这成百上千个 $\hat{\theta}$ 估计值的样本均值、样本标准差（s 或 S）可以用来估计 $\hat{\theta}$ 的总体均值和总体标准差（标准误差）。事实上，在自助法中，这些 $\hat{\theta}$ 估计值的经验分布函数可以作为 $\hat{\theta}$ 的真实的总体分布函数的一个估计。显然，自助法每一步都依赖于原始随机样本值，不同样本值的集合会产生不同估计值的集合。

对于简单估计一个估计量的均值和标准差，自助法的重复次数很少超过 100 或 200，25 次左右已经足够。但是，要得到置信区间则需要做大量的重复试验。得到 θ 近似置信区间的一种方法是利用自助样本估计量 $\hat{\theta}^*$ 的 $\alpha/2$ 和 $1-\alpha/2$ 的样本分位数。Efrom 和 Tibshirane（1986）建议至少要做 250 次自助重复试验，他们同时也给出了另外一种更加精确获得置信区间的方法，这种方法需要更多的自助重复试验，至少要做 1 000 次。

【例1.7】在例1.6中，对X用中心极限定理，得到了每窝猪数量总体均值的置信水平为95%的近似置信区间。现在我们用自助法，求出每窝猪数量总体标准差σ的置信水平为95%的近似置信区间，这个参数对检验是非常有用的，因为每窝猪数量相差不大的情况（σ较小）要比一些窝数量很少而其他窝数量很多的情况（σ较大）好得多。

原始样本55个观测值是从1到55的编号。

观测号　1　2　3　4　…　55

每窝数量　9　9　8　6　…　11　（55个）　$s=1.4$

现在从1到55号进行有放回的抽样，得到55个数，得到第一次自助样本，由它计算出估计量s^*。

自助样本#1：

观测号　4　17　4　28　…　16

每窝数量　6　9　6　10　…　9　（55个）　$s_1^*=1.6$

这个过程重复250次（自助法的这个过程可以重复所需要的尽可能多的次数，但是建议求置信区间至少需要250次）。

自助样本#2：

观测号　4　17　4　28　……　16

每窝数量　6　9　6　10　……　9　（55个）　$s_2^*=1.8$

将这个过程继续重复下去，直到

自助样本#250：

观测号　6　1　55　14　…　17

每窝数量　10　9　11　11　…　9　（55个）　$s_{250}^*=1.1$

由s^*的样本0.025分位数可以得到95%置信区间的近似置信下限，因为$0.025(250)=6.25$，四舍五入为6，所以置信区间的下限是第6个次序统计量$s^{*(6)}$。由样本0.975分位数，即第244个次序统计量（$0.975\times250=243.75$，四舍五入到244）得到，$s^{*(244)}$即为置信上限。在这个问题中，我们需要将s^*的250个值从小到大排序，即0.7，0.8，0.8，0.9，0.9，0.9，1.0，…，2.0，2.0，2.2，2.3，2.3，2.4，2.7，从而，95%置信区间是从1.0到2.0。通过计算250个s^*的标准差S而得到s的标准误差的估计，正如由250个s^*的均值$\overline{X}$可以算出s均值的估计值一样，我们还可以算出其他所关心的统计量。

几乎所有的计算机中的统计软件包，甚至许多便宜的手动计算器都可以计算出我们前面所讨论的点估计。但是，自助法可不太容易得到。R、S-Plus、SYSTAT、Resampling Stats和Stata等统计软件中都可以找到自助法的计算程序。

1.2.7　一般参数估计

可以用两个问题来概括估计一个未知参数θ的大致过程：

（1）使用哪个统计量？建议仿照我们前面所举的例子中计算$\hat{\mu}=\overline{X}$，$\overline{\sigma}=S$以及分位数估计量$\hat{x}_p=Q_p$的过程，看参数θ在总体分布函数$F(x)$上是如何定义的，相应地就可以从经验分布函数来定义参数θ的估计$\hat{\theta}$。

（2）该统计量是否优良？这通常用一个估计量的标准差（称为标准误差）来衡量。定理1.1给出了$\overline{X}$的标准误差是$\sigma/\sqrt{n}$。其他统计量的标准误差并不像均值这样容易计算，但可以通过自助法来估计，自助法还可以给出 $\hat{\theta}$ 的整个分布函数的估计以及 θ 的近似置信区间。

1.2.8 生存函数

经验分布函数 $S(x)$将随机样本 X_1，X_2，…，X_n 与总体分布函数 $F(x)$有机地结合起来，因为它用小于等于 x 观测值的频率来估计 $P(X \leqslant x) = F(x)$。在寿命测试、医疗后续工作，以及其他领域中，和分布函数同样有用的是生命函数（survival function），即 $P(x) = 1 - F(x)$，这里所关心的变量为事物的寿命（从发生到结束持续的时间），可以是人、动物或无生命产品的寿命，也可以简单地从某个起点开始，直到某事件发生，如痊愈、到达、离开等所持续的时间。

$P(x)$的一个自然估计是它的经验生存函数，

$$\hat{P}(x) = 1 - S(x)$$

它是样本 X_1，X_2，…，X_n 中超过 x 值的频率。

1.2.9 Kaplan-Meier 估计

Kaplan 与 Meier（1985）用 x 表示死亡时间（应当注意，由于试验中某些项的缺失，死亡时间在某些情况下是不可观测的，比如试验中研究对象中途离开、进入试验较晚，或者试验结束后才死亡等），提供了一种从缺失数据中获取信息的方法，即在缺失前死亡还没有发生。他们利用了下面的事实：如果死亡发生在 x 后，那么在 x 前的任意时刻后死亡仍然会发生。下面是他们的理由。

由条件概率的定义，我们可以得到，对于 $x_0 < x_1$，有

$$P(X > x_1) = P(X > x_1, X > x_0) = P(X > x_1 \mid X > x_0)P(X > x_0) \tag{1-13}$$

假设在第一年年初有 100 个研究对象参加测试，第一年年底只有 30 个存活，我们用下式估计 $P(1)$，

$$\hat{P}(1) = \hat{P}(X > 1) = 30/100 = 0.3$$

这里 X 表示研究对象个体的寿命。

接着，假设第二年年初又有另外 1 000 个个体参加试验，第二年年底，1 000 个中有 250 个存活，而最初 100 个个体中存活的 30 个只剩下 10 个。我们可以用最初的 100 个个体来估计 $P(2)$，

$$\hat{P}(2) = \hat{P}(X > 2) = 10/100 = 0.1$$

此时，我们可以用第二年新参加的 1 000 个个体的信息来更新估计 $P(1)$，因为两年中参加试验的个体共有 1 100 个，其中共有 250 + 30 = 280 个存活，改进后 $P(1)$的估计为

$$\hat{P}(1) = \hat{P}(X > 1) = 280/1\,100 = 0.255$$

进一步讲，由 1 100 个个体中有 280 个存活和等式（1-13），我们可以用改进后的 $P(1)$来改进 $P(2)$，得到估计式

$$\hat{P}(2) = \hat{P}(X > 2) = P(X > 2 \mid X > 1)P(X > 1)$$

改进后的估计$\hat{P}(x > 1)$为 0.255。不幸的是，我们无法改进 $P(X > 2 \mid X > 1)$的估计值，因为我们不知道在接下来一年的试验中 1 000 个观测个体有多少个存活。所以我们用下面的估计量

$\hat{P}(X>2 \mid X>1)=10/30$

因为它仅用到了已知信息，即第一年年底有 30 个存活，第二年年底有 10 个存活，那么 $P(2)$ 的改进估计就是

$$\hat{P}(2)=\hat{P}(X>2 \mid X>1)\hat{P}(X>1)=\frac{10}{30}\cdot\frac{280}{1\ 100}=0.085$$

Kaplan 与 Meier 把上面的方法推广应用到了一般情况，设 $u_1<u_2<\cdots<u_k$ 表示 k 个个体“寿命”，这里寿命是指从开始到死亡，或者到研究缺失所持续的时间，并令

$p_i=P(X>u_i \mid X>u_{i-1})$

用下式估计

$$\hat{p}_i=\frac{\text{到时刻 } u_i \text{ 存活的个体数}}{\text{在时刻 } u_{i-1} \text{仍然观测到的存活个体数}}$$

在时刻 u_i 缺失的个体，可认为在时刻 u_i 以后仍然存活，因为知道他们在时刻 u_i 还是活着的。而在时刻 u_i 死亡的个体不可能在时刻 u_i 后是存活的。在第一次死亡或缺失的计算时，$\hat{p}_1$ 的分母是参加试验个体的总数。

$P(X)$ 的 Kaplan-Meier 估计为

$$\begin{aligned}\hat{P}(x)&=1，\text{其中 } x<u_1\\&=\prod_{u_i\leqslant x}\hat{p}_i，\text{其中 } x\geqslant u_1\end{aligned}$$

其中，乘积是对所有寿命 $u_i\leqslant x$ 的 i 进行的。注意，这个估计量是一个递降的阶梯函数，且只在观测的死亡时间取值发生变化，而且由 $S(x)=1-\hat{P}(x)$，这种方法可定义更一般的经验分布函数 $S(x)$，用于针对缺失数据的研究。

R，Minitab，S-Plus 和 SYSTAT 软件都可以制作生存曲线，特别是 Kaplan-Meier 估计。在估计生存曲线时，有时我们需要求出缺失数据的方差，在本书中没有介绍，但这里提到的软件包可以解决这些问题。

【例 1.8】要测试 10 个汽车上风扇皮带的质量，我们把它们装到车上，并记录每辆车上皮带所能承受的里程数。测试结束后，5 个皮带都断裂了。寿命（以千英里计）分别为 77，47，81，56，80。另外 5 个没有断裂，寿命（以千英里计）分别是 62，60，43，71，37。生存函数的 Kaplan-Meier 估计如表 1－1 所示。

表 1－1

i	u_i	结果	$\hat{p}_i$	$\hat{P}(u_i)$
1	37	缺失	10/10	1
2	43	缺失	9/9	1
3	47	死亡	7/8	1
4	56	死亡	6/7	0.875
5	60	缺失	6/6	0.75
6	62	缺失	5/5	0.75
7	71	缺失	4/4	0.75
8	77	死亡	2/3	0.5
9	80	死亡	1/2	0.25
10	81	死亡	0/1	0

对所有的 $x>0$，$\hat{P}(x)$的图象如图 1 – 2 所示。

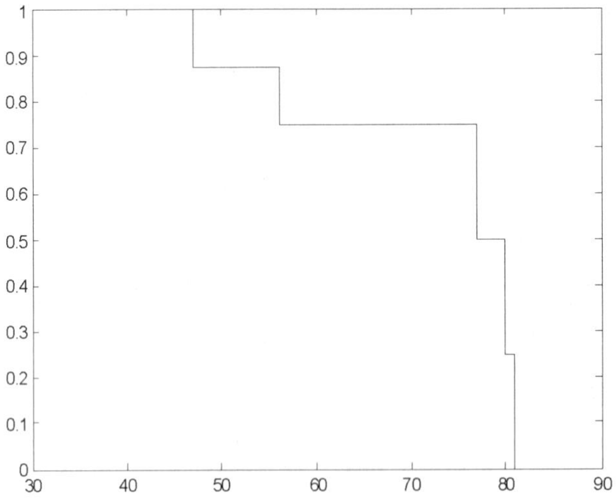

图 1 – 2 生存函数 $P(x)$ 的 Kaplan-Meier 估计

如果没有缺失数据，只有死亡数据，那么 Kaplan-Meier 估计和 $1-S(x)$是一样的，从 $\hat{P}(x)=1$ 开始，在每个死亡时刻以 $1/n$ 为阶梯高度下降，直到$\hat{P}(x)=0$。如果既有缺失数据又有死亡数据，那么$\hat{P}(x)$从 1.0 开始，下降的阶梯高度不再一致。如果在最后知道死亡时刻之后仍有缺失数据，那么$\hat{P}(x)$不会下降到 0，并且对于那些在最后已知缺失数据后面的 x，它没有定义。在这种情况下，通过本章前面介绍的常用方法，用 $S(x)$来估计 $F(x)$的某些相关参数，如均值、方差等是不太合适的，但是可以估计它的一些分位数。Kaplan 和 Meier（1958）也介绍了一些特殊的方法。

在这种意义下，点估计是一种非参数统计方法，因为不用了解任何关于未知分布函数的形式就可以做出点估计。本章中的例子足以说明这一点。

很难说清构造置信区间的方法是参数的还是非参数的。如果构造置信区间时不需要任何分布函数的形式，这显然是非参数方法，例 1.7 和 1.8 所示的近似方法就是非参数方法。另外，如果方法要求未知分布函数是正态分布，或是其他的特殊形式，那么这种方法就是参数的。我们将在接下来的章节中介绍其他几种构造置信区间的非参数方法。

1.3 假设检验

本节将讨论统计推断的另一个重要方面——统计假设检验。出于某种需要，对未知的或不完全明确的总体给出某些假设，用以说明总体可能具备的某种性质，这种假设称为统计假设，如正态分布的假设、总体均值的假设等。这种假设是否成立，还需要考察，这一过程称为假设检验，并最终作出判断，是接受假设还是拒绝假设。

我们将在本节说明假设检验问题是在什么样的情况下提出来的。在总体的分布函数未知或只知其形式而不知其参数的情况下，为了推断总体的某些性质，提出某些关于总体的假设。例如，提出总体服从泊松分布的假设，又如，对于正态总体提出对数学期望的假设。假设检验就是根据样本对所提出的假设作出判断：是接受，还是拒绝。下面是几个包含陈述假设的例子：

（1）女人比男人更易发生机动车交通事故。

（2）上托儿所能够帮助孩子在小学学习中取得更好的成绩。

（3）被告有罪。

（4）A 牙膏在防蛀方面比 B 牙膏更有效。

特殊假设的非统计检验是很容易进行的。我们可以通过观测一批和假设相关的数据，或是不相关的一批数据，或是根本没有数据，然后得出接受或拒绝假设的结论，尽管这个结论是可疑的。但我们所要讨论的假设检验的类型是比较合理的，它称为统计假设检验，检验的过程有着合理的定义。这里给出这种检验的几个简单步骤：

（1）假设是根据总体提出来的，其中包含两种假设。我们把问题中涉及的假设称为原假设或零假设（null hypothesis），一般用 H_0 表示。而把与原假设对立的断言称为备择假设（alternative hypothesis），记为 H_1。当然，在两个假设中用哪一个作为原假设，哪一个作为备择假设，视具体问题的题设和要求而定。在许多问题中，当总体分布的类型已知时，只对其中一个或几个未知参数作出假设，这类问题通常称为参数假设检验，而在有些问题中，当完全不知道或不确切知道总体的分布时，就需要对总体分布作出某种假设，这类问题通常称为分布假设检验。

我们一般将试验者希望证实的假设作为备择假设，在质量控制中，它是指关于产品或服务质量令人不满意或“失控”的一些陈述。典型的备择假设为“新产品比旧产品要好”，或“这种药对治疗这种病更有效”，有时，备择假设也指研究假设（research hypothesis）。

与备择假设对立的称为零假设或检验假设（test hypothesis），这是在假设检验中需要被检验的假设。上面的例子中和备择假设相对应的零假设分别是“新产品不比旧产品好”，“这种药对治疗这种病不是很有效”。在质量控制中，零假设的陈述是指关于产品或服务质量让人满意的一些陈述。

如果样本数据强有力地与零假设不一致，那么拒绝零假设。如果样本数据和零假设不矛盾，或是没有充足的理由显示数据和零假设有冲突，那么试验者说“不能拒绝”零假设，有时试验者也说“接受零假设”，两者表达的是同一个意思，该叙述不能误解为数据证明零假设是真的。“接受”零假设只是表示不能拒绝零假设。

（2）选择检验统计量（test statistics）。一个好的检验统计量在零假设成立时取一些值，而在零假设不成立时取另一些值。也就是说，一个好的检验统计量在判断数据是否和零假设一致方面是一个敏感的指标。

（3）根据检验统计量的可能取值，构造是否接受零假设的决策法则（decision rule）。

（4）基于从总体中抽取的随机样本，从而得到检验统计量的取值，最后做出是否接受零假设的判断。

例 1.9 更加精确地描述了假设检验的这个过程。

【例 1.9】某机器生产零件，当次品率等于或低于 5% 时可以认为该机器工作正常，高于 5% 时，就需要注意机器情况。

零假设为

H_0：该机器正常工作

备择假设为

H_1：需要注意该机器

如果 H_1 是真的，它就是我们要检验的假设。从该机器生产的所有零件中随机抽取 10 个，根据这组随机样本检验 H_0。如果拒绝 H_0，我们需要采取修理措施来使机器正常工作。

假设每个零件是次品的概率均为 p，且是否为次品相互独立，则在这个假设模型中，原来的假设 H_0 与 H_1 等价于

H_0：$p \leqslant 0.05$

H_1：$p > 0.05$

我们知道如果次品太多，就要拒绝 H_0。所以令假设统计量 T 为次品的总个数，那么 T 服从参数为 p、n 为 10 的二项分布。查询二项分布表可知，若 H_0 为真（$p \leqslant 0.05$），那么

$$P(T \leqslant 2) \geqslant 0.988\,5 \tag{1-14}$$

当 $p = 0.05$ 时取等号，且

$$P(T > 2) \leqslant 0.011\,5 \tag{1-15}$$

当 $p = 0.05$ 时取等号。

由于当 H_0 为真时拒绝 H_0 的概率很小，即小于等于 0.011 5，所以我们决定，若 T 超过 2，则拒绝 H_0。样本空间中对应 T 大于 2 的那些样本点的集合称为临界域（critical region）。决策法则为：若观测结果在临界域中（T 超过 2），则拒绝 H_0；否则接受 H_0。即若假设 10 个零件的随机样本中有 4 个次品，那么 $T = 4$，拒绝零假设，则我们认为需要注意该机器的工作状况。

【定义 1.8】统计检验量是指在假设检验中能够帮助作出判断的统计量。

1.3.1 临界域

一个好的检验统计量应该具备这样的理想性质：它把样本空间的点和实数对应起来，且该样本空间中的样本点是按照区分零假设 H_0 是否为真的能力来排列的。例如，检验统计量给那些最能够帮助试验者决定拒绝 H_0 的样本点以较大的值，给那些帮助试验者决定接受 H_0 的样本点以较小的值，那么检验统计量的值越大，越表明应该拒绝 H_0，这样当检验统计量的所有值比某一个数都大时，则应拒绝 H_0。进一步讲，这能够使试验者不论拒绝域多么大还是多么小，都能客观地得出相同的结论。拒绝域对应检验统计量中最大值的检验称为右边检验（right-tailed test）。同样，若次序相反，那么拒绝域对应检验统计量中最小值的检验称为左边检验（left-tailed test）。

这两个都是单边检验（one-tailed test）。例 1.9 中的检验就是单边的，若拒绝域对应检验统计量中的最大值和最小值，那么该检验为双边检验（two-tailed test），因为拒绝域对应检验统计量可能的两个“边”。

【定义 1.9】临界域（critical region）是样本空间中导致拒绝零假设的全体样本点的集合。

有时临界域亦称为拒绝域（rejection region），所以很明显样本空间中不在临界域的全体样本点的集合称为接受域（acceptance region）。

1.3.2 错误类型

在假设检验中有可能做出两种类型的错误判断。

第一类错误（type I error），当原假设 H_0 为真时，却做出拒绝 H_0 的判断，这类错误通常称为弃真错误。也就是说，当 H_0 为真，而我们试验的结果却落在临界域内，拒绝了零假设，即发生了第一类错误。由于样本的随机性，犯这类错误的可能性是不可避免的。若将犯这一类错误的概率记为 α，则有 $P\{$拒绝 $H_0 \mid H_0$ 为真$\} = \alpha$。

第二类错误（type II error），当原假设 H_0 不成立时，却做出接受 H_0 的决定，这类错误通常称为取伪错误。这类错误同样是不可避免的。若将犯这类错误的概率记为 β，则有 $P\{$接受$H_0 \mid H_0$ 为假$\} = \beta$。

我们希望一个假设检验所做的判断犯这两类错误的概率都很小。事实上，在样本容量 n 固定的情况下，这一点是办不到的。因为当 α 减小时，β 就增大；反之，当 β 减小时，α 就增大。对于这种情况，我们要如何处理呢？

1.3.3 显著性水平

事实上，因为上面两类错误之间的关系，在处理实际问题时，对于原假设 H_0，我们都是在经过充分考虑的情况下建立的，或者认为弃真错误会造成严重的后果。例如，原假设是前人工作的结晶，具有稳定性，从经验看，没有条件发生变化，是不会轻易被否定的，如果因犯第一类错误而被否定，往往会造成很大的损失。因此，在 H_0 与 H_1 之间，我们主观上往往倾向于保护 H_0，即 H_0 确实成立时，拒绝 H_0 的概率应是一个很小的正数，也就是将犯弃真错误的概率限制在事先给定的范围内，这类假设检验通常称为显著性假设检验，小正数 α 称为检验水平或显著性水平。

【定义 1.10】显著性水平 α 是拒绝正确零假设的最大概率。

显著性水平可以这样求得：首先假设零假设 H_0 成立，然后确定一样本点落入临界域的概率，如果 H_0 是简单假设，那么 H_0 成立只产生一个定义在样本空间上的概率函数，则 α 是把临界域中所有点的概率加到一起的总和。但是通常在假设 H_0 为真时，通过计算检验统计量取某个值的概率来确定 α 会更容易些，而这个值应导致拒绝 H_0。

1.3.4 零分布

在统计假设检验中，了解当零假设成立时检验统计量的概率分布是非常必要的，这称为检验统计量的零分布（null distribution）。

【定义 1.11】检验统计量的零分布是当零假设成立时，检验统计量的概率分布。

在例 1.9 中，检验统计量 T（即 10 个零件中次品的个数）的零分布是参数 $p \leqslant 0.05$ 的二项分布，这是由于我们假设了独立性和概率 p 是常数。每个统计假设检验的显著性水平都可以由检验统计量的零分布得到。

如果 H_0 是一复合假设，α 是拒绝 H_0 的最大（maximum）概率，这里的最大值是当零假设成立时，所考虑的概率分布可能值的最大值。在这个例题中，H_0 是复合的，那么对每个不同的 p 值，拒绝正确零假设的概率为

$$P(\text{拒绝 } H_0) = P(T > 2 \mid H_0 \text{ 为真})$$

$$= \sum_{i=3}^{10} \binom{10}{i} p^i (1-p)^{10-i};\ p \leqslant 0.05 \tag{1-16}$$

（1－16）式的概率当 p 取最大值时，达到最大值。在 H_0 下，p 的最大值是 0.05，所以由（1－15）式，得显著性水平为

$$\begin{aligned}\alpha &= \max P(T>2 \mid H_0 \text{ 为真})\\ &= P(T>2 \mid p=0.05)\\ &= 0.011\,5\end{aligned}$$

很显然，显著性水平有时称为临界域的大小（size of the critical region），因为，若 H_0 成立，拒绝 H_0 的最大概率是 α，则接受 H_0（即作出正确判决）的最小概率是 $1-\alpha$。

犯第二类错误的概率用 β 表示。显然在假设检验中我们希望 α 和 β 都接近于零。在实际应用中，样本容量可以帮助我们决定 α 和 β 会有多小。只有当样本包含了总体所有的信息时，犯错误的可能性才可能被完全消除。

1.3.5 功效

假设 H_0 为假，接受 H_0 的概率是 β，那么拒绝 H_0 的概率是 $1-\beta$，后面这一概率表示了该检验检测错误零假设的检验功效（power of the test）。

【定义 1.12】功效（power）是拒绝错误零假设的概率，记为 $1-\beta$。

与 α 不同，功效不总是唯一的。如果 H_1 是简单假设，那么由 H_1 成立（等价于 H_0 为假）所导出的概率函数只有一个，即一个拒绝 H_0 的概率，或得到一个落入临界域的样本点。因此这时 $1-\beta$ 唯一。如果 H_1 是复合假设，那么在 H_1 下的每一个概率函数都会有不同的 $1-\beta$ 值，这时，功效取决于多个不同可能的概率函数。

表 1－2

	接受 H_0	拒绝 H_0
H_0 正确	正确判断概率 $=1-\alpha$	第一类错误概率 $=\alpha$（显著性水平）
H_0 错误	第二类错误概率 $=\beta$	正确判断概率 $=1-\beta$（功效）

前面已经讨论了错误的类型，现在我们转向讨论临界域。尽管我们已经讨论了一些有关临界域的内容，但并没有涉及它是如何选取的。如果检验统计量已经选定，并由它确定了单边或是双边检验，那么临界域的选择只取决于试验者对临界域大小，即显著性水平的偏向。通常，显著性水平 α 的减小会伴随着 β 的增加，在假设检验中，我们的两个目标是：若 H_0 为真，那么以最小的可能性拒绝 H_0；若 H_0 为假，那么以最大的可能性拒绝 H_0。所以在那些有固定大小的 α 的点集中，临界域通常是那些 $1-\beta$ 最大值所对应的样本点的集合。习惯上，α 通常取 0.05 或 0.01，并且临界域还要根据检验统计量的可能值来确定。

1.3.6 检验的 *p* 值

如果引入检验的 p 值（p-value），假设检验的结果会更有意义。

【定义 1.13】检验的 p 值是根据已知观测，零假设被拒绝时的最小显著性水平。

令 t_{obs} 表示检验统计量 T 的观测值。在右边单边检验中，p 值是由 T 的零分布计算得到的 $P(T \geqslant t_{obs})$ 值。在左边单边检验中 p 值是 $P(T \leqslant t_{obs})$。

在双边检验中，p 值规定为单边检验中两个 p 值中较小值的 2 倍。严格来讲，如果 T 的零分布是离散的，并且拒绝域的右边和左边的概率不相等，这不太可能在两边构造概率相等而精确的显著性水平。所以这和前面的定义是不一致的。但是，为了避免定义模糊，我们在后面还是认为双边的 p 值是观测值落在零分布单边的概率的 2 倍。

例 1.9 中的检验是右边的，T 的观测值是 4，所以由二项分布表可知 p 值为 $P(T \geqslant 4 \mid p = 0.05) = 0.0010$。$p$ 值有时简写为 p，但是在例 1.9 中这个符号表示次品的概率，所以这里最好用"p 值"以免混淆。

在许多发表的研究结果中，统计检验浓缩为只包括检验的名称、假设和 p 值的报告。若 p 值小于或等于 α，则拒绝零假设，这里 α 通常取 0.05。

【例 1.10】为了检验上过和没上过幼儿园的孩子在学习上是否表现不同，选择 12 个三年级的学生进行研究，其中 4 个上过幼儿园，要检验的零假设是

H_0：三年级学生在学习上的表现不取决于他们是否上过幼儿园

备择假设是

H_1：学习上的表现和上过幼儿园之间是不独立的

模型假设这 12 个孩子是所有三年级学生中的一组随机样本，并且根据学习成绩（从好到差）把这些孩子从 1 到 12 排序标记。"不独立"是指上过幼儿园的孩子整体比没上过幼儿园的孩子表现好，或整体表现不好。在这个模型下，假设可以重新叙述为

H_0：上过幼儿园的 4 个孩子的秩是秩 1 到 12 的一个随机样本

H_1：上过幼儿园的 4 个孩子的秩整体比 12 个孩子中随机抽取 4 个孩子的秩要大或小

我们选择一检验统计量 T，是上过幼儿园的 4 个孩子的秩和。我们令那些与很大或很小的 T 值对应的样本点构成拒绝域，所以该检验是双边的。

每一个可能的结果是从 1 到 12 中抽取的 4 个数，且对应着上过幼儿园的 4 个孩子的秩，所以样本空间中有 $\binom{12}{4} = 495$ 个点。为了决定临界域包含哪些点，我们将假设 H_0 为真，并且在决定临界域时，看一下 α。

如果 H_0 为真，4 个孩子的秩应当是 12 种可能中的一组随机样本，因此每四个秩的选择都是等可能性的，这样样本空间中的每个点概率相等，为 1/495。这样 H_0 是一个简单假设。因为我们决定用双边检验，所以看一下 T 较大值和较小值所对应的样本点，T 可能的最大值和最小值是 42 和 10，对应的样本点分别是（9，10，11，12）和（1，2，3，4）。T 其他的大值和小值所对应的实验结果如表 1－3 所示：

表 1-3

T	样本点	T	样本点
10	(1, 2, 3, 4)	42	(9, 10, 11, 12)
11	(1, 2, 3, 5)	41	(8, 10, 11, 12)
12	(1, 2, 3, 6)	40	(7, 10, 11, 12)
12	(1, 2, 4, 5)	40	(8, 9, 11, 12)
13	(1, 2, 3, 7)	39	(6, 10, 11, 12)
13	(1, 2, 4, 6)	39	(7, 9, 11, 12)
13	(1, 3, 4, 5)	39	(8, 9, 10, 12)
14	(1, 2, 3, 8)	38	(5, 10, 11, 12)
14	(1, 2, 4, 7)	38	(6, 9, 11, 12)
14	(1, 2, 5, 6)	38	(7, 8, 11, 12)
14	(1, 3, 4, 6)	38	(7, 9, 10, 12)
14	(2, 3, 4, 5)	38	(8, 9, 10, 11)

注意：有 12 个样本点对应于 $T \leqslant 14$，有 12 个样本点对应于 $T \geqslant 38$。假如临界域由所有 $T \leqslant 14$ 或 $T \geqslant 38$ 对应的样本点组成，则 α 为

$$\alpha = \frac{\text{临界域中的点数}}{\text{样本空间中的点数}} = \frac{24}{495} = 0.048\,5$$

因为在 H_0 下，样本空间中所有的样本点的概率相等。我们的决策法则是：若 T 的观测值小于等于 14 或大于等于 38，我们拒绝 H_0，否则我们接受 H_0。

经过观测，上过幼儿园的孩子在 12 个孩子中，学习成绩的排序分别是 2，5，6 和 9，得到 $T=22$。所以我们接受 H_0。由正态分布可以得到 p 值的近似值，左边 p 值是当零假设成立时，$T=22$，或更小值的概率。由计算可以得到 T 的均值和方差，分别为 26 和 34.67（$n=4$，$N=12$），所以 T 的标准差为 5.888，正态近似为

$$P(T \leqslant 22) = P\left(Z \leqslant \frac{22-26}{5.888}\right) = P(Z \leqslant -0.679\,4) = 0.248$$

它的 2 倍则是双边检验 p 值 0.496。

这么大的 p 值表明了当零假设成立时，T 的观测值是所期望的，因此，我们没有理由怀疑零假设不正确。

例 1.10 所示的检验过程叫做 Mann-Whitney 检验或 Wilcoxon 检验。我们将在后面的章节就它的多种形式进一步讨论。例 1.10 中的数据采用的是度量的次序尺度，我们不需要知道每个孩子的学习成绩的具体数值，事实上，这种具体数值所反映的信息通常没有什么价值，因为每个学校，甚至每个老师对这些数值都有不同的解释和标准，而这种排序则有通用的解释。

1.3.7 计算机辅助

绝大多数的统计软件包都能做假设检验。在一些软件包中，使用者指定零假设和备择假设，然后该软件包给出 p 值。而在其他软件包中，计算机总是给出双边检验的 p 值，使用者必须决定该值是否是我们要求的，或是必须取其一半的值而得到一单边 p 值。若 p 值小于等于使用者给定的显著性水平，那么则拒绝零假设。

很多计算机软件包使用近似方法求 p 值。大多数情况下这是可行的，但是并不是所有情形都可行，越来越多的计算机软件包在仿照 StatXact 的例子，例如 R 语言，它计算精确的 p 值，或当精确的 p 值在实际中不能得到时，运用蒙特卡罗模拟法得到近似的 p 值。

1.3.8 假设检验的性质

假设一旦确定后，对于检验零假设通常有几种假设检验方法。为了从中选择一种方法，我们要仔细考虑这些检验的性质，其中最重要的一个问题是："这个检验的假设条件适用于我的试验吗?" 如果答案是"不适用"，那么我们可能不能用这个检验。但是，在舍弃这个检验前，应该明确检验背后的假设条件。例如，大多数参数检验中所做的一个假设是被检验的随机变量服从正态分布，进一步研究表明，随机变量的分布只要稍微与正态分布有相似之处，检验仍近似有效。所以如果隐含的假设是"近似正态"，且假设条件是"近似成立"的，那么不应该舍弃该假设。但是，该检验的不足之处应有所记录。在模型中，相对于有较多假设条件的检验，我们更喜欢有较少假设条件的检验。

有两个原因说明检验的假设条件不满足时，我们仍然使用该检验是危险的。首先，拒绝零假设不是因为由数据指出的零假设是错误的，而是由于数据表明检验的其中一个假设条件不成立。其次，有时数据明显地表示零假设是错误的，并且模型中一个错误假设也影响着数据，但是在检验中，这两种影响相互抵消了，所以这个检验什么也没揭示就接受了零假设。一般的假设检验不仅对错误的假设敏感，还对模型中错误的假设条件一样灵敏。

基于前面的准则，我们从适合的检验中根据检验的其他性质来选择最好的检验，本节将在后面对有关性质进行具体定义：

（1）检验应是无偏的。

（2）检验应是相合的。

（3）在某种意义上，检验应比其他的检验更有效。

其中，最重要的也是被广泛应用的是有关功效的有效性。

有时，一个检验能满足上面三条标准中的一两条，我们就很满意了。很少有能够同时满足三条标准的检验。本节后面将要讨论检验的无偏性、相合性、有效性和检验的功效。

若 H_1 是复合假设，功效随着概率函数的变化而变化。如果 H_1 是按照某些未知参数来陈述的，那么功效通常作为该参数的函数形式给出，这种函数称为功效函数（power function），可用代数形式和图象来表达。功效是当 H_1 成立时拒绝 H_0 的概率，和功效不一样，功效函数通常是对在 H_0 和 H_1 下参数的所有值而定义的。这样说来，功效函数比功效给了我们更多的信息，它是当 H_0 成立或不成立时，拒绝 H_0 的概率。

【例 1.11】例 1.9 中的临界域是由 10 个抽样产品中多于 2 个次品的所有样本点组成的。

在模型的假设下，样本点落到临界域的概率，同拒绝 H_0 的概率相等，即

$$P(\text{拒绝 } H_0) = \sum_{i=3}^{10}\binom{10}{i}p^i(1-p)^{10-i} = 1 - \sum_{i=0}^{2}\binom{10}{i}p^i(1-p)^{10-i}$$

这里，p 是次品率，拒绝 H_0 的概率是 p 的函数，根据表 1－4 可以画出该功效函数的大致图像。

表 1－4

p	P（拒绝 H_0）	p	P（拒绝 H_0）
0	0.000 0	0.50	0.945 3
0.05	0.011 5	0.55	0.972 6
0.10	0.070 2	0.60	0.987 7
0.15	0.178 9	0.65	0.995 2
0.20	0.322 2	0.70	0.998 4
0.25	0.474 4	0.75	0.999 6
0.30	0.617 2	0.80	0.999 9
0.35	0.738 4	0.85	1.000 0
0.40	0.832 7	0.90	1.000 0
0.45	0.900 4	1.00	1.000 0

如图 1－3 所示，零假设陈述了 p 在 0 到 0.05 之间。H_0 成立时，图 1－3 中曲线的最大值的显著性水平，由（1－15）式计算得 0.011 5。功效的取值范围是从 0.011 5（p 约为 0.05）到 1.000 0（p 等于 1.0）。

根据它们的功效函数可以比较这两种检验，这种比较的基础在本节后面定义了相对效率后再作讨论。

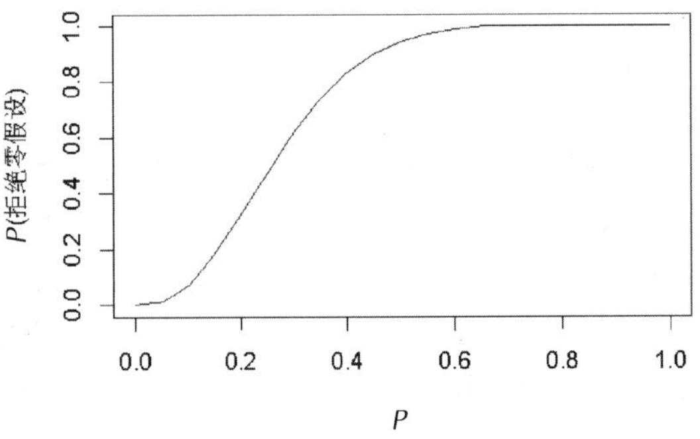

图 1－3　功效函数

计算机软件包 PASS 在给定显著性水平、备择假设中参数的取值范围和样本容量后，可以计算检验的功效。在给定功效时，它也可以计算出要求的样本容量。Minitab 可以计算一些非参数检验的功效。

1.3.9 无偏检验

显然，我们希望拒绝 H_0 的可能性，在 H_0 不成立时要比 H_0 成立时大。

【定义 1.14】无偏检验（unbiased test）是 H_0 不成立时拒绝 H_0 的概率大于等于 H_0 成立时拒绝 H_0 的概率的检验。

因此无偏检验的功效至少和显著性水平一样大。一个检验不是无偏的则称为有偏检验（biased test）。例 1.9 中描述的检验和例 1.11 中进一步讨论的检验都是无偏检验，这从图 1－3 中显然可以看出。

1.3.10 相合检验

检验的另一个优良性质是相合性（consistent）。虽然我们说一个检验是“相合的”或是“不相合的”，其实这里的相合是针对一系列检验而言的，因为它是当样本容量趋于总体容量时所使用的。为方便起见，无论总体容量有限还是无限，我们都将称总体容量“无限”。从技术上讲，因为样本空间和临界域随着样本容量的改变而改变，所以对于每个不同的样本容量，我们都能得到一个不同的检验。因此，随着容量的增加，我们考虑一个检验序列，每一个样本容量都对应一个检验。

【定义 1.15】称一检验序列对 H_1 中所有备择假设是相合的，如果对于 H_1 下的每一个可能固定的备择假设，当样本容量趋于无穷时，检验的功效趋于 1.0。而序列中每个检验的显著性水平，尽可能地趋于但不超过某一固定的显著性水平值 $\alpha > 0$。

1.3.11 相对效率

我们已经定义了统计检验的许多其他性质，相关内容在各种著作中（如 Lehmann，1959）都可以找到。我们再讨论一个性质，即效率（efficiency）。效率是一个相对的术语，它被用来比较在相同条件下两种检验的样本容量，假定有两个检验被用来检验特定的假设，而且它们有相同的 α 和 β 值，因此关于显著性水平和功效，它们是“可比的”。（注意，两种检验的 β 值是相等的，通常排除了备择假设是复合假设的情况，因为这时通常 β 不只有一个值）需要的样本量越小，检验越好，因为小样本量意味着试验中需要较少的花费和精力。较小的样本量的检验被称为比其他检验更有效（more efficient），相对效率（relative efficiency）也更大。

【定义 1.16】设 T_1 和 T_2 分别表示两种检验，在相同的 H_0 对 H_1 下，临界域对应的 α 和 β 相等，T_1 对 T_2 的相对效率（或“T_1 相对于 T_2 的效率”）定义为比值 n_2/n_1，其中 n_1 和 n_2 分别是检验 T_1 和 T_2 的样本容量。

如果 n_1 小于 n_2，T_1 相对 T_2 的效率比 1 大，就和我们预想的一样。假如备择假设是复合 3，相对效率可以由备择假设定义的每个概率函数计算得到，这些相对效率值可以用表格或图象来表示。

【例 1.12】在相同的 H_0 对 H_1 下，两种检验有相等的 $\alpha = 0.01$ 和 $\beta = 0.14$。第一个检验的样本量为 75，第二个为 50。因此第一个检验不如第二个检验有效。第一个检验对第二个检验的相对效率为 50/75 = 0.67，第二个检验相对第一个检验的效率为 75/50 = 1.5。若已知 $\alpha=0.05$，$\beta=0.30$，$n_1=40$，第一个检验相对于第二个检验的效率是 0.75，那么可以得到要求的第二个检验的样本容量。

$$\text{相对效率}=\frac{n_2}{n_1}$$

$$0.75=\frac{n_2}{40}$$

$$n_2=30$$

第二个检验方法用 30 个样本，就能够达到与第一个检验用 40 个样本得到的一样好的分析结果。

1.3.12 渐近相对效率

相对效率依赖 α 和 β 的选择，以及复合假设 H_1 中的特定备择假设，为了让一检验与其他检验进行全面的比较，相对效率显然依赖很多参数。我们更希望对比不依赖 α，β，以及当 H_1 是复合假设时，H_1 中的特定备择假设的选择。有时这种方法可以简要叙述如下：

考虑一检验序列，对于同一固定的 α，假如检验序列相合，那么随着样本量 n_1 的增加，β 变小。为了不让 β 变小，针对不同的 n_1，我们考虑不同的备择假设（在复合假设下），使得在不同的检验中，β 取某一常值。因此，随着 n_1 的增加，α 和 β 固定不变，所考虑的备择假设随之变化。

在备择假设下，对于每个 n_1，考虑计算有相同的 α 和 β 值的第二个检验的样本量 n_2 的值。那么对于原检验序列中的每个检验，都有一列相对效率 n_2/n_1 值，若随着 n_1 增大，n_2/n_1 趋于一个常数，且不随着 α 和 β 值的变化而改变，那么称该常数为第一个检验对第二个检验的渐近相对效率（asymptotic relative efficiency），或更准确些，是第一个检验序列对第二个检验序列而言的，有时也称这样定义的渐近相对效率为 Pitman 效率（Pitman efficiency），以区分其他的渐近相对效率。

【定义 1.17】令 n_1 和 n_2 分别是在相同的显著性水平下，有相同功效的两个检验 T_1 和 T_2 的样本容量。如果 α 和 β 固定，当 n_1 趋于无穷时，极限 n_2/n_1 存在，且与 α 和 β 独立，那么，n_2/n_1 的极限称为第一个检验对第二个检验的渐近相对效率。

在我们的问题中，为了寻找最大功效的检验，通常要找出具有最大渐近相对效率的检验，因为功效依赖太多因素。因此一个检验相对另一个检验的 ARE 是很重要的。

通常两个检验的 ARE 计算起来比较困难，各种成对组合检验的 ARE 的全面研究本身就可以构成一本书的主题。Noether（1976a）写的书就涵盖了许多关于 ARE 的重要的研究结果。同时 Stuart（1954）与 Ruist（1955）对此也有进一步的研究。

所以 ARE 可以代替相对效率表。但是，如果样本无限，那么如何用 ARE 呢？对小样本量的精确相对效率的研究表明，在很多实际应用中，ARE 可作为一个很好的相对效率的近似。因此，ARE 简洁地概括了两个检验的相对效率。

1.3.13 保守检验

在讨论一个检验时，我们有时还要考虑它的保守性（conservative）。

【定义1.18】如果真实的显著性水平比规定的显著性水平低，则可以称这个检验是保守的。

有时，计算一个检验的精确的显著性水平是很困难的，这时要使用近似计算 α 的一些方法，从而用近似值来作为显著性水平。如果近似的显著性水平比真实的显著性水平（未知）大，则检验是保守的，并且我们知道犯第一类错误的风险没有规定的那么大。

1.4 非参数统计评述

本节我们试图区分参数统计（parametric statistics）与非参数统计（nonparametric statistics），尽管对于专业统计学家来说，这两者的不同之处也不能区分得很清楚。此外针对给定的数据，我们选择哪种统计方法更有利于解决这一问题，我们也将在本节给出一些指导。

1.4.1 使用优良方法

首先我们讨论假设检验和置信区间。本章已经指出假设检验要基于一个好的统计量，它对零假设和备择假设间的差别应是敏感的，并且在零假设下它的概率分布已知。置信区间是假设检验的逆推，因为置信区间是不能拒绝零假设的数据的集合。所以，一个好的（有效的）假设检验对应一个好的（短的）置信区间，反之亦然。

例如，样本均值 $\overline{X}$ 对于检验总体均值 μ 是一个好的检验统计量，因为它对总体均值的不同很敏感。类似地，S 和 s 对于推断总体标准差 σ 是好的检验统计量。但是，$\overline{X}$，S 和 s 的概率分布取决于 X 的总体概率分布，通常是未知的。

1.4.2 参数方法

如果总体概率分布是正态分布，那么 $\overline{X}$，或一些基于 $\overline{X}$ 的统计量，可用于检验关于 μ 的假设，或估计 μ 的置信区间，因为零分布是已知的。同样地，如果分布是正态分布，基于 S 和 s 及样本标准差，我们可以检验关于总体标准差 σ 的假设和构造 σ 的置信区间。以上都称为参数方法（parametric method），因为它们都是在已知总体分布函数时有效。任何假设检验或置信区间都是基于这样的假设：总体分布函数已知或只带有一些未知参数，这称为参数方法。

但是我们如何才能确定总体的概率分布是正态分布，还是其他分布呢？很显然，我们不能。在基于正态分布做假设检验之前，我们可以先通过考察数据来判断它是否来自正态分布，或做一个考察数据非正态性的假设检验。

大多数参数方法都基于正态假设，因为检验背后的理论可以基于总体正态分布推出。对于正态分布的数据，一些方法和结果是有效的。其他的参数方法也是基于总体服从某一特定的分布，如指数分布、威布尔分布等。

1.4.3 稳健方法

没有任何一个总体会服从精确的正态分布或其他任何已知的分布。假如总体分布是近似正态的，那么通常（不总是）基于正态分布来使用这种方法是安全的，但是，如果数据看起来显然来自非正态分布，或不适合用参数方法，那么这时应当考虑非参数方法。

尽管一种分析数据的方法背后的某个假设条件不成立，但只要它还是近似有效的，那么就认为这种方法对于这一假设条件是稳健的（robust）。一般来说，稳健是指基于正态假设的方法，而即使潜在的总体分布是非正态的，检验统计量也有近似相同的零分布。

一些参数检验，例如，单样本 t 检验或两样本 t 检验，特别是当样本量很大时，对于正态假设条件是稳健的，这就意味着检验统计量的零分布近似于正态总体所对应检验统计量的零分布，并且试验者可以将检验统计量的值与总体是正态时的精确的 t 分布表对应起来。即使总体是非正态的，我们也有信心认为表中的分位数，能够很好地近似检验统计量的真实的分位数。

然而，正因为方法是稳健的，所以不能确保当总体是非正态时，该方法一定像正态时那么有效。因此使用一种统计方法我们不禁要问，它稳健吗？还要问，它有效吗？统计方法当然应是稳健的，这样得到的显著性水平接近真实显著性水平。但它更应该是有效的，以便有效地处理和利用数据，以及拒绝错误的零假设。

1.4.4 非参数方法

非参数方法和参数方法都基于一些共同的假设，如假设样本是随机样本。但是，非参数方法不假定特定的总体概率分布，因此对于来自任何未知概率分布总体的数据，它都适用。

非参数方法对总体分布假设是非常稳健的，因为它们对所有的分布都同样有效。如果总体分布函数比正态分布轻尾，例如均匀分布，那么基于正态假设的参数方法一般会得到好的功效，且该功效等于或大于将在本书后面介绍的基于秩的非参数方法得到的功效。例如，意见调查数据是轻尾数据，问卷答案由 1 到 5 或 1 到 7 构成。尽管答案的分布是离散的，且可能是不对称的，从而显然是非正态的，但是由于它是轻尾的，所以在关于总体均值的假设检验中，从好的功效角度来讲，通常基于正态的参数方法比非参数方法更受欢迎。

另外，如果总体分布函数比正态分布重尾，例如指数分布、对数正态分布（数据的对数服从正态分布）、卡方分布（属于伽马分布族），以及许多其他合理总体模型中出现的分布，那么基于正态假设的参数方法的功效一般比基于秩的非参数方法的功效要低。

包含离群值（outlier）的数据是来自重尾分布的典型数据，离群值的观测值比样本中其他的观测都大很多或小很多。在这种情况下，考虑使用非参数方法来分析数据是非常重要的，例如后面介绍的秩方法，因为秩方法的功效比基于正态假设的参数方法的功效要高。

1.4.5 渐近分布自由

许多参数检验对于非正态假设条件是稳健的也是渐近分布自由的（asymptotically distribution-free）。这意味着随着样本容量的增加，方法变得更加稳健，对于无限样本容量的情形，方法是精确的且不依赖于总体分布。通常，基于样本均值渐近无分布的参数方法的理论基础是中心极限定理。本章 1.2 中在构造总体均值 μ 的渐近置信区间时，使用的就是上面的方法。

不应该只因为一种统计方法是非参数的、稳健的或渐近无分布的，我们就更偏好它。不论样本容量是多少，尽管方法是渐近分布自由的，参数检验的相对功效或置信区间的相对大小和非参数方法比起来，通常有好有坏。上面关于各种类型数据的统计方法偏好的讨论，不论样本容量的大小，都是适中的。

需要注意的是，我们考虑的绝大多数方法都是相合的，也就是说样本量的增大意味着绝对功效的变高。如果样本量足够大，使得用一功效较小的检验也能拒绝零假设，或用效率较低的方法得到的置信区间的长度，对试验者的要求来说已经足够短，那么仔细选择功效较大的方法就显得没有必要了。当然，在选择分析数据的统计方法时，试验者还要考虑许多的其他方面。

1.4.6　非参数的定义

我们将结合之前提到的知识给出如下比较有效的非参数的定义，即如果一种统计方法是非参数的，那么它至少满足下面的法则之一：

（1）该方法适用于分析名义尺度数据。

（2）该方法适用于分析次序尺度数据。

（3）该方法适用于分析区间或比率尺度数据，这里除了有无限多个未知参数外，由随机变量分布函数所产生的数据，要么是非特定的，要么是特定的。

例 1.9 中检验的数据是名义尺度数据（次品或非次品），所以由上面定义中的第一个法则可知，该检验是非参数的。例 1.9 中检验的数据是次序尺度数据，因此由第二个法则可知它也是非参数的。几乎所有的非参数假设检验都满足这两个法则之一。1.2 中的点估计满足第三个法则，并且在后面提到的基于对称分布的方法也满足第三个法则。因此，我们认为它们是非参数的。

本书主要讨论的是假设检验和构造置信区间。不幸的是，这经常给试验者一种错觉，如果不做假设检验或构造置信区间，就好像不是在做统计分析。其他形式的统计分析也同样重要，如总体的描述、数据的解释、未知事件的预测以及点估计等。

这些其他形式的推断很大程度上依赖于试验者的经验和良好的判断力，而不是复杂的概率论证；所以我们认为它们太难，而不在本书中加以讨论。我们只把与假设检验和置信区间有关的一些复杂概率论证阐述清楚，以帮助那些已经具备足够经验和良好判断力的试验者。

解决其他几类问题的已有非参数统计方法在本书没有涉及，这些领域（和读者感兴趣的某些方向）包括生物鉴定（Miller，1973；Chmiel，1976）、生存曲线（Susarla 和 Van Ryzin，1976；Tarone 和 Ware，1977）与纵向研究数据（Ghosh，Grizzle 和 Sen，1973），以及多元方法、识别分析等。读者感兴趣的话，可查找相关书籍自行学习。

复习题

1. 盒子里装有 7 张票，5 张是学生票，另外 2 张是教师票。从盒子中无放回地抽取 2 张票来确定两名胜利者。零假设是随机抽取，备择假设是作弊抽取，使得第一张票是教师票，第二张票从剩下的 6 张票中随机抽取。

（1）假设判断标准是若所有的票都是教师票，则拒绝零假设，求 α 和功效。

（2）假设判断标准是若第一张票是教师票，则拒绝零假设，求 α 和功效。

（3）一些人偏爱（1）中的检验，因为它有较小的显著性水平。另外一些人偏爱（2）中的检验，因为它有较大的功效。请讨论每种检验的社会影响，并谈一谈你希望用哪种检验。

2. 下面各随机变量的度量尺度是什么？

（1）体重增加（或减少）的磅数。

（2）堪萨斯皇家队在职业棒球联赛中的排名。

（3）学生的学号。

（4）某篮球运动员的平均得分。

（5）奥运会比赛中某花样滑冰运动员的得分。

3. 两名学生通过下棋来比试。规则为进行 7 局比赛，平局不算，如果一人至少赢了 6 局，那么就认为他们的棋力不在同一档次。

（1）H_0 是什么？

（2）H_1 是什么？

（3）写出样本空间中任意一点。

（4）列举临界域中所有的样本点。

（5）求显著性水平。

（6）功效函数的方程式是什么？

（7）检验是无偏的吗？

（8）这里你会作出什么假定？

4. 德克萨斯州的所有家庭中，20% 没有车，30% 有 1 辆车，30% 有 2 辆车，10% 有 3 辆车，剩下的超过 3 辆车。随机抽取 10 个家庭，结果如下：没有车的家庭 3 个，有 1 辆车的家庭 2 个，有 2 辆车的家庭 2 个，有 3 辆车的家庭 1 个，有 4 辆车的家庭 1 个，有 5 辆车的家庭 1 个。

（1）求每个家庭车辆拥有量的总体中位数。

（2）求总体四分位极差。

（3）讨论在这个问题中为什么用总体中位数比用总体均值要好。

（4）求每个家庭车辆拥有量的样本中位数。

（5）求车数的样本均值。

（6）求样本标准差，用 S 而不是 s。

（7）画出总体分布函数图象。

（8）画出经验分布函数图象。

5. 令 X 为上下班高峰期城市快速路上任一辆机动车中的人数。X 的概率为 $P(X=1)=0.40$，$P(X=2)=0.30$，$P(X=3)=0.20$，以及 $P(X=4)=0.10$。X 的一组随机样本中有 10 个观测值，如下所示：

$$4，1，1，2，1，2，3，1，4，1$$

（1）求样本均值。

（2）画出经验分布函数图象。

（3）求样本四分位极差。

（4）将这些值分别与总体均值、分布函数和总体四分位极差进行比较。

6. 若零假设成立，那么每位顾客选择红盒麦片或蓝盒麦片的可能性相等。若备择假设成立，那么顾客喜欢挑选蓝盒与红盒的比例为 3 比 1。假设每位顾客挑选盒装麦片是独立的，如果最初的 20 个顾客中不少于 15 人选择蓝盒，那么拒绝零假设。

（1）求显著性水平和功效。

（2）如果实际上最初的 20 个顾客中有 17 人选择蓝盒，求 p 值。

7. 利用统计软件随机产生 100 个 $N(0, 1^2)$ 分布的观测值和 20 个 $N(3, 3^2)$ 分布的观测值。

（1）画出这 120 个数据的直方图，盒子图及 QQ 图并解释图上表现出的特征。

（2）利用这 120 个数据检验 $H_0: \mu=0 \Leftrightarrow H_1: \mu>0$。你用的是什么检验？检验统计量的值是多少？$p$ 值是多少？你的结论是什么？

思考题

1. 我们有两组学生的成绩。第一组 10 名，成绩为 x：100，99，99，100，100，100，100，99，100，99；第二组为 2 名，成绩为 y：50，0。我们对这两组数据作同样的水平 $\alpha=0.05$ 的 t 检验（假设总体均值为 μ）：$H_0: \mu=100$ $H_1: \mu<100$。（计算提示：在 R 语言中，为得到上面两个 t 检验的结果，利用命令

```
x = c(rep(100,6),rep(99,4));
y = c(50,0); t.test(x,mu = 100,alt = "less")
t.test(y,mu = 100,alt = "less"))
```

有人给出了以下结论：

（1）第一组数据的结果为：$df=9$，t 值为 $-2.449\,5$，单边的 p 值为 $0.018\,4$；结论为“拒绝 $H_0: \mu=100$”（注意：该组均值为 99.6）。

（2）第二组数据的结果为：$df=1$，t 值为 -3，单边的 p 值为 $0.102\,4$；结论为“接受 $H_0: \mu=100$”（注意：该组均值为 25）。

你认为该问题的这些结论合理吗？进行讨论，并说明理由。

2. 有一种提高学生某种素质的训练，有人说它是无效的，有人说它是有效的，那么真实情况究竟是怎样的呢？随机选取 15 名学生作为试验样本，在训练开始前做了一次测验，每个学生的素质按优、良、中、及格、差打分，经过三个月的训练后，再做一次测试对每个学生打分。数据如表 1－5 所示。素质提高用正号表示，反之用负号表示，没有变化用 0 表示。显著性水平取 0.1。请根据下面数据分析该训练是否有效。

表 1－5　训练前后的素质比较

学生编号	训练之前	训练之后	差异符号
1	中	优	+
2	及格	良	+
3	良	中	−
4	差	中	+
5	良	良	0
6	中	优	+
7	差	及格	+

（续上表）

学生编号	训练之前	训练之后	差异符号
8	良	优	+
9	中	差	−
10	差	中	+
11	中	优	+
12	及格	良	+
13	中	及格	−
14	中	优	+
15	差	中	+

3. 我国自 1997 年到 2013 年出口和进口的差额如表 1－6 所示，从这些数字，我们能否说这个差额总的趋势是增长还是减少，还是都不明显呢？

表 1－6 单位：亿美元

年份	出口	进口	差额
1997 年	1 827.9	1 423.7	404.2
1998 年	1 837.3	1 402.4	434.9
1999 年	1 949.3	1 657.0	292.3
2000 年	2 492.0	2 250.9	241.1
2001 年	2 661.6	2 436.1	225.5
2002 年	3 255.7	2 952.1	303.6
2003 年	4 383.7	4 128.4	255.3
2004 年	5 933.6	5 613.8	319.8
2005 年	7 620.0	6 601.2	1 018.8
2006 年	9 690.8	7 916.1	1 774.7
2007 年	12 180.2	9 558.2	2 622.0
2008 年	14 285.5	11 330.9	2 954.6
2009 年	12 016.6	10 056.0	1 960.6
2010 年	15 779.3	13 948.3	1 831.0
2011 年	18 986.0	17 434.6	1 551.4
2012 年	20 489.3	18 178.3	2 311.0
2013 年	22 100.4	19 502.9	2 597.5

2　符号检验

当前，统计数据质量是公众关注的热点问题，如何诊断统计数据的质量也成为研究者研究的重点课题。研究者对统计数据质量的研究有以下发展趋势：一方面构建完善的数据质量评价和管理体系；另一方面，国内外的学者从定性和定量两个角度来对数据质量的诊断提出意见和诊断措施。在社会经济生活中，经常遇到非正态总体的统计数据，从假设检验的角度检验所遇到的非正态总体的统计数据，最常用的是二项分布的假设检验问题。

2.1　二项检验与 p 值的估计

二项分布是一种具有广泛用途的离散型随机变量的概率分布，它是由贝努里始创的，所以又叫贝努里分布。二项分布是指统计变量中只有性质不同的两项群体的概率分布。所谓两项群体是按两种不同性质划分的统计变量，是二项试验的结果，即各个变量都可归为两个不同性质中的一个，两个观测值是对立的，因此二项分布又可说是两个对立事件的概率分布。二项分布描述了 n 次试验中恰有 k 次成功的概率。

只要运用得好，二项检验可用来检验几乎所有的假设和所有类型的统计数据分析。在某些场合，二项检验是最有效的检验，这时检验是用参数和非参数统计来要求的，而在另外一些场合，二项检验是比较有效的，我们只能用非参数统计来要求。然而，即使是在比较有效的情形下，人们也更愿意选用二项检验，因为它操作简单，易于解释，有时它有足够的有效性，使得在应该拒绝零假设时足以拒绝原假设。

现在我们正式介绍二项检验，并同时介绍二项检验的格式。为了方便非参数方法使用者掌握，现在我们叙述一下二项检验的格式。

2.1.1　二项检验

1. 数据

样本中包含 n 次独立基本试验的结果，每个结果或者是“类 1”或者是“类 2”，但两类不能同时出现。类 1 的观测数即出现类 1 的次数是 O_1，那么类 2 的观测数是 $O_2 = n - O_1$。

2. 假设条件

（1）n 次基本试验相互独立。

（2）每次基本试验都以概率 p 出现结果“类 1”。

3. 检验统计量

由于我们关注的是结果“类 1”出现的概率，我们令检验统计量 T 表示结果为“类 1”的次数，即

$$T = O_1 \tag{2-1}$$

4. 零分布

令 p^* 是零假设中给定的概率。T 的零分布是参数为 $p = p^*$，n = 样本容量的二项分

布。对于 $n \leqslant 20$ 和选定的 p 值，二项分布表中列出了 T 的零分布。

对其他的 n 值和 p 值，我们可以用正态分布近似，即 T 的 q 分位数 x_q 可以自下式近似给出

$$x_q = n \times p + z_q \sqrt{n \times p \times (1-p)} \tag{2-2}$$

其中，我们由正态分布表知，z_q 是标准正态随机变量的 q 分位数。

5. 假设

令 p^* 是某个给定的概率，$0 \leqslant p^* \leqslant 1$，假设可以是下列 3 种形式之一。

（1）双边检验：

H_0：$p = p^*$

H_1：$p \neq p^*$

理想水平 α 的拒绝域对应于 T 零分布的两边，其中左边水平为 α_1，它近似于 $\alpha/2$，右边水平为 α_2，也是近似于 $\alpha/2$，其真实的显著水平是 $a_1 + \alpha_2$，由于 T 的离散性，这一真实显著水平很少为 α。

因此，对于给定的特殊 p^* 和 n 的值，我们从二项分布表中找到 t_1，使得

$$P(Y \leqslant t_1) = \alpha_1 \tag{2-3}$$

并找到 t_2，使得

$$P(Y \leqslant t_2) = 1 - \alpha_2 \tag{2-4}$$

其中，Y 是参数为 p^* 和 n 的二项随机变量。

如果 $n > 20$，为大样本，我们可以用正态分布逼近，即用（2-2）式去近似 t_1，t_2，其中 t_1，t_2 分别是参数为 p^* 和 n 的二项随机变量的 $\alpha/2$ 分位数和（$1-\alpha/2$）分位数，只要在（2-2）式中分别令 $q = \alpha/2$ 和 $q = 1-\alpha/2$ 即可。

如果 $T \leqslant t_1$ 或 $T \geqslant t_2$，则拒绝 H_0，否则接受零假设。

p 值（尾概率）是两概率 P（Y 小于或等于观测值 T）和 P（Y 大于或等于观测值 T）中较小的一个的 2 倍，对于 $n \leqslant 20$，$p = p^*$，p 值可以从二项分布表中获得；对于 $n > 20$，可利用正态分布表和如下近似公式获得：

$$P(Y \leqslant t_{obs}) \cong P\left(Z \leqslant \frac{t_{obs} - n \times p^* + 0.5}{\sqrt{n \times p^*(1-p^*)}}\right) \tag{2-5}$$

和

$$P(Y \geqslant t_{obs}) \cong 1 - P\left(Z \leqslant \frac{t_{obs} - n \times p^* - 0.5}{\sqrt{n \times p^*(1-p^*)}}\right) \tag{2-6}$$

其中，引入 0.5 是改进二项分布正态逼近的一种“连续性修正”。

（2）左单边检验：

H_0：$p \geqslant p^*$

H_1：$p < p^*$

由于小的 T 值预示着 H_0 是假的，于是水平为 α 的拒绝域是 $\{T: T \leqslant t\}$，其中 t 由二项分布表获得，参数为 p^* 和 n。所以

$$P(Y \leqslant t) = \alpha \tag{2-7}$$

其中，Y 是参数为 p^* 和 n 的二项随机变量。

如果 $n > 20$，我们就用正态逼近，即用（2-2）式去近似 t，其中 t 是参数为 p^* 和 n

的二项随机变量的 α 分位点，只要在（2-2）式中令 $q=\alpha$ 即可。

如果 $T\leqslant t$，则拒绝 H_0，否则接受零假设。

p 值是概率 P（Y 小于或等于观测值 T），当 $n\leqslant 20$，$p=p^*$ 时，它可从二项分布表中获得；如果 $n>20$，可利用正态分布表和如下近似公式获得

$$P(Y\leqslant t_{obs})\cong P\left(Z\leqslant\frac{t_{obs}-n\times p^*+0.5}{\sqrt{n\times p^*(1-p^*)}}\right) \tag{2-8}$$

其中，引入 0.5 是改进二项分布正态逼近的一种“连续性修正”。

（3）右单边检验：

H_0：$p\leqslant p^*$

H_1：$p>p^*$

因为大的 T 值预示着 H_0 是假的，于是水平为 α 的拒绝域是 $\{T: T\geqslant t\}$，其中 t 由二项分布表获得，参数为 p^* 和 n。所以

$$P(Y\leqslant t)=1-\alpha \tag{2-9}$$

其中，Y 是参数为 p^* 和 n 的二项随机变量。

如果 $n>20$，我们就用正态逼近，即用（2-2）式去近似 t，其中 t 是参数为 p^* 和 n 的二项随机变量的 $1-\alpha$ 分位点，只要在（2-2）式中令 $q=1-\alpha$ 即可。

如果 $T>t$，则拒绝 H_0，否则接受零假设。

p 值是概率 P（Y 大于或等于观测值 T），当 $n\leqslant 20$，$p=p^*$ 时，它可从二项分布表中获得；如果 $n>20$，可利用正态分布表和如下近似公式获得

$$P(Y\geqslant t_{obs})\cong 1-P\left(Z\leqslant\frac{t_{obs}-n\times p^*-0.5}{\sqrt{n\times p^*(1-p^*)}}\right) \tag{2-10}$$

其中，引入 0.5 是改进二项分布正态逼近的一种“连续性修正”。

一些计算机软件包可以进行这种检验并给出 p 值，如 R 语言。基于 R 语言的二项分布假设检验程序如下：

在 R 语言软件中，用 binom. test ( )进行二项分布检验和估计。

```
binom. test( x,n,p = 0. 5,
alternative = c( "two. sided","less","greater"),
conf. level = 0. 95)
```

其中，x 是成功的次数，或是一个成功次数和失败次数构成的二维向量；n 是试验总数，当 n 是二维向量时，此值无效；p 是原假设成功的概率；alternative 是备择假设，two. sided 表示双边检验，less 表示单边检验小于某一个值，greater 表示单边检验大于某一个值；conf. level 是置信水平，即 1 - α，通常为 0. 95。

下面看一个例子：

一项调查显示某城市老年人口比重为 14.7%。该市老年协会为了检验该项调查是否可靠，随机抽选了 400 名居民，发现其中有 57 人是老年人。问调查结果是否支持该市老年人口比重为 14.7% 的结论（$\alpha=0.05$）？

解：根据题意，所检验的问题为：

H_0：$p=p_0=0.147$

H_1：$p\neq p_0$

调用 binom. test( ) 函数

R 语言程序如下：

```
> binom. test(57,400,p =0. 147)
```

输出结果：

```
Exact binomial test
data:57 and 400
number of successes =57,number of trials =400,p-value:0. 8876
alternative hypothesis:true probability of success is not equal to 0. 147
95 percent confidence interval:
0. 1097477    0. 1806511
sample estimates:
probability of success
0. 1425
```

结果分析：

p-value =0. 8876 >0. 05，接受原假设，即调查结果支持该市老年人口比重为 14. 7%的结论。

6. 理论

通过比较二项检验中的假设，我们很容易看出，二项检验中的检验统计量是二项分布的，即如果 T 等于基本试验结果中“类 1”的个数，其中基本试验是相互独立的，且每次基本试验得“类 1”结果的概率为 p（如假设中所陈述的），那么 T 服从参数为 p 和 n 的二项分布。当零假设成立时，拒绝域的大小在 p 等于 p^* 时达到最大。所以对于参数 n 和 p^*，二项分布表可用来确定 α 的精确值。

假设检验只是统计推断中的一个分支。现在我们来讨论另外一个分支，即区间估计(interval estimation)。如果我们想对某个总体的一个未知参数做出某些推断，合理的做法是抽查这个总体中的一个随机样本，并基于这个样本得出有关这个总体参数的一些推断，这种推断可能是“总体参数在 a 和 b 之间”，其中 a 和 b 是由样本得到的两个实数。由于 a 和 b 是由样本值计算得出的，因而是两个统计量的实现值。这两个统计量提供了区间的左端点和右端点，我们分别用 L 和 U 代表“左”和“右”。从 L 到 U 的区间称为区间估计量（interval estimator)。总体未知参数落在此区间内的概率称为置信系数（confidence coefficient)。区间估计量和置信系数给我们提供了置信区间（confidence interval)。

未知一个特定事件发生的概率 p，寻找 p 的置信区间的方法与二项检验密切相关。

2. 1. 2 概率或总体比例的置信区间

1. 数据

察看含有 n 个独立基本试验观测值的样本，并记 Y 为指定事件发生的次数。

2. 假设条件

(1) n 次基本试验互相独立。

(2) 从一个基本试验到另一个基本试验，指定事件发生的概率 p 是常数。

方法一：对于 $n \leq 30$，利用二项参数 p 的精确置信区间表，置信系数是 0. 90，0. 95 或 0. 99。只需给出样本值 n 和观测值 Y，我们就可以利用该表，在对应栏里的交叉处，找到所需置信区间的左限和右限。

方法二：对于 $n>30$ 或置信系数没有在二项参数 p 的精确置信区间表中列出的，则用下列正态分布逼近：

$$L=\frac{Y}{n}-z_{1-\alpha/2}\sqrt{Y(n-Y)/n^3} \tag{2-11}$$

和

$$U=\frac{Y}{n}+z_{1-\alpha/2}\sqrt{Y(n-Y)/n^3} \tag{2-12}$$

其中，$z_{1-\alpha/2}$ 是正态随机变量的分位数，它可从正态分布表中查出，其置信系数近似于 $1-\alpha$。

为了方便理解，在下面例子中将使用两种方法来计算置信区间。

【例 2.1】在某省随机选择 20 所高中，来检查它们是否达到国家教委提出的优秀标准。调查发现有 7 所学校达到优秀，并因此被评为“优秀”，那么该省所有高中符合评为“优秀”的比例 p 的 95% 置信区间是什么？

方法一：首先，我们假设该省高中的数量足够多，使得高中被评为“优秀”和“不优秀”是相互独立的。

因为我们假设抽取是随机的，那么对于所有学校 p 是相同的，它代表一个随机抽到的学校被评为“优秀”的概率。

因为 $n=20$，$Y=7$，我们可以利用二项参数 p 的精确置信区间表，由二项参数 p 的精确置信区间表给出的精确 95% 置信区间是 $[0.154, 0.592]$。

方法二：用基于中心极限定理的正态分布逼近，可得：

$$\begin{aligned}L&=\frac{Y}{n}-z_{0.975}\sqrt{Y(n-Y)/n^3}=0.35-(1.960)\sqrt{7\cdot 13/20^3} \\ &=0.35-0.209=0.141\end{aligned} \tag{2-13}$$

和

$$U=0.35+0.209=0.559 \tag{2-14}$$

由正态分布逼近得到的置信区间是 $[0.141, 0.559]$，它接近于精确区间，但是仍能看出它们的差距，这表明用精确置信区间的好处是显然的。

3. 理论

对于上面介绍的精确方法一，如果用双边二项检验，置信区间包括所有 p^* 值，使得从样本中获得的数据能够接受

$$H_0: p=p^*$$

更确切地说，如果我们想形成一个 $(1-\alpha)$ 的置信区间，就需要观察样本并确定 Y 值，那么我们要问：“对于给定的 Y，我们用什么 p^* 值，使得假设 H_0：$p=p^*$ 的一个双边二项检验（α 水平）可以接受 H_0？”即这些 p^* 值应在置信区间中，而拒绝 H_0 的 p^* 值应当不在置信区间中。由于二项检验的每一边有概率 $\alpha/2$，对于给定的 Y 值，譬如说它是 y 或更大的值，用仅产生拒绝 H_0 的 p^* 来作为 L 的选取，则 p^* 的选择应满足

$$P(Y\geqslant y \mid p=p_1^*)=\frac{\alpha}{2}=\sum_{i=y}^{n}\binom{n}{i}(p_1^*)^i(1-p_1^*)^{n-i} \tag{2-15}$$

所以 $L=p_1^*$。然后对同样的 y 值，另一个 p^* 的选择应仅产生拒绝域的左边，即 p_2^* 满足

$$P(Y \leqslant y \mid p = p_2^*) = \frac{\alpha}{2} = \sum_{i=0}^{y} \binom{n}{i} (p_2^*)^i (1 - p_2^*)^{n-i} \tag{2-16}$$

令 $U = p_2^*$，我们知道（2－15）式和（2－16）式不可能用代数求解，只能通过搜索程序在计算机上求解而得到二项参数 p 的精确置信区间表。

关于二项参数 p 的置信区间的更多内容，可参见 Clopper 和 Pearson（1934）的有关论述。

对于 L 和 U 的大样本逼近，即如果 Y 是一个二项随机变量，具有参数为 p 和较大 n，那么

$$Z = \frac{Y - np}{\sqrt{npq}} \tag{2-17}$$

是一个近似于标准正态分布的随机变量。那么，如果 $z_{1-\alpha/2}$ 是正态分布表中 $1-\alpha/2$ 的分位数，并注意到 $z_{\alpha/2} = -z_{1-\alpha/2}$，故有

$$\begin{aligned} 1-\alpha &= P\left(-z_{1-\alpha/2} < \frac{Y-np}{\sqrt{npq}} < z_{1-\alpha/2}\right) \\ &= P(-z_{1-\alpha/2}\sqrt{npq} < Y - np < z_{1-\alpha/2}\sqrt{npq}) \end{aligned}$$

对求概率中的不等式两边乘以 -1，不等式改变方向

$$1-\alpha = P(z_{1-\alpha/2}\sqrt{npq} > np - Y > -z_{1-\alpha/2}\sqrt{npq})$$

调换顺序，得

$$\begin{aligned} 1-\alpha &= P(-z_{1-\alpha/2}\sqrt{npq} < np - Y < z_{1-\alpha/2}\sqrt{npq}) \\ &= P(Y - z_{1-\alpha/2}\sqrt{npq} < np < Y + z_{1-\alpha/2}\sqrt{npq}) \end{aligned}$$

再除以 n，得

$$1-\alpha = P\left(\frac{Y}{n} - z_{1-\alpha/2}\sqrt{\frac{pq}{n}} < p < \frac{Y}{n} + z_{1-\alpha/2}\sqrt{\frac{pq}{n}}\right) \tag{2-18}$$

更进一步地近似，在（2－18）式的根号中用估计量 Y/n 来估计 p，得到

$$\begin{aligned} 1-\alpha &\cong P\left(\frac{Y}{n} - z_{1-\alpha/2}\sqrt{\frac{Y}{n}\left(1-\frac{Y}{n}\right)\Big/n} < p < \frac{Y}{n} + z_{1-\alpha/2}\sqrt{\frac{Y}{n}\left(1-\frac{Y}{n}\right)\Big/n}\right) \\ &\cong P(L < p < U) \end{aligned} \tag{2-19}$$

其中，L 和 U 与（2－11）式和（2－12）式中的相同。这后面用 Y/n 对 p 的近似，其结果与置信区间和假设检验略有不同，当样本量较大时，两者都可以用。

在上述过程中，把 L，U 同时乘以样本容量 n，这样 nL 和 nU 就给出了 nP 的置信上、下限，它可用来检验包括二项随机变量均值在内的假设，因为

$$H_0: p = p^*$$

等价于

$$H_0: np = np^*$$

其他求二项分布置信区间的方法可参见 Anderson 和 Burstein（1967，1968）。Quesenberry 和 Hurst（1964）及 Goodman（1965）则给出了处理多项式比例的联合置信区间的方法。

2.2 分位数检验与 χ_p^2 的估计

二项检验可以用来检验有关随机变量分位数的假设，即所谓的分位数检验。二项检

验只需要弱名义尺度来度量，度量尺度对于分位数检验而言至少是次序尺度。因为分位数几乎与度量的名义尺度没有关系。

若被检验的随机变量是连续的，检验的假设是：

H_0：X 的 P^* 分位数是指定的 x^*

根据分位数的定义，这就等价于

H_0：$P(X \leqslant x^*) = p^*$

用 p 代表未知的概率 $P(X \leqslant x^*)$，则 H_0 就可写成：

H_0：$p = p^*$

检验统计量等于样本值小于或者等于 x^* 的个数，可以用双边二项检验。

若被检验的随机变量不是连续的，此时零假设就变为：

H_0：X 的 P^* 分位数是 x^*

这就等价于

H_0：$P(X \leqslant x^*) \geqslant p^*$ 和 $P(X \leqslant x^*) \leqslant p^*$

2.2.1 分位数检验

X_1，X_2，…，X_n 是一组随机样本，数据由 X_i 的观测值组成。假定这些 X_i 是随机样本，度量尺度至少是次序的。检验过程中用到两个检验统计量 T_1，T_2。令 T_1 等于观测值中小于等于 x^* 的个数，T_2 等于观测值中小于 x^* 的个数。那么当数据中没有严格等于 x^* 的数时，则 $T_1 = T_2$，否则 $T_1 > T_2$。

检验统计量 T_1 和 T_2 的零分布是二项分布，参数 n 是样本量，$p = p^*$ 和零假设相同。在二项分布表中给出了 $n \leqslant 20$ 和选定 p 值时的零分布。对于其他 n，p 值，用正态分布逼近。

T 的近似分位数 x_q 为

$$x_q = n \cdot p + z_p \sqrt{n \cdot p \cdot (1-p)} \tag{2-20}$$

z_p 是标准正态随机变量的 q 分位数。

令 x^*，p^* 为指定的值，$0 < p^* < 1$，则假设可能有以下双边检验、左边检验以及右边检验三种形式。

1. 双边检验

H_0：第 p^* 个总体的分位数为 x^*

这等价于 H_0：$P(X \leqslant x^*) \geqslant p^*$ 和 $P(X < x^*) \leqslant p^*$，其中 X 与样本中的 X_i 有相同的分布。

H_1：第 p^* 个总体的分位数不是 x^*

拒绝域对应于 T_2 其值太大，说明可能 $P(X < x^*) > p^*$，或对应于 T_1 其值太小，说明可能 $P(X \leqslant x^*) < p^*$。拒绝域可以通过二项分布表，样本量 n 以及假设概率 p^* 得到。找到 t_1，使得

$$P(Y \leqslant t_1) = \alpha_1 \tag{2-21}$$

Y 服从参数为 n 和 p^* 的二项分布，α_1 是显著性水平的二分之一。找到 t_2，使得 $P(Y \leqslant t_2) = 1 - \alpha_2$。选 α_2 使得 $\alpha_1 + \alpha_2$ 大约等于给定的显著性水平。若 T_1 小于等于 t_1，或者 T_2 大于等于 t_2，拒绝 H_0，否则不拒绝 H_0，显著性水平等于 $\alpha_1 + \alpha_2$。

对于 $n > 20$ 或者二项分布表中没有的 p^* 值，分别令 $q = \alpha/2$，$q = 1 - \alpha/2$，由（2 -

20）式求出 $t_1 = x_{\alpha/2}$ 以及 $t_2 = x_{1-\alpha/2}$。

p 值是二项随机变量 Y 小于等于观测值 T_1，或大于等于 T_2 的概率中较小值的两倍，当 $n \leqslant 20$，$p = p^*$ 时，可以从二项分布表中查出，对于 $n > 20$，用正态分布表，用

$$P(Y \leqslant T_1) \cong P\left(Z \leqslant \frac{T_1 - n \cdot p^* + 0.5}{\sqrt{n \cdot p^*(1 - p^*)}}\right) \tag{2-22}$$

和

$$P(Y \geqslant T_2) \cong 1 - P\left(Z \leqslant \frac{T_1 - n \cdot p^* - 0.5}{\sqrt{n \cdot p^*(1 - p^*)}}\right) \tag{2-23}$$

两式与 0.5 作为“对连续性的修正”，来改进正态对二项分布的逼近。

2. *左边检验*

H_0：总体的 p^* 分位数不大于 x^*

这等价于 H_0：$P(X \leqslant x^*) \geqslant p^*$。

H_1：总体的 p^* 分位数大于 x^*

这等价于 H_1：$P(X \leqslant x^*) < p^*$。

T_1 的值较小时，表示 H_0 是假的，所以用样本量 n 和特定的概率值 p^* 在二项分布表中得到 t_1，使得

$$P(Y \leqslant t_1) = \alpha \tag{2-24}$$

对于可以接受的水平 α，其中 Y 服从参数为 n 和 p^* 的二项分布。如果 T_1 小于等于 t_1，则拒绝 H_0。如果 T_1 大于 t_1，则接受 H_0。当 $n > 20$ 时，在（2－20）式中令 $q = \alpha$，得 $t_1 = x_\alpha$。

p 值等于二项随机变量 Y 小于等于观测值 T_1 的概率，当 $n \leqslant 20$，$p = p^*$ 时，可以从二项分布表中查出；对于 $n > 20$，用（2－22）式，它可以从正态分布表中得到。

3. *右边检验*

H_0：总体的 p^* 分位数大于等于 x^*

这等价于 H_0：$P(X \leqslant x^*) \leqslant p^*$。

H_1：总体的 p^* 分位数小于 x^*

这等价于 H_1：$P(X < x^*) > p^*$。

由于较大的 T_2 表示零假设是假的，在二项分布表中，把样本量 n 和假设的概率 p^* 作为 p，得到 t_2，使得

$$P(Y > t_2) = \alpha$$

对可接受的显著性水平 α，它等同于

$$P(Y \leqslant t_2) = 1 - \alpha \tag{2-25}$$

如果 T_2 大于 t_2，则拒绝 H_0。如果 T_2 小于等于 t_2，则接受 H_0。对于 $n > 20$，在（2－20）中令 $q = 1 - \alpha$，得 $t_2 = x_{1-\alpha}$。

p 值是二项随机变量 Y 大于等于观测值 T_2 的概率，当 $n \leqslant 20$，$p = p^*$ 时，它可从二项分布表中查出；对于 $n > 20$，用（2－23）式，它可从正态分布表中得到。

举例说明分位数检验的过程。表 2－1 显示了 28 位同学某门课程的成绩，请问 80 是否可以作为学生成绩的 3/4 分位数？显著性水平为 0.01。

表 2-1 学生成绩

95	89	68	90	88	60	81	67	60	60	60	63	60	92
60	88	88	87	60	73	60	97	91	60	83	87	81	90

假设检验的问题是：H_0：3/4 分位数是 80。

备择假设是：H_1：3/4 分位数不是 80。

用双边分位数检验。显著性水平为 0.01 的临界域可以通过二项分布表查到，此时 $n=15$，$p=0.75$。此例中 T_1 等于 13，p 的值是 $2 \cdot p(Y \leqslant 13)=0.002\ 2<\alpha=0.01$，因此拒绝零假设，认为 3/4 分位数不是 80。

2.2.2 分位数的置信区间

数据由独立同分布的随机变量 X_1，X_2，…，X_n 的观测组成，$X^{(1)} \leqslant X^{(2)} \leqslant \cdots \leqslant X^{(r)} \leqslant \cdots \leqslant X^{(s)} \leqslant \cdots \leqslant X^{(n)}$ 为次序统计量，$1 \leqslant r \leqslant s \leqslant n$。希望找到 p^*（未知的）分位数，p^* 是 0 到 1 之间的某个指定数。

1. 假定条件

（1）X_1，X_2，…，X_n 是随机样本。

（2）X_i 的度量尺度至少是次序的。

2. 小样本

对于 $n \leqslant 20$ 可以用二项分布表来寻找 r 与 s。在二项分布表中，令 $p=p^*$ 和样本量 n，沿着 $p=p^*$ 的量向下找，直到有近似等于 $\alpha/2$ 的值，此时，$1-\alpha$ 近似于给定的置信系数，称这个近似值为 α_1，相应的 y 值（远离 α_1 左边）是 $r-1$，加 1 得到 r。然后继续沿着这列向下找，直到有近似等于 $1-\alpha/2$ 的值，成为 $1-\alpha_2$。对应 $1-\alpha_2$ 的 y 值，记作 $s-1$，加 1 得到 s。这样就得到了 α_1，α_2，r，s。准确置信系数是 $1-\alpha_1-\alpha_2$，区间估计量是 $X^{(r)}$，$X^{(s)}$ 之间的区间，而 $X^{(r)}$，$X^{(s)}$ 可以从数据中得到。那么，

$$P(X^{(r)} \leqslant x_{p^*} \leqslant X^{(s)}) \geqslant 1-\alpha_1-\alpha_2 \tag{2-26}$$

给出了置信区间。如果假设未知的分布函数是连续的，那么，

$$P(X^{(r)} \leqslant x_{p^*} \leqslant X^{(s)}) = 1-\alpha_1-\alpha_2 \tag{2-27}$$

3. 大样本近似

对于 n 大于 20，可以用基于中心极限定理的逼近计算

$$r^* = np^* + z_{\alpha/2}\sqrt{np^*(1-p^*)} \tag{2-28}$$

和

$$s^* = np^* + z_{1-\alpha/2}\sqrt{np^*(1-p^*)} \tag{2-29}$$

其中，分位数 z_q 从正态分布表找出，$1-\alpha$ 是给定的置信系数。一般地，r^*，s^* 不是整数。令 r 和 s 是 r^*，s^* 向上取整的整数，则（2-31）式给出了近似置信区间，如果位置分布函数是连续的，则近似置信区间由（2-29）式给出。

如上所述，单边的置信区间可以通过只找 r 或 s 得到，单边置信区间为

$$P(X^{(r)} \leqslant x_{p^*}) = 1-\alpha_1 \tag{2-30}$$

和

$$P(x_{p^*} \leqslant X^{(s)}) = 1 - \alpha_2 \tag{2-31}$$

如果分布函数是连续的，则为

$$P(X^{(r)} \leqslant x_{p^*}) \geqslant 1 - \alpha_1 \tag{2-32}$$

和

$$P(x_{p^*} \leqslant X^{(s)}) \geqslant 1 - \alpha_2 \tag{2-33}$$

首先考虑分布函数是连续的情况，这种情况比较简单。如果 x_{p^*} 是 p^* 分位数，则有如下关系

$$P(X \geqslant x_{p^*}) = P(X > x_{p^*}) = 1 - p^* \tag{2-34}$$

其中，X 的分布函数与随机样本的分布函数一样。

假设次序统计量 $X^{(1)}$ 大于某个确定的常数，只要样本中最小的数都大于这个常数，即只要样本中 n 个值都大于这个常数，$X^{(1)}$ 就大于这个常数，选择 x_{p^*} 作为这个常数，可以得到

$$\begin{aligned} P(x_{p^*} < X^{(1)}) &= P(\text{所有样本值都大于 } x_{p^*}) \\ &= P(x_{p^*} < X_1,\ x_{p^*} < X_2,\ \cdots,\ x_{p^*} < X_p) \\ &= P(x_{p^*} < X_1) \cdot P(x_{p^*} < X_2) \cdots P(x_{p^*} < X_p) \\ &= (1 - p^*)^n \end{aligned} \tag{2-35}$$

因为 X_i 独立，它们有同样的 p^* 分位数 x_{p^*}。

如果 x_{p^*} 小于 $X^{(2)}$，那么 $X^{(1)} \leqslant x_{p^*} < X^{(2)}$ 中，恰有 $n-1$ 个观测值大于 x_{p^*}，或者在 $x_{p^*} < X^{(1)} < X^{(2)}$ 中，有 n 个观测值大于 x_{p^*}，所以

$$\begin{aligned} P(x_{p^*} < X^{(2)}) &= P(x_{p^*} < X^{(1)}) + P(X^{(1)} \leqslant x_{p^*} < X^{(2)}) \\ &= P(X_i \text{ 中至少有 } n-1 \text{ 个大于 } x_{p^*}) \\ &= P(X_i \text{ 中至多有 } 1 \text{ 个} \leqslant x_{p^*}) \end{aligned} \tag{2-36}$$

现在，(2-36) 式中的概率由二项分布函数给出，因为每个 X_i 都有小于等于 x_{p^*} 的概率 p^*，且 X_i 是互相独立的，所以由上式可以得到

$$P(x_{p^*} < X^{(r)}) = \sum_{i=0}^{1} \binom{n}{i} (p^*)^i (1-p^*)^{n-i} \tag{2-37}$$

在二项分布函数 $F(x) = P(X \leqslant x) = \sum_{i \leqslant x} \binom{n}{i} p^i q^{n-i}$ 下，则之前的讨论可以做如下推广：

$$\begin{aligned} P(x_{p^*} < X^{(r)}) &= P(X_i \text{ 中至少有 } n-r+1 \text{ 个大于 } x_{p^*}) \\ &= P(X_i \text{ 中至多有 } r-1 \text{ 个} \leqslant x_{p^*}) \\ &= \sum_{i=0}^{r-1} \binom{n}{i} (p^*)^i (1-p^*)^{n-i} \end{aligned} \tag{2-38}$$

置信系数由下式得出

$$\begin{aligned} 1 - \alpha &\cong P(X^{(r)} \leqslant x_{p^*} \leqslant X^{(s)}) \\ &= P(x_{p^*} \leqslant X^{(s)}) - P(x_{p^*} < X^{(r)}) \end{aligned} \tag{2-39}$$

从而，由 (2-38) 式和二项分布表可以得到 r、s 的值，使得

$$1 - \alpha_2 \cong P(x_{p^*} \leqslant X^{(s)}) \cong 1 - \frac{\alpha}{2} \tag{2-40}$$

和

$$\alpha_1 = P(x_{p^*} \leqslant X^{(r)}) \cong \frac{\alpha}{2} \tag{2-41}$$

则置信系数是 $1-\alpha_1-\alpha_2 \cong 1-\alpha$。注意，因为假设分布函数是连续的，我们有

$$P(x_{p^*} \leqslant X^{(s)}) = P(x_{p^*} < X^{(s)}) \tag{2-42}$$

因此，可以用二项分布表得到 s。

如果 X 与 X_i 的分布函数都不是连续的，（2-42）式不成立。由离散随机变量的定义，我们有

$$P(X > x_{p^*}) \leqslant 1-p^* \tag{2-43}$$

和

$$P(X \geqslant x_{p^*}) \geqslant 1-p^* \tag{2-44}$$

首先，我们考虑（2-43）式是如何影响（2-38）式，进而影响（2-41）式求 r 的方法的。因为（2-43）式成立，每个观测值大于 x_{p^*} 的概率小于当 X 是连续时的值，所以，每个次序统计量大于 x_{p^*} 的倾向，小于 X 为连续时的情形。即概率 $P(x_{p^*} \leqslant X^{(r)})$ 小于 X 为连续时（2-38）式给出的值。所以一般情况下，下式成立

$$P(x_{p^*} < X^{(r)}) \leqslant \sum_{i=0}^{r-1} \binom{n}{i} (p^*)^i (1-p^*)^{n-i} \tag{2-45}$$

如果用上面介绍的方法从二项分布表中找 r，那么

$$P(x_{p^*} < X^{(r)}) \leqslant \alpha_1 \tag{2-46}$$

现在，我们考虑（2-44）式是怎样通过选择 s 的值来得到概率 $1-\alpha_2$ 的。因为（2-44）式成立，每个观测值大于等于 x_{p^*} 的概率大于 X 为连续时的概率，所以观测值大于等于 x_{p^*} 的个数比 X 为连续时的多，$x_{p^*} \leqslant X^{(s)}$ 的概率大于 X 为连续时的情况。因此，（2-38）式可以改为适用于一般情况的式子

$$P(x_{p^*} \leqslant X^{(s)}) \geqslant \sum_{i=0}^{s-1} \binom{n}{i} (p^*)^i (1-p^*)^{n-i} \tag{2-47}$$

所以，如果用先前的方式在二项分布表中找 s，我们有

$$P(x_{p^*} \leqslant X^{(s)}) \geqslant 1-\alpha_2 \tag{2-48}$$

对于任何分布都成立的（2-46）和（2-48）式，可以按如下方式使用

$$\begin{aligned} P(X^{(r)} \leqslant x_{p^*} \leqslant X^{(s)}) &= P(x_{p^*} \leqslant X^{(s)}) - P(x_{p^*} < X^{(r)}) \\ &\geqslant P(x_{p^*} \leqslant X^{(s)}) - \alpha_1 \\ &\geqslant 1-\alpha_2-\alpha_1 \end{aligned} \tag{2-49}$$

所以，这种方法对于离散随机变量或有结点的有序数据是保守的。因此，求分位数的置信区间的方法，对于有二项分布函数的精确表可用的情形可是可行的。

用大样本方法求 r 和 s 是基于标准正态分布近似二项分布的想法，虽然关于怎样由 r^*，s^* 求得整数 r，s 的方法还有不同的争论，但是，此处给出的直接向上取整的方法是个很接近的近似。

2.3 符号检验的一些变形

2.3.1 改变显著性检验

在实际生活中，我们经常会遇到要判断某一事物在经过某种途径改变后是否与之前发生了显著性差异的情况，此时我们就需要进行改变显著性检验。符号检验是非参数统计中用于检验改变显著性的一种有效方法，它通过样本前后状态的对比，并用符号"+"和符号"-"表示优劣，来检验某一样本是否存在显著性差异，如果记录下来的符号"+"和符号"-"的数目相差不大，则我们称这两个样本无显著性差异。符号检验实质上是 $p^* = \frac{1}{2}$ 的情况下的二项检验，是二项检验中最简单的情况。符号检验与参数检验中的样本相关性检验一致，当样本不满足参数检验的条件时，我们可以选择用符号检验来判断样本之间是否存在差异。对同一个模型，符号检验的运用比其他非参数检验方法更加简单方便，通常不需要特殊的表来求临界域。本节我们主要介绍符号检验以及符号检验的两个重要的变形，McNemar 检验和 Cox-Stuart 趋势性检验。

首先我们主要介绍符号检验的具体步骤。设存在两组样本观测值 x_1，x_2，…，x_n 和 y_1，y_2，…，y_n，共 n 对观测数据，其中总体 X 与 Y 是相互独立的，为了方便理解，我们将两组样本写成 (x_1, y_1)，(x_2, y_2)，…，(x_n, y_n) 的形式。我们对每一对 (x_i, y_i) 中的 x_i 与 y_i 之间做比较，若 y_i 优于 x_i 时记为符号"+"，若 x_i 优于 y_i 时则记为符号"-"，若 x_i 与 y_i 相同则记为符号"0"，并称之为结点。我们用 S^+ 来表示这 n 对样本观测值中符号"+"的个数，用 S^- 表示这 n 对样本观测中符号"-"的个数，用 n 表示这 n 对样本观测中符号"+"和"-"的总个数，即 $n = S^+ + S^-$，用 $p(+)$ 与 $p(-)$ 分别表示记符号"+"和符号"-"的概率。符号检验的目的是检验 X 和 Y 之间是否存在显著差异，也就是检验 $p(+)$ 是否显著不等于 $p(-)$。如果我们排除符号为"0"的情况，即只考虑 n 个符号"+"和符号"-"的情况而忽略结点，此时若 $p(+) = p(-)$，则有 $p(+) = p(-) = \frac{1}{2}$。当该假设成立时，在 n 为样本容量的情况下，我们令 S^+ 为检验统计量，显然统计量 S^+ 服从二项分布 $b\left(n, \frac{1}{2}\right)$。

两个样本之间的符号检验假设有三种形式。

1. 双侧检验

$$H_0: p(+) = p(-) \qquad H_1: p(+) \neq p(-)$$

如果是 $n \leqslant 20$ 时的小样本情况，根据 $p = \frac{1}{2}$ 和 n，由于 S^+ 服从二项分布，通过查询二项分布表，我们可以在显著性水平 α 下，在表中找到一个大约等于 $\frac{\alpha}{2}$ 的值，对应找到临界值 s_{α_1}，以及对应 $1 - \frac{\alpha}{2}$ 值的临界值 s_{α_2}。

如果 $n > 20$，此时我们可以用正态分布来逼近该二项分布，s 的临界值可以由下式近

似给出

$$s_{\alpha_1}=\frac{1}{2}\left(n+z_{\frac{\alpha}{2}}\sqrt{n}\right)$$

$$s_{\alpha_2}=\frac{1}{2}\left(n-z_{\frac{\alpha}{2}}\sqrt{n}\right)$$

如果 $s\leqslant s_{\alpha_1}$ 或者 $s\geqslant s_{\alpha_2}$，则拒绝 H_0，即两个样本之间存在显著性差异，否则接受原假设。其中 z_α 为标准正态分布对应 α 水平下的临界值，可以通过查询正态分布表得到。

2. *左侧检验*

$$H_0:p(+)\geqslant p(-)\qquad H_1:p(+)<p(-)$$

显然，当 S^+ 值较小时，它更符合假设 H_1 的情况，因此拒绝域是 S^+ 大于某个 s_α 时我们认为具有显著性。因此，对 $n\leqslant 20$ 的小样本情况，我们通过查询二项分布表在 $p=\frac{1}{2}$ 条件下找到关于显著性水平 α 对应的 s_α 临界值。如果 $n>20$，则我们可以用正态分布接近 S^+ 值，即

$$s_\alpha=\frac{1}{2}\left(n+z_\alpha\sqrt{n}\right)$$

当 $s<s_\alpha$ 时，则以显著性水平 α 拒绝原假设 H_0。

3. *右侧检验*

$$H_0:\ p(+)\leqslant p(-)\qquad H_1:\ p(+)>p(-)$$

与左侧检验一样，当 S^+ 值大于某个临界值 s_α 时，则说明原假设不成立，拒绝 H_0。同理，如果样本数不超过 20，可以通过查询二项分布表得到在显著性水平 α 下的临界值 s_α；如果样本数超过 20，我们可以用正态分布接近该二项分布，即

$$s_\alpha=\frac{1}{2}\left(n-z_\alpha\sqrt{n}\right)$$

当 $s>s_\alpha$ 时，我们认为存在显著性差异，因此拒绝假设 H_0。

以上讨论中，在大样本的情况下，我们用正态分布近似二项分布的做法来简便计算。但是借助统计软件，我们仍然能够方便地计算出大样本下二项分布的累积概率或统计量的临界值。例如对二项分布，在 R 语言环境下我们能够用代码 pbinom（a,n,p）计算出概率为 p、容量为 n 的二项分布不大于 a 时的累积概率。因此我们可以用 p 值检验法进行上述假设检验。为了更好地理解符号检验，我们用一个具体例子来说明符号检验的具体操作过程。

【例 2.2】某制造商有两种产品 A 和 B，这两种产品具有相同的功能，其中产品 A 是由新工艺制造而成的。制造商想了解产品 A 是否更受消费者喜欢，于是该制造商的市场员便随机抽取了 10 名顾客，并交给每位顾客一件产品 A 和一件产品 B，在一段时间后，记录下每位顾客更喜欢的产品。如果选择 A 则记符号“+”，选 B 则记符号“-”，无法选择，则记为“0”。结果有 8 位顾客选择了 A，有 1 位顾客选了 B，还有 1 位顾客没有做出选择。

解：设该问题的原假设和备择假设分别为：

$$H_0:\ p(+)\leqslant p(-)\qquad H_1:\ p(+)>p(-)$$

用 T 表示选择 A 的人数，显然 T 越大表明产品 A 比产品 B 更受消费者欢迎。在本例

中，符号“+”的个数为8，即$S^+=8$，符号“-”的个数为1，即$S^-=1$，所以我们得到$n=S^++S^-=9$，结点的个数为1。根据$p=\frac{1}{2}$，$n=9$的条件下的二项分布表，查找近似0.05的值。由于我们无法得到在0.05对应下的临界值，所以我们可以选择用p值检验法。利用R语言软件我们得到$p(Y\geqslant 8)=0.0195$，该值小于0.05的显著性水平，根据p值检验法，存在显著性差异，拒绝H_0，即产品A比产品B更受消费者欢迎。

需要注意的是上面我们对符号检验的讨论是在能够直接得出样本前后差异正负性的情况下进行的。如果此时样本数据是虚拟变量，即通常用“0”和“1”来表示样本的属性，这样我们就需要对上述符号检验进行适当修改。McNemar检验通常用来检验配对样本的差异性，它的理论基础就是符号检验。为了简便，我们用一个列联表来表示该配对样本的数据。

表2-2

	$Y=0$	$Y=1$
$X=0$	a	b
$X=1$	c	d

表2-2中Y和X分别表示试验前和试验后的样本属性，a是$(x=0,\ y=0)$的个数，b是$(x=0,\ y=1)$的个数，c是$(x=1,\ y=0)$的个数，d是$(x=1,\ y=1)$的个数。为了检验样本在试验前后是否发生了显著性差异，我们在$b+c>20$时，构造McNemar检验统计量

$$\chi^2=\frac{(b-c)^2}{b+c}$$

我们能够证明该统计量服从自由度为1的卡方分布。

当$b+c\leqslant 20$时，我们可以构造统计量$S^+=b$。我们能够证明该统计量服从$p=\frac{1}{2}$，$n=b+c$的二项分布。

证明：如果试验前后样本数据没有发生显著变化，那么b和c的值应该相近，如果试验前后样本数据发生了显著变化，那么b和c的值应该存在很大差距。我们参照上一节的符号检验方法，令S^+为符号“+”的个数，S^-为符号“-”的个数，令a和d为结点，因此不考虑a和d，这样我们就将上面的配对样本转化成了符号检验问题。显然S^+服从$p=\frac{1}{2}$，容量$n=b+c$的二项分布。

当$b+c>20$时，我们可以用正态分布近似该二项分布，也就是说变量b近似服从均值$\mu=\frac{b+c}{2}$，方差$\sigma=\frac{\sqrt{b+c}}{2}$的正态分布，因此我们能够得到

$$z=\frac{b-\frac{b+c}{2}}{\frac{\sqrt{b+c}}{2}}=\frac{b-c}{\sqrt{b+c}}$$

$$z^2 = \frac{(b-c)^2}{b+c}$$

显然 z 服从一个标准正态分布，所以 z^2 服从自由度为 1 的卡方分布，我们用统计量 χ^2 来表示 z^2。

由于我们已经知道统计量的分布情况，这样我们就能用假设检验的方法对该问题进行单边或双边检验。McNemar 检验的假设形式一般如下：

双侧检验 H_0：$p(x=0, y=1)=p(x=1, y=0)$ H_1：$p(x=0, y=1)\neq p(x=1, y=0)$

左侧检验 H_0：$p(x=0, y=1)\geqslant p(x=1, y=0)$ H_1：$p(x=0, y=1)<p(x=1, y=0)$

右侧检验 H_0：$p(x=0, y=1)\leqslant p(x=1, y=0)$ H_1：$p(x=0, y=1)>p(x=1, y=0)$

【例 2.3】某制药公司最近研发了一种新型药剂用于治疗疾病 A，为了了解该药是否对治疗疾病 A 具有显著作用，研发人员选取了 100 名患者进行调查，其中有 84 位患有疾病 A，其余 16 位则没有。让这 100 名患者服用该新药，一段时间后记录下他们的情况，结果如表 2－3 所示。

表 2－3

	治疗后患有疾病 A	治疗后没有患疾病 A
治疗前患有疾病 A	63	21
治疗前没有患疾病 A	4	12

由于我们希望得到的结果是该药对疾病 A 具有治疗效果，所以我们能够引入假设：

H_0：p(之前患 A 后面没有)$\leqslant p$(之前没有后面患 A)

H_1：p(之前患 A 后面没有)$>p$(之前没有后面患 A)

从表中我们能够得到 b 的值为 21，c 的值为 4，因此 McNemar 检验统计量

$$\chi^2 = \frac{(b-c)^2}{b+c} = \frac{(21-4)^2}{21+4} = 11.56$$

由于置信水平 0.05 对应自由度为 1 的 χ^2 分布的值 $\chi^2_\alpha = 3.814$，显然 $11.56 > 3.814$，因此我们拒绝原假设，认为该药剂对治疗疾病 A 具有显著效果。

2.3.2 Cox-Stuart 趋势性检验

在客观世界中存在各种随机序列，我们通常想要知道这些随机序列是否具有某种增长或者下降的趋势，例如判断 GDP 是否逐年增长，某种疾病的患者是否在不断减少，这时我们就要对该序列进行趋势检验。Cox 和 Stuart 给出了一种修正的符号检验用于趋势性检验。方法如下：

存在一组随机序列 $x_1, x_2, \cdots, x_n$，我们以某一个常数 c 为界把该序列分成两部分，并将这两部分两两配对成 (x_1, x_{c+1})，(x_2, x_{c+2})，$\cdots$，(x_c, x_n) 的形式，其中当 n 为偶数时，$c=n/2$，当 n 为奇数时，$c=(n-1)/2$，中间的数 x_{c+1} 舍去。接着我们以每一组中后一个数减去前一个数并记下它们的正负性。用 S^+ 表示得到正数的个数，即后一个数大于前一个数，用 $p(+)$ 表示取到正数的概率，用 $p(-)$ 表示取到负数的概率。此时我

们就可以用前面所述的符号检验方法来检验该序列是否存在趋势性，检验方法同上。

趋势检验的假设一般如表 2 –4 所示。

表 2 –4

双侧检验	H_0：无趋势	H_1：有增长或减少趋势
左侧检验	H_0：无趋势	H_1：有减少趋势
右侧检验	H_0：无趋势	H_1：有增长趋势

在数据分析中，我们通常用均值、中位数来表示数据的中心位置。在参数检验中，总体的中心位置往往通过平均值表示；在非参数检验中，总体的中心位置往往通过中位数表示。这里我们可以用符号检验来处理总体中位数检验问题。符号检验仅仅考虑了样本之间的大小关系，并没有涉及差值大小的问题。但是非参数检验给出了一种符号检验的改进方法——Wilcoxon 符号秩检验。它不仅考虑了原假设样本之间的大小关系，还加入了差值大小的信息。我们将在下一章介绍该方法，本章不作过多论述。

案例分析

某机场 2005 年 1 月—2013 年 12 月这 108 个月的旅客吞吐量（人次）如表 2 –5 所示，根据这些数据，我们能否判断出这个差额总的趋势是增长的还是减少的，或者不明显？

表 2 –5

54 379	45 461	55 408	59 712	60 776	57 635	63 335	71 296
70 250	76 866	75 561	66 427	61 330	58 186	67 799	76 360
86 207	75 509	83 020	89 614	75 791	80 835	72 179	61 520
66 726	60 629	68 549	73 310	80 719	67 759	70 352	82 825
70 541	74 631	68 938	53 318	62 653	58 578	63 292	69 535
73 379	62 589	72 873	87 260	67 559	76 647	70 590	58 935
58 161	64 057	63 051	58 807	63 663	57 367	70 854	79 949
66 992	80 140	62 260	55 492	58 367	56 673	61 039	74 958
85 859	67 263	87 183	97 575	79 988	88 501	68 600	58 442
68 955	56 835	67 021	81 547	85 118	70 145	95 080	106 186
86 103	88 548	70 090	65 550	69 223	85 138	89 799	99 513
98 114	68 172	97 366	116 820	95 665	109 881	87 068	75 362
88 268	85 183	87 909	79 976	27 687	50 178	100 878	131 788
116 293	120 770	104 958	109 603				

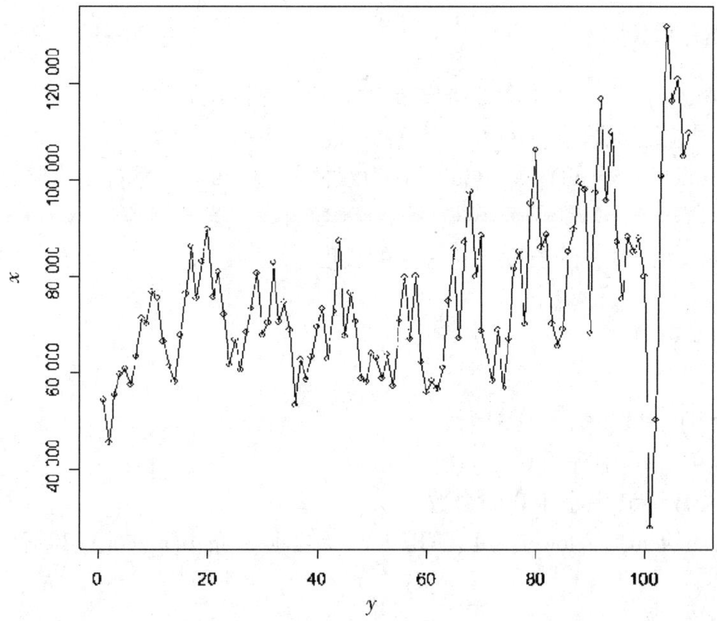

2005 年 1 月—2013 年 12 月旅客吞吐量时间序列图

首先我们绘出关于该数据的时间序列图，如上图所示，从图中大致可以看出总的趋势是不断增长的。由于一共有 108 个数据，是偶数，因此我们取 $c=54$ 为界限把数据分成两部分。然后用第 55 个数减去第一个数，用第 56 个数减去第 2 个数，依此操作，直到第 108 个数减去第 54 个数，令 $d_i = x_{i+54} - x_i$，$i=1$，2，…，54，这样我们一共能得到 54 个差值。我们将这些差值中的正值用符号“+”标记，个数用 S^+ 表示，负值用符号“-”标记，个数用 S^- 表示。计算后得出有 38 个符号“+”，16 个符号“-”。正值的情况比较多，所以该序列有增大的趋势。因此我们引入假设

H_0：数据没有趋势　　H_1：数据有增长趋势

其中，令 $S^+ = \#\{d\text{ 为正数}\} = 38$

$S^- = \#\{d\text{ 为负数}\} = 16$

我们取 S^+ 为检验统计量，在原假设 H_0 成立的条件下，它服从 $p=\frac{1}{2}$，容量 $n=54$ 的二项分布。取显著性水平 α 为 0.05，由于

$$p(S^+ \geqslant 38) = 0.001\,92$$

p 值显著小于 0.05，因此我们拒绝原假设，所以该机场的旅客量有增长趋势。

R 语言代码示例

1. pbinom(S,n,p) #计算二项分布不大于 S 的累积概率

2. 定义符号检验函数 sign. test

```
sign. test = function(x,y,alt){      # alt =0 为双侧检验,alt =1 为右侧检验,alt = -1 为左侧检验
c = length(x)  #计算 x 的长度，它等 y 的长度
for(i in 1:c){
d[i] = x[i] - y[i]
}
n = sum(d >0)  #d 中大于 0 的个数
o = sum(d =0)  #d 中等于 0 的个数
m = sum(d <0)  #d 中小于 0 的个数
z = pbinom(n,n + m,1/2,lower. tail = TRUE)   #二项分布 b(n + m,1/2)不大于 n 的累积概率
if(alt ==0){
if(z >1/2)  p =2*  (1 - z)
if(z < =1/2)  p =2*  z
}
else if(alt ==-1){
p =z
}
else if(alt ==1){
p =1 - z
}
return(list(P_value = p))
}
```

3. 趋势检验 R 语言代码

```
x = read. table("clipboard");   #复制数据到剪切板上
xtimes = ts(x);      #将数据存储为时间序列中
plot(x)
n = length(x)
n
c = n/2(若 n 为偶数时)   或者   c = (n - 1)/2(若 n 为奇数)
for(i in 1:c){d[i] =x[c +i] -x[i]}
binom. test(sum(d >0),c,alt = "less")  #二项分布检验
```

复习题

1. 连续性修正显示，如果服从二项分布，那么

$$p(Y\leqslant 4)=P(Y\leqslant 4.1)=\cdots=P(Y\leqslant 4.999)$$

因为 Y 只取整数值，如 4，5 等，相邻整数之间没有差别，所以，用正态分布逼近二

项分布时，我们应用哪个数？4，4.1，还是其他什么数？连续性修正（由于我们试图用一个连续分布，如正态分布去逼近一个离散分布，如二项分布）就是用离散分布的两个临近的中间数，即在二项分布中估计，我们用

$$P(Y\leqslant 4)\cong P(Z\leqslant \frac{4+0.5-np}{\sqrt{npq}})$$

估计 $P(Y\leqslant 4)$，其中，Z 服从正态分布，而4.5是4和5的中间数。

通常，连续性修正用在正态分布逼近二项分布时效果很好。

（1）对于 $n=20$，$p=0.1$，用表求 $P(Y)$ 的准确值，并用正态分布逼近来估计 $P(Y\leqslant 1)$。先不用连续性修正，再用连续性修正，哪个估计更接近准确值？

（2）重复（1），而将 $p=0.1$ 换为 $p=0.3$，哪个估计更接近准确值？

2. 在服从未知分布 F 的随机变量中得到如下20个观测值：

142	134	98	119	131
103	154	122	93	137
86	119	161	144	158
165	81	117	128	103

求 $F(100)$ 的95%置信区间。

3. 某年级学生的体重的随机样本有如下20个观测值：

142	134	98	119	131	103	154	122	93	137
86	119	161	144	158	81	117	128	103	165

检验：（1）体重的中位数是103。

（2）求中位数近似90%的置信区间，准确的置信系数是多少？

4. 为检验10 cm的钢板能被子弹射进多深，用50发子弹射向钢板，测量它们进入钢板的深度。结果有7发子弹穿透钢板，深度记为10+，50个深度数据如下：

5.37	5.39	5.42	5.51	5.63	5.74	5.82	5.83	5.94	5.98
6.07	6.07	6.13	6.20	6.21	6.23	6.25	6.26	6.26	6.28
6.29	6.31	6.35	6.41	6.57	6.67	6.81	7.03	7.40	7.44
7.82	8.03	8.11	8.44	8.51	8.72	8.83	9.04	9.33	9.51
9.61	9.68	9.82	10+	10+	10+	10+	10+	10+	10+

求射进深度中位数95%的置信区间。

5. 某市的劳动和社会保障部门的资料显示，2013年高级技师的年收入中位数为21 700元。该市某个行业有一个由50名高级技师组成的样本。这些技师的年收入如下：
23 071，24 370，20 327，24 296，22 256，19 140，25 669，22 404，26 744，26 704，23 406，20 438，24 890，24 815，24 556，18 472，21 514，22 516，25 112，23 480，26 522，24 074，18 064，22 590，25 261，21 180，26 188，21 625，24 333，23 146，18 324，23 598，26 040，20 846，20 438，19 474，19 214，23 072，26 744，23 443，24 630，26 893，26 485，18 138，20 179，26 744，23 554，25 706，21 588，17 990

经计算，这50名技师年收入的中位数为23 276，超过了全市高级技师年收入的中位数21 700。那么，在总体中该行业高级技师年收入的中位数是否比全市高级技师年收入的中位数21 700高呢？

3 关于秩的位置、尺度和相关性检验

数据可以是非数值的（如好、更好、最好），也可以是数值的（如 5.24、7.89 等）。如果数据是非数值型的，但是依次序排列，那么，本章的方法通常是有用方法中最有功效的。如果数据是数值型的，而且是满足通常参数检验所有假定条件的正态分布随机变量的观测值，那么用本章的方法所造成的效率损失将会非常小。在这些情形下，只用观测值的秩做检验的相对效率经常是 0.95，这要视情形而定。

本章的秩检验对各种类型的总体都有效，不论是连续型的、离散型的，还是两者混合的。早期非参数统计中的结果为了使基于秩的检验有效，要假设变量是连续型的。Conover（1973a）和他人的研究结果表明，连续性的假设是没有必要的，可以由一个很简单的假设 $P(X=x)<1$，$\forall x$ 来代替，因为任何试验者都不愿意从完全由单独一个数字构成的总体中抽样，所以在本章的检验中我们不会列出这个假设。

如果数据是有序的并且有很多结（如两个观测值相等，则称它们为数据的结），则可以用秩检验来分析。这里需要小心的是，只有当数据中没有结时，所谓的小样本"精确表"才是精确的，否则它们是近似的。可以按照没有结的方法得到给定结集的精确表，但是这种随结集变化而变化的一系列精确表并不实用。如果数据中有大量的结，则本书运用大样本近似，而不用小样本表。按升序排列观测值的一个很方便的方法是 Tukey（1977）给出的茎叶图方法。

3.1 单样本模型

给定一个样本 x_1，…，x_n，自然地想要知道它所代表的总体"中心"在哪里。例如，在对人们的年龄进行了抽样之后，就自然要涉及"平均年龄"和"中间年龄"等概念。这与统计中对总体的均值（mean）、中位数（median）和众数（mode）等位置参数的推断有关。又如，在知道总体是正态分布时，要检验其均值是否为 μ，一个传统的基于正态理论的典型方法是 t 检验。它的检验统计量为：

$$t=\frac{\overline{X}-\mu}{s/\sqrt{n}}$$

这里 $\overline{X}$ 为样本均值，而 $s=\sqrt{\frac{1}{n-1}\sum_{i=1}^{n}(X_i-\overline{X})^2}$ 为样本标准差。t 检验的统计量在零假设下为自由度是 $n-1$ 的 t 分布。t 检验统计量是在用样本标准差 s 代替了有标准正态分布的检验统计量 $z=\frac{\overline{X}-\mu}{\sigma/\sqrt{n}}$ 的总体标准差 σ 之后而产生的。在大样本时，两者几乎相等。t 检验也许是世界上用得最广泛的检验之一。但是，t 检验并不稳健，在不知总体分布时，特别是小样本时，t 检验可能就有风险，这时就要考虑使用非参数方法。对于本章所要介绍的数据趋势或随机性检验，就不存在简单的参数方法，但非参数方法总是简单实用的。

3.1.1 Wilcoxon 符号秩模型

符号检验利用观察值和零假设的中心位置之差的符号来进行检验，但是它并没有利用这些差的大小（体现于差的绝对值的大小）所包含的信息。不同的符号代表了在中心位置的哪一边，而差的绝对值的秩的大小代表了距离中心的远近。如果把这两者结合起来，自然比仅仅利用符号更有效，这也是下面要介绍的 Wilcoxon 符号秩检验（Wilcoxon signed-rank test）的宗旨（Wilcoxon，1945）。它把差的绝对值的秩分别按照不同的符号相加作为其检验统计量。注意，该检验需要假定样本点 X_1，…，X_n 来自连续对称总体分布（符号检验不需要这个假设）。在这个假定下总体中位数等于均值。它的检验目的和符号检验是一样的，即要检验 H_0：$M=M_0$。对于单边或双边的备择假设，Wilcoxon 符号秩检验的步骤如下：

（1）对 $i=1$，…，n，计算 $|X_i-M_0|$；它们代表这些样本点到 M_0 的距离。

（2）把上面的绝对值排序，并找出它们的 n 个秩的和；如果有相同的样本点，每个点取平均秩（如 2，5，5，8 的秩为 1，2.5，2.5，4）。

（3）令 W^+ 等于 $X_i-M_0>0$ 的 $|X_i-M_0|$ 的秩的和。而 W^- 等于 $X_i-M_0<0$ 的 $|X_i-M_0|$ 的秩的和。注意：$W^-+W^+=n(n+1)/2$。

（4）对于双边检验 H_0：$M=M_0 \Leftrightarrow H_1$：$M\neq M_0$，在零假设下，$W^+$ 和 W^- 应差不多。因此，当其中之一很小时，应怀疑零假设；在此，取检验统计量 $W=\min(W^+, W^-)$。类似地，对 H_0：$M\leqslant M_0 \Leftrightarrow H_1$：$M>M_0$ 的单边检验取 $W=W^-$；对 H_0：$M\geqslant M_0 \Leftrightarrow H_1$：$M<M_0$ 的单边检验取 $W=W^+$。

（5）根据得到的 W 值，查 Wilcoxon 符号秩检验的分布表得到在零假设下的 p 值。如果 n 很大要用正态近似：得到一个与 W 有关的正态随机变量 Z 的值，再查表得到 p 值，或直接用计算机得到 p 值。

（6）如果 p 值较小（比如小于或等于给定的显著性水平 0.05）则可以拒绝零假设。实际上显著性水平 α 可取任何大于或等于 p 值的数。如果 p 值较大则没有充分证据来拒绝零假设，但不意味着接受零假设。

W^+ 在零假设下的分布并不复杂。我们举一个例子来说明如何在简单情况下获得其分布。当 $n=3$ 时，绝对值的秩只有 1、2 和 3，但是有 8 种可能的符号排列。在零假设下，每一个这种排列都是等概率的（在这里，其概率为 1/8）。表 3－1 列出了所有可能的情况以及在每种情况下的 W^+ 值。可以看出，$W^+=3$ 出现了两次，因此 $P_{H_0}(W^+=3)=2/8$，其余 W^+ 为 0，1，2，4，5，6 等 6 个数，等于每个数的概率为 1/8。

表 3－1

	符号的 8 种组合							
秩 1	−	+	−	−	+	+	−	+
秩 2	−	−	+	−	+	−	+	+
秩 3	−	−	−	+	−	+	+	+
W^+	0	1	2	3	3	4	5	6
概率	$\frac{1}{8}$	$\frac{1}{8}$	$\frac{1}{8}$	$\frac{1}{8}$	$\frac{1}{8}$	$\frac{1}{8}$	$\frac{1}{8}$	$\frac{1}{8}$

当然，当样本大时用这种办法来计算是不方便的。但是，由于 W^+ 的母函数为

$$M(t)=\frac{1}{2^n}\prod_{j=1}^{n}(1+e^{tj})$$

把它展开，可以得到 $M(t)=a_0+a_1e^t+a_2e^{2t}+\cdots$；按照母函数的性质，有 $P_{H_0}(W^+=j)=a_j$。利用指数相乘的性质，可以编一个小程序来计算 W^+ 的分布表（有兴趣的读者不妨试一试）。

现在用一个例子来说明如何应用 Wilcoxon 符号秩检验，并说明它和符号检验在解决同样的位置参数检验问题时的不同。

【例 3.1】下面是 2014 年上半年，中国保监会和各保监局收到的涉及人身险公司的投诉中，投诉量居前 10 位的人身险公司，它们依次为：中国人寿（1 782 件）、平安寿险（828 件）、新华人寿（767 件）、泰康人寿（754 件）、太保寿险（611 件）、生命人寿（400 件）、人保寿险（292 件）、太平人寿（272 件）、阳光寿险（228 件）和民生人寿（100 件）。

表 3－2

民生人寿	阳光寿险	太平人寿	人保寿险	生命人寿	太保寿险	泰康人寿	新华人寿	平安寿险	中国人寿
100	228	272	292	400	611	754	767	828	1 782

这里用两个检验作为比较。一个是 H_0：$M\geqslant612\Leftrightarrow H_1$：$M<612$，另一个是 H_0：$M\leqslant293\Leftrightarrow H_1$：$M>293$。我们之所以做这两个检验，是因为 612 和 293 在这一列数中的位置是对称的，如果用符号检验，结果也应是对称的。现在看 Wilcoxon 符号秩检验（见表 3－3）和符号检验（见表 3－4）有什么不同。

表 3－3　前 10 位人身险公司投诉量（单位：件）的 Wilcoxon 符号秩检验

H_0：$M\geqslant612\Leftrightarrow H_1$：$M<612$				H_0：$M\leqslant293\Leftrightarrow H_1$：$M>293$			
X_i	$\lvert X_i=M_0\rvert$	秩	符号	X_i	$\lvert X_i-M_0\rvert$	秩	符号
100	512	9	－	100	193	5	－
228	384	8	－	228	65	3	－
272	340	7	－	272	21	2	－
292	320	6	－	292	1	1	－
400	212	4	－	400	107	4	＋
611	1	1	－	611	318	6	＋
754	142	2	＋	754	461	7	＋
767	155	3	＋	767	474	8	＋
828	216	5	＋	828	535	9	＋
1 782	1 170	10	＋	1 782	1 489	10	＋
$W^-=35$，$W^+=20$				$W^-=11$，$W^+=44$			
检验统计量 $W=W^+=20$				检验统计量 $W=W^+=11$			
p 值＝0.246 1，不能拒绝零假设				p 值＝0.052 73，$\alpha=0.06$，拒绝零假设			
结论：不能说 $M<612$				结论：$M>293$			

以上检验在 R 语言软件中用一个语句就可以得出结果（假定数据向量为 y），以下为输入的程序：

```
y = c(100,228,272,292,400,611,754,767,828,1782)
wilcox.test(y - 293,alt = "greater")
wilcox.test(y - 612,alt = "less")
```

表 3－4 前 10 位人身险公司投诉量（单位：件）的符号检验（作为对照）

H_0：$M\geqslant612\Leftrightarrow H_1$：$M<612$	H_0：$M\leqslant293\Leftrightarrow H_1$：$M>293$
$S^-=6$，$S^+=4$	$S^-=4$，$S^+=6$
检验统计量 $K=S^+=4$	检验统计量 $K=S^-=4$
p 值 $=0.3770$，不能拒绝零假设	p 值 $=0.3770$，不能拒绝零假设
结论：不能说 $M<612$	结论：不能说 $M>293$

符号检验的 R 语言程序为：

```
sign.test = function(x,p,q0)
{s1 = sum (x < q0);s2 = sum (x > q0);n = s1 + s2
p1 = pbinom (s1,n,p);p2 = 1 - pbinom (s1 - 1,n,p)
if (p1 > p2)m1 = "One tail test:H1:Q > q0"
    else m1 = "One tail test:H1:Q < q0"
p.value = min(p1,p2);m2 = "Two tails test";p.value2 = 2 * p.value
if(q0 == median(x)){p.value = 0.5;p.value2 = 1}
list(Sign.test = m1,p.value.of.one.tail.test = p.value,
p.value.of.two.tail.test = p.value2)}
x = c(100,228,272,292,400,611,754,767,828,1782)
sign.test(x,0.5,612)
sign.test(x,0.5,293)
```

上面的 Wilcoxon 符号秩检验在零假设下的 p 值可由 n 和 W 查表得到。该 p 值也可利用 R 语言软件的 Wilcoxon 符号秩的分布函数 psignrank(w，10）直接得到。从上面的检验结果可以看出，在符号检验中，两个检验的 p 值都是一样的（等于 0.3770），不能拒绝任何一个零假设。而利用 Wilcoxon 符号秩检验，当 $\alpha=0.06$，不能拒绝 H_0：$M\geqslant612$，但是可以拒绝 H_0：$M\leqslant293$。因为 612 和 293 虽然都与其最近端点间隔 4 个数（这也是符号检验结果相同的原因），但是 612 到它这边的 4 个数的距离（秩）之和（$W=20$）大于 293 到它那边的 4 个数的距离之和（$W=11$）。所以说 Wilcoxon 符号秩检验不但利用了符号，还利用了数值本身大小所包含的信息。当然，Wilcoxon 符号秩检验需要关于总体分布的对称性和连续性的假定。

在大样本的情况下，若 n 太大而无法查表时，可以利用正态近似。由于 Wilcoxon 符号秩检验是线性符号秩统计量的一个特例，所以，我们可以用其关于统计量的期望和方差的公式得到

$$E(W)=\frac{n(n+1)}{4};\ \mathrm{Var}(W)=\frac{n(n+1)(2n+1)}{24}$$

由此可以构造大样本渐近正态统计量，其公式为（在零假设下）：

$$Z=\frac{W-n(n+1)/4}{\sqrt{n(n+1)(2n+1)/24}}\to N(0,\ 1)$$

计算出 Z 值后，可由正态分布表查出 p 值。如果我们选 $W=\min(W^-,\ W^+)$，则 Z 总是小于0，即 p 值对单边检验为 $\Phi(z)$，对双边检验为 $2\Phi(z)$。在利用R语言软件计算时，也存在计算精确 p 值和用 Z 近似的问题。

对 Wilcoxon 符号秩检验的总结如表3－5所示。

表3－5

零假设：H_0	备择假设：H_1	检验统计量（W）	p 值
H_0：$M=M_0$	H_1：$M\neq M_0$	$W=\min(W^+,\ W^-)$	$2P(W\leqslant w)$
H_0：$M\leqslant M_0$	H_1：$M>M_0$	$W=W^-$	$P(W\leqslant w)$
H_0：$M\geqslant M_0$	H_1：$M<M_0$	$W=W^+$	$P(W\leqslant w)$
大样本时，用近似正态统计量（加连续性修正时）$Z=\frac{W+0.5-n(n+1)/4}{\sqrt{n(n+1)(2n+1)/24}}$			
对水平 α，如果 p 值 $<\alpha$，拒绝 H_0；否则不能拒绝			

需要说明的是，这里看上去是按照备择假设的方向选 W^+ 或 W^- 作为检验统计量。但是实际上往往是按照实际观察的 W^+ 或 W^- 的大小来确定备择假设。在选定备择假设（比如 H_1：$M>M_0$）之后，我们之所以选 W^+ 作为检验统计量，是因为它们的观测值比 W^- 小，因而计算或查表（表只有一个方向）要方便些。如果利用统计软件或大样本正态近似，则选哪一个都没有关系。

在许多情况下，数据中有相同的数字，称为打结（tie），结中数字的秩为它们按升幂排列后的位置的平均值。比如2.3，3.7，3.7，5.2，11.4这五个数的秩为1，2.5，2.5，4，5，也就是说，由处于第二位和第三位的两个3.7得到秩为 $(2+3)/2=2.5$。这样的秩称为中间秩（midrank）。如果结多了，零分布的大样本公式就不准确了，因此，在公式中往往要作修正。我们先通过一个简单例子引进一些记号。假定有12个数，其值、秩和结统计量（用 τ_i 表示第 i 个结中的观察值数量）如表3－6所示。

表3－6

观察值	3　　3	5	9　9　9	13	14　14　14　14	16
秩	1.5　1.5	3	5　5　5	7	9.5　9.5　9.5	12
结统计量 τ_i	2		3		4	

该数据一共有 $g=3$ 个结：$\tau_1=2$（两个3），$\tau_2=3$（三个9），$\tau_3=4$（四个14）。当存在结的情况，上面的正态近似公式修正为

$$Z=\frac{W+0.5-n(n+1)/4}{\sqrt{n(n+1)(2n+1)/24-\left[\sum_{i=1}^{g}(\tau_i^3-\tau_i)\right]/48}}\sim N(0,\ 1)$$

注意，上面12个数也可以看成有5个结；除了指出的3个之外，还有3个平凡结，其统计量均为1。显然，这两种概念对结果没有影响。

基于Wilcoxon符号秩检验的点估计和置信区间

要估计有 n 个数的样本的对称中心，当然可以用该样本的中位数。但是为了利用更多的信息，首先要求每两个数的平均 $(X_i+X_j)/2$ [$i\leqslant j$，一共有 $n(n+1)/2$ 个] 来扩大样本数目。这样的平均称为Walsh平均。可以证明

$$W^+=\#\left\{\frac{X_i+X_j}{2}>0,\ i\leqslant j\right\}$$

如果考虑位移 θ，即 $X_1, \cdots, X_n\sim F(x-\theta)$，人们同样可以用

$$W^+(\theta)=\#\left\{\frac{X_i+X_j}{2}>0,\ i\leqslant j\right\}$$

来做Wilcoxon符号秩检验。对称中心 θ 可由Walsh平均的中位数来估计，称为Hodges-Lehmann估计量（Hodges and Lehmann，1963），即

$$\hat{\theta}=median\left\{\frac{X_i+X_j}{2}>0,\ i\leqslant j\right\}$$

利用Walsh平均还可以得到 θ 的置信区间。这里先按升幂排列Walsh平均，记为 $W_{(1)}, \cdots, W_{(N)}$，[$N=n(n+1)/2$]，则 θ 的 $(1-\alpha)$ 置信区间为

$$[W_{(k+1)},\ W_{(N-k)})$$

这里整数 k 由 $P(W^+<k)\leqslant\alpha/2$，$P(W^+\geqslant n-k)\leqslant\alpha/2$ 来决定。这在小样本时，可以查表得到；在大样本时，用类似于Wilcoxon检验的近似得到

$$k\approx\frac{n(n+1)}{4}-Z_{\alpha/2}\sqrt{\frac{n(n+1)(2n+1)}{24}}$$

注意：这里打结对结果没有多少影响，因此可不用连续性修正。

再来看前10位人身险公司投诉量的例子。Walsh平均为 $n(n+1)/2=55$ 个值（按升幂排列）：

```
 [1]100.0  164.0  164.0  186.0  186.0  196.0  196.0  228.0  250.0  250.0
[11]250.0  250.0  260.0  260.0  272.0  282.0  282.0  292.0  314.0  314.0
[21]336.0  336.0  346.0  346.0  355.5  355.5  400.0  419.5  419.5  427.0
[31]427.0  433.5  433.5  441.5  441.5  451.5  451.5  464.0  464.0  491.0
[41]491.0  497.5  497.5  505.5  505.5  513.0  513.0  519.5  519.5  523.0
[51]523.0  528.0  528.0  529.5  529.5  550.0  550.0  560.0  560.0  577.0
[61]577.0  583.5  583.5  611.0  614.0  614.0  682.5  682.5  689.0  689.0
[71]719.5  719.5  754.0  760.5  760.5  767.0  791.0  791.0  797.5  797.5
[81]828.0  941.0  941.0  1 005.0  1 005.0  1 027.0  1 027.0  1 037.0  1 037.0  1 091.0
[91]1 091.0  1 196.5  1 196.5  1 268.0  1 268.0  1 274.5  1 274.5  1 305.0
    1 305.0  1 782.0
```

它的中位数 529.5 是 θ 的 Hodges-Lehmann 估计量。下面再求 θ 的（$1-\alpha$）置信区间。对于 $\alpha=0.05$（$\alpha/2=0.025$），$n=10$ 查表或利用 R 语言软件输入命令 pasignrank(0.025,10)，得到 $k=9$；查表或输入命令 qasignrank(8,10)，可得 $P(W^+<9)=P(W^+<8)=0.024\leq\alpha/2$。所以，$\theta$ 的 95%（确切地说为 $1-2\times0.024=95.2\%$）置信区间为

$$[W_{(k+1)},\ W_{(N-K)})=[W_{(9+1)},\ W_{(55-9)})=[W_{(10)},\ W_{(46)})=[250,\ 513)$$

实现上述过程的 R 语言程序为：

```
y = c(100,228,272,292,400,611,754,767,828,1782)
walsh = NULL;
for(i in 1:10)
for(j in 1:10)walsh = c(walsh,(y[i] + y[j])/2);
walsh = sort(walsh)
```

3.1.2 正态记分模型

另一种检验统计量为正态记分（normal score）统计量。正态记分有多种不同的形式，可以用在许多检验问题中。在各种检验中，检验统计量均为秩的函数。而秩本身（在没有结点时）是一个有穷个自然数的排列，它在零假设下有一个在自然数中的均匀分布。人们会想到用其他分布的样本来代替秩，通常首先想到的是正态分布。正态记分检验的基本思想就是把升幂排列的秩 R_i 用升幂排列的正态分位点，比如 Φ^{-1}（$R_i/$（$n+1$））来代替。这样形成的记分称为 van der Waerden 型记分（van der Waerden，1957）。下一节关于两个样本的位置检验所用的正态记分就是 van der Waerden 记分。还有一种正态记分称为期望正态记分（expected normal score），是用正态分布第 i 个顺序统计量的期望值来代替正态记分。在实践上它与 van der Waerden 记分得出的结果差不多。

对于本节的单样本检验问题，考虑从不同出发点构造两个等价的正态记分检验。首先要以 Wilcoxon 符号秩统计量为蓝本建立一个线性符号秩统计量

$$S_n^+=\sum_{i=1}^{n}a^+(R_i)\mathrm{I}(X_i>0)$$

显然，$a_n^+(i)\geq0$ 的要求使我们不能直接用 $\Phi^{-1}(R_i/(n+1))$ 作为这里的记分。但是我们可以稍微改变一下记分使其成为

$$a_n^+(i)=\Phi^{-1}\left(\frac{n+1+i}{2n+2}\right),\ i=1,\ \cdots,\ n$$

为简单起见，用 s_i^+ 表示 $a_n^+(i)$。我们的检验统计量为

$$V=\sum_{X_i>M_0}^{n}s_i^+\ \text{或}\ V=-\sum_{X_i<M_0}^{n}s_i^+$$

选择哪一个将依备择假设而定。在大样本时，可以按照线性符号秩统计量在零假设下的期望和方差公式，得到正态近似，即

$$T^+=\frac{V-\dfrac{1}{2}\sum\limits_{i=1}^{n}s_i^+}{\dfrac{1}{2}\sqrt{\sum\limits_{i=1}^{n}s_i^{+2}}}$$

有近似标准正态分布（Fraser，1957）。当 T^+ 大的时候，可以考虑拒绝零假设。注意，在上面计算 T^+ 时，两种情况的结果都是正的。对于人身险公司投诉量的例子，可以得到如

表 3－7 所示的结果。该表为了方便计算 V，标出了带有 $(X_i - M_0)$ 符号的 s_i^+，即所谓的“符号 s_i^+”，它等于 $\text{sign}(X_i - M_0)s_i^+$。

表 3－7

$H_0: M \geqslant 612 \Leftrightarrow H_1: M < 612$				$H_0: M \leqslant 293 \Leftrightarrow H_1: M > 293$			
X_i	$\lvert X_i - M_0 \rvert$	秩	符号	X_i	$\lvert X_i - M_0 \rvert$	秩	符号
100	512	−9	−1.335	100	193	−5	−0.605
228	384	−8	1.097	228	65	−3	−0.349
272	340	−7	−0.908	272	21	−2	−0.230
292	320	−6	−0.748	292	1	−1	−0.114
400	212	−4	−0.473	400	107	4	0.473
611	1	−1	−0.114	611	318	6	0.748
754	142	2	0.230	754	461	7	0.908
767	155	3	0.349	767	474	8	1.097
828	216	5	0.605	828	535	9	1.335
1 782	1 170	10	1.691	1 782	1 489	10	1.691
$V=0.394$，$T^+ = -0.895\ 678\ 5$				$V=4.954$，$T^+ = 1.751\ 058$			
p 值 $=1-\Phi(T^+)=0.185\ 212$				p 值 $=1-\Phi(T^+)=0.039\ 968$			
结论：不能拒绝 H_0（水平 $\alpha<0.185\ 212$）				结论：$M>293$（水平 $\alpha \geqslant 0.039\ 968$）			

上面用了正态分位点 $\Phi^{-1}\left(\dfrac{n+1+i}{2n+2}\right)$，$(i=1, \cdots, n)$，而一般文献上通常把它们写成等价的 $\Phi^{-1}\left\{\dfrac{1}{2}[1+i/(n+1)]\right\}$ $(i=1, \cdots, n)$。以上检验的 R 语言程序为：

```
ns = function(y,m0){x1 = y - m0;r = rank(abs(x1));
s = qnorm( 0. 5*(1 + r/(10 + 1)))*sign(x1);tt = sum(s)/sqrt(sum(s*s));
list(two. sided. pvalue = 2*min(pnorm(tt),pnorm(tt,low = F)),T = tt,s = s)}
y = c(100,228,272,292,400,611,754,767,828,1782)
ns(y,293)
ns(y,692)
```

正态记分检验有较好的大样本性质。对于正态总体，它比许多基于秩的检验更好。而对于一些非正态总体，虽然不如一些基于秩的检验，但它又比 t 检验要好。表 3－8 列出了上述正态记分 (NS^+) 相对于 Wilcoxon 符号秩检验 (W^+) 对于不同总体分布的 ARE。

表 3-8

总体分布	均匀	正态	Logistic	重指数	Cauchy
ARE（NS^+，W^+）	$+\infty$	1.047	0.955	0.847	0.708

可以看出，凡是用秩的函数作检验统计量的地方都可以把秩替换成正态记分而形成相应的正态记分统计量。

3.1.3 游程检验模型

假定我们掷一个硬币，以概率 p 得到正面（记为 1），以概率 $1-p$ 得到反面（记为 0）——这是一个 Bernoulli 试验。如果这个试验是随机的，则不大可能出现许多 1 或许多 0 连在一起，也不可能 1 和 0 交替出现得太频繁。例如，下面为一次试验的结果：

0 0 0 0 0 0 0 1 1 1 1 1 1 0 0 0 0 0 1 1 1 1 0 0

如果称连在一起的 0 或 1 为游程（run），则上面这组数中有三个 0 游程，两个 1 游程，一共五个游程（$R=5$）。这里 0 的总个数为 $m=13$，而 1 的总个数为 $n=10$。记总的试验次数为 N，有 $N=m+n$。出现多少 0 和多少 1，以及出现多少游程都与概率 p 有关。然而，在已知 m 和 n 时，游程个数 R 的条件分布就与 p 无关了。由初等概率论，很容易得知如果随机性的假设（称为 H_0）成立，任何特别的 m 个 0 和 n 个 1 的一种排列，在给定 m 和 n 的条件下都是 $1/\binom{N}{n}$ 或 $1/\binom{N}{m}$，而 R 的条件分布等于

$$P(R=2k)=\frac{2\binom{m-1}{k-1}\binom{n-1}{k-1}}{\binom{N}{n}};$$

$$P(R=2k+1)\frac{\binom{m-1}{k-1}\binom{n-1}{k}+\binom{m-1}{k}\binom{n-1}{k-1}}{\binom{N}{n}}$$

根据这个公式就可以算出在 H_0（即随机性）成立时 $P(R>r)$ 或 $P(R\leqslant r)$ 的值，也就可以做检验了。该检验是由 Mood（1940）提出的。这些值在 m 和 n 不大时可以用计算器或查表得出。通常是表给出水平 $\alpha=0.025$ 或 0.005 及 m，n 时，临界值 c_1 和 c_2 的值满足 $P(R\leqslant c_1)\leqslant\alpha$。而当样本很大时，即 $n\to\infty$，$m/n\to\gamma$ 时，在零假设下有

$$Z=\frac{R-2m/(1,\gamma)}{\sqrt{4\gamma m/(1+\gamma)^3}}\to N(0,1)$$

于是可以借助正态分布表来得到 p 值和检验结果。这时，在给定水平 α 后，可以用下面的近似公式来得到临界值：

$$c_1=\frac{2mn}{m+n}\left[1+\frac{Z_{\frac{\alpha}{2}}}{\sqrt{m+n}}\right],\quad c_2=1+\frac{2mn}{m+n}\left[1-\frac{Z_{\frac{\alpha}{2}}}{\sqrt{m+n}}\right]$$

在实际问题中，遇到的不一定都是只有 0 或 1 代表的二元数据，但是可以把数据转换成二元数据来分析。例如在工厂的全面质量管理中，生产出来的 20 件产品的某一尺寸

（cm）按顺序排列为$(X_1, \cdots, X_{20})$：

12.27，	9.92，	10.81，	11.79，	11.87，	10.90，	11.22，
10.80，	10.33，	9.30，	9.81，	8.85，	9.32，	8.67，
9.32，	9.53，	9.58，	8.94，	7.89，	10.77	

人们想知道生产出来的产品的尺寸变化是否只是随机因素，还是有其他非随机因素。先找出它们的中位数为$X_{med}=9.865$，再把大于X_{med}的记为1，小于X_{med}的记为0，于是产生一串1和0：

1 1 1 1 1 1 1 1 1 1 0 0 0 0 0 0 0 0 0 1

也就是说，变成了前面的情况。这时$R=3$，$m=n=10$，按照上面的公式（只要计算两项），$P(R\leqslant 3)=P(R=2)+P(R=3)=0.000\,11$，即$p$值为$P(|R|\leqslant 3)$而不是$P(|R|\geqslant 3)$，是因为显然$R=3$离最小可能的值2要比最大可能的值20近。因此可以说，在生产过程中有非随机因素起作用。在我们把数目转换成0和1时失去了一些信息，但是此方法对于随机性本身来说不失为一个简单易行的方法。

关于随机性的游程检验的过程总结于表3-9之中：

表3-9

零假设：H_0	备择假设：H_1	检验统计量（K）	p值
H_0：有随机性	H_1：没有随机性（有聚类倾向）	游程R	$P(\mid K\mid \leqslant k)$
大样本即$n\to\infty$，$m/n\to\gamma$时，用近似正态统计量$Z=\dfrac{R-2m/(1+\gamma)}{\sqrt{4\gamma m/(1+\gamma)^3}}$			
对水平α，如果p值$<\alpha$，拒绝H_0；否则不能拒绝			

我们完全按照公式编写了下面的计算概率和p值的函数run.test，在输入run.test(x)之后，将输出m，n和双边精确的和渐近p值，以及$P(R>r)$，$P(R\leqslant r)$的精确值和渐近值。

```
run.test = function(y,cut = 0){
if(cut! = 0)x = (y > cut)*1 else x = y
N = length(x);k = 1;for( i in 1:N - 1) if( x[ i]! = x[ i + 1])k = k + 1;r = k;
m = sum(1 - x);n = N - m
P1 = function(m,n,k)
    {2*choose(m - 1,k - 1)/choose(m + n,n)*choose(n - 1,k - 1)}
P2 = function( m,n,k){
choose(m - 1,k - 1)*choose(n - 1,k)/choose( m + n,n)
        + choose(m - 1,k ) *choose(n - 1,k - 1)/choose(m + n,n)}
r2 = floor(r/2);if(r2 == r/2){pv = 0;for(i in 1:r2)pv = pv + P1(m,n,i)
for(i in 1:(r2 - 1))pv = pv + P2(m,n,i)}else
{pv = 0;for(i in 1:r2)pv = pv + P1(m,n,i)
for(i in 1:r2)pv = pv + P2(m,n,i)}
```

```
if(r2 == r/2)pv1 = p1 - v + P1(m,n,r2)else pv1 = 1 - pv + P2(m,n,r2)
z = (r - 2*m/(1 + m/n))/sqrt(4*m*n/n/(1 + m/n)^3);ap1 = pnorm(z);ap2 = 1 - ap1;
tpv = min(pv,pv1)*2;list(m = m,n = n,N = N,R = r,Exact. pvalue2 = ap2,
Exact. 2sided. pvalue = tpv,Approx. 2sided. pvalue = min(ap1,ap2)*2)}
```

3.2 两样本模型

在单样本问题中，人们想要检验总体的中心是否等于一个已知值。但在实际问题中，更受注意的往往是比较两个总体的位置参数，比如，两种训练方法中哪一种更出成绩、种汽油哪一种污染更少、两种市场营销策略哪一种更有效等。

【例 3.2】在研究计算器是否影响学生手算能力的实验中，13 个没有计算器的学生（A 组）和 10 个拥有计算器的学生（B 组）对一些计算题进行手算测试，他们得到正确答案的时间数据如下（单位为分钟）。

A 组为（X_1，…，X_{13}）：

27.6　19.4　19.8　26.2　31.7　28.1　24.4　19.6　16.8　24.3　29.9　17.0　28.7

B 组为（Y_1，…，Y_{10}）：

39.5　31.2　25.1　29.4　31.0　25.5　15.0　53.0　39.0　24.0

我们想要知道两组数据的中位数是否一样。这就是检验两个总体的位置参数是否相等的问题。

假定 X_1，…，X_m 和 Y_1，…，Y_n 分别代表两个独立总体的随机样本。我们想要检验它们总体的均值（或中位数）是否相等，或差是否等于某个已知值。即检验 H_0：$(\mu_1-\mu_2)=D_0$ 对 H_1：$(\mu_1-\mu_2)\neq D_0$ 或 H_1：$(\mu_1-\mu_2)>D_0$[或 $(\mu_1-\mu_2)<D_0$]等双边或单边检验。在正态假定之下，这种问题通常用 t 检验。检验统计量为

$$t=\frac{(\bar{x}-\bar{y})-D_0}{s\sqrt{\frac{1}{m}+\frac{1}{n}}}$$

其中

$$s^2=\frac{\sum_{i=1}^{m}(x_i-\bar{x})^2+\sum_{j=1}^{n}(y_j-\bar{y})^2}{m+n-2}$$

在零假设下，它有自由度（$m+n-2$）的 t 分布，并可由此作所需要的检验。和单样本情况一样，t 检验并不稳健，在不知总体分布时，应用 t 检验可能会有风险。这时就应考虑使用相应的非参数方法。

3.2.1 Brown-Mood 中位数检验

首先通过例 3.2 介绍一个非参数检验，即 Brown-Mood 中位数检验（Brown and Mood，1948）。

下面的三个盒子图（从左到右）分别代表用手算、计算器算和混合计算得出正确答案所用的时间。可以看出用计算器计算所用的时间要比没用计算器的时间长。

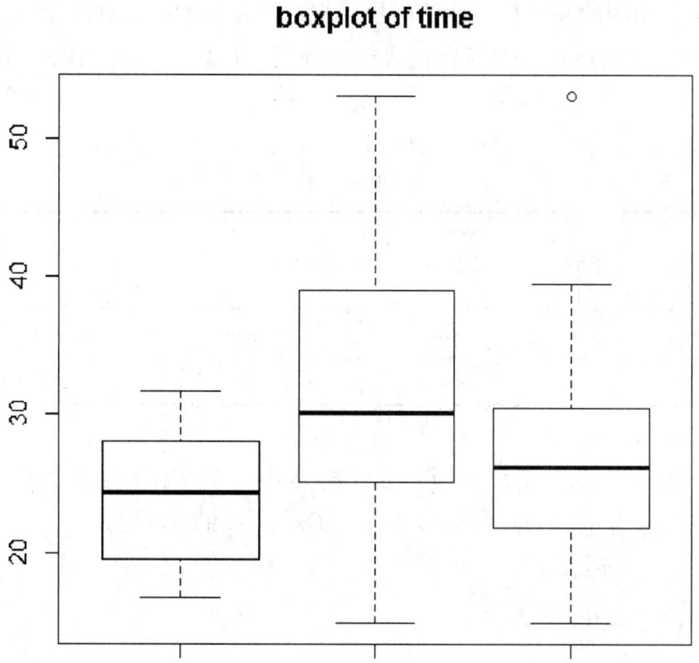

图 3－1

画此盒子图的 R 语言程序为：

```
rm(list = ls ( ))
y = c(39. 5,31. 2,25. 1,29. 4,31. 0,25. 5,15. 0,53. 0,39. 0,24. 0)
x = c(27. 6,19. 4,19. 8,26. 2,31. 7,28. 1,24. 4,19. 6,16. 8,24. 3,29. 9,17. 0,28. 7)
m = length(x)
n = length(y)
boxplot(x,y,c(x,y),main = "boxplot of time")
```

令 A 组中位数为 M_X，而 B 组的为 M_Y。零假设为 H_0：$M_X = M_Y$，选备择假设为 H_1：$M_X < M_Y$。显然，在零假设下，中位数如果一样的话，它们共同的中位数，即这（13 + 10）= 23 个数的样本中位数（记为 M_{XY}）对于每一列数据来说应该都处于中间位置。也就是说，在 X_1，…，X_{10} 和 Y_1，…，Y_{13} 中大于或小于 M_{XY} 的情况应大体一样。容易算得 $M_{XY} = 26.2$。在两个样本和 M_{XY} 比较之后得到各个样本中大于和小于它的数目，如表 3－10 所示。

表 3－10

	X 样本	Y 样本	总和
观察值大于或等于 M_{XY} 的数目	6	6	12
观察值小于 M_{XY} 的数目	7	4	11
总和	13	10	23

这里有和 M_{XY} 相同的观察值，我们随机地把这个相等的值放到大于 M_{XY} 的群中，使检验略微保守，也可以去掉它。如何作正式的检验呢？可以看出上面的表是 2×2 列联表，如表 3 – 11 所示。

表 3 – 11

	X	Y	总和
$\geq M_{XY}$	a	b	$t=a+b$
$<M_{XY}$	$m-a$	$n-b$	$(m+n)-(a+b)$
总和	m	n	$N=m+n$

令 S 表示列联表中左上角取值为 a 的 X 样本中大于 M_{XY} 的变量。在 m，n 及 t 固定时，S 的分布在零假设下为超几何分布（对于不超过 m 的 k）：

$$P(S=k)=\frac{\binom{m}{k}\binom{n}{t-k}}{\binom{m+n}{t}}$$

现在可以用上面的 S 的分布，直接进行前面提到的单边检验（H_1：$M_X>M_Y$）。在给定 m，n 和 t 时，如果 S 的值太大或太小，就应该怀疑零假设。表 3 – 12 列出了 Brown-Mood 中位数检验的基本内容。

表 3 – 12

零假设：H_0	备择假设：H_1	检验统计量	p 值
H_0：$M_X=M_Y$	H_1：$M_X>M_Y$	S	$P(S\geqslant a)$
H_0：$M_X=M_Y$	H_1：$M_X<M_Y$	S	$P(S\leqslant a)$
H_0：$M_X=M_Y$	H_1：$M_X\neq M_Y$	S	$2\min(P(S\leqslant a),\ P(S\geqslant a))$
对水平 a，如果 p 值 $<a$，那么拒绝 H_0；否则不能拒绝			
注：在 $m\neq n$ 时因 S 不对称，双边检验结果不那么理想			

在比较计算器对学生手算能力影响的例子中，$a=6$，$b=6$，$m=13$，$n=10$，用备择假设 H_1：$M_X<M_Y$ 作单边检验时，根据 R 语言软件超几何分布的语句：phyper(a,m,n,a+b) = phyper(6,13,10,12)，得 p 值为 $P(S<6)=0.406\,716\,9$，接受零假设。

在大样本时，从超几何分布的均值和标准差的表达式看出正态近似统计量（包括连续性修正）为

$$Z=\frac{A\pm0.5-mt/N}{\sqrt{mnt\ (N-t)/N^3}}\sim N\ (0,\ 1)$$

它在零假设下有近似正态分布。研究表明，在 $\min(m,n)\geqslant12$ 时该近似相当精确。

在双边检验 H_1：$M_X\neq M_Y$ 时，对于大样本情况，可以利用 Pearson χ^2 检验统计量

$$K=\frac{(2a-m)^2\ (m+n)}{mn}$$

进行检验。它有近似的自由度为 1 的 χ^2 分布。再对此例实行 $\chi^2(1)$ 双边检验，可以得到 $K=0.707\ 7$，并算得 p 值为 1，R 语句为 1 - pchisq((2 * 6 - 13)^2 * (10 + 13)/10/13,1)。和前面的精确的单边检验对照，可以看出 χ^2 检验不那么精确，这是因为样本太小。这里的 χ^2 检验统计量实际上和一般的 $r\times c$ 维列联表的检验它们的 Pearson χ^2 检验统计量是一样的。

如果 X 和 $Y+\theta$ 有同样分布，则 Brown-Mood 检验可以用来求得 $\theta=M_X-M_Y$ 的（$1-\alpha$）置信区间，具体为

$$[X_{t-c'+1}-Y_{c'},\ X_{t-c}-Y_{c+1}]$$

这里 c 和 c' 满足 $P(A\leqslant c)+P(A\geqslant c')=\alpha$。

Brown-Mood 中位数检验可以扩展到一般的分位数（而不仅仅是中位数）检验，基本方法是完全一样的。趋势检验（trend test）实际上也是中位数检验的一个特例。中位数检验可以用于更多的独立样本，此时的检验统计量多为多变量超几何分布，而大样本分布则基于 χ^2 分布。Brown-Mood 检验所处理的许多问题可以用下面的 Wilcoxon（Mann-Whitney）秩和检验做更有效的处理。

3.2.2 Wilcoxon 秩和检验

在上一节的例子中，在比较两个总体中位数的检验时，只分别利用了各样本大于或小于共同样本的中位数的数目。如单样本时的符号检验一样，失去了两样本具体观察值的互相关系的信息。本节类似于单样本的 Wilcoxon 符号秩检验，也想利用更多的信息；这里假定两个总体分布有类似形状，但并不需要对称。现在的零假设还是 H_0：它们的中位数一样，即 H_0：$M_X=M_Y$，不失一般性，假定 H_1 为 $M_X>M_Y$。把样本 X_1，…，X_m 和 Y_1，…，Y_n 混合起来，并把这 $N=m+n$ 个数按照从小到大的顺序排列起来。这样每一个 Y 观察值在混合排列中都有自己的秩。令 R_i 为 Y_i 在这 N 个数中的秩（即 Y_i 是第 R_i 小的）。显然如果这些秩的和 $W_Y=\sum_{i=1}^{m}R_i$ 很小，则 Y 样本的值偏小，可以怀疑零假设。同样，对于 X 样本也可以得到 W_X，称 W_Y 或 W_X 为 Wilcoxon 秩和统计量（Wilcoxon rank-sum statistics）；这样，在找到了该统计量的分布之后就可以做检验了。实际上，这里还有一些其他有趣的性质。如果令 W_{XY} 为把所有的 X 观察值和 Y 观察值做比较之后，Y 观察值大于 X 观察值的个数，则有关系

$$W_Y=W_{XY}+\frac{1}{2}n\ (n+1)$$

类似地，有 $W_Y=W_{YX}+\frac{1}{2}m(m+1)$，以及由此得出的关系 $W_{XY}+W_{YX}=nm$。W_Y 是由 Wilcoxon（1945）提出的；而 W_{XY} 是由 Mann and Whitney（1947）提出的。因为这些统计量互相等价，人们也通称它们为 Mann-Whitney-Wilcoxon 统计量。就上面的零假设和备择假设来说，当 W_{XY} 很小时可怀疑零假设。

下面列出关于统计量 R_i 的一些性质，它们的证明很简单，留给有兴趣的读者去做。在零假设下，有

$$P(R_i=k)=\frac{1}{N},\ k=1,\ \cdots,\ N;\ P(R_i=k,\ R_j=l)=\begin{cases}\dfrac{1}{N(N-1)}, & k\neq l\\ 0, & k=l\end{cases}$$

由此可以很容易得到

$$E(R_i)=\frac{N+1}{2},\ \mathrm{Var}(R_i)=\frac{N^2-1}{12},\ \mathrm{Cov}(R_i,\ R_j)=-\frac{N+1}{12},\ (i\neq j)$$

并因 $W_Y=\sum_{i=1}^{m}R_i$，以及 $W_Y=W_{YX}+n(n+1)/2$，有

$$E(W_Y)=\frac{n(N+1)}{2},\ \mathrm{Var}(W_Y)=\frac{mn(N+1)}{12}$$

及

$$E(W_{XY})=\frac{mn}{2},\ \mathrm{Var}(W_{XY})=\frac{mn(N+1)}{12}$$

这些公式成为计算 Mann-Whitney-Wilcoxon 统计量的有关概率的基础。

为了得到计算 W_Y 和 W_{XY} 的概率分布的直观意义，下面就 $m=n=2$ 的简单情况作一探讨。这时，$N=4$ 个混合样本的可能的秩为 1，2，3，4。而 X 和 Y 一共有 $6=\binom{4}{2}$ 种可能的组合。表 3－13 列出了这 6 种不同的排列并给出了它们的 W_Y 及 W_{XY} 的值和取这些值的概率：

表 3－13

	X 和 Y 的 6 种组合					
秩 1	X	Y	Y	X	X	X
秩 2	Y	X	X	Y	Y	X
秩 3	X	Y	X	Y	X	Y
秩 4	X	X	Y	X	Y	Y
W_{XY}	0	1	2	2	3	4
W_Y	3	4	5	5	6	7
概率	$\frac{1}{6}$	$\frac{1}{6}$	$\frac{2}{6}$		$\frac{1}{6}$	$\frac{1}{6}$

记 $\overline{P}_{m,n}(k)$ 为（$W_{XY}=k$）可能出现的次数，由上表可得 $\overline{P}_{2,2}(0)=\overline{P}_{2,2}(1)$，$\overline{P}_{2,2}(2)=2$，等等。而相应的概率值（上表的最后一行）则为 $P(W_{XY}=k)=\overline{P}_{2,2}(k)/\binom{4}{2}$。当 N 大时，对于给定的 k，利用表格来算 $\overline{P}(W_{XY}=k)$ 就比较麻烦了。但是很容易用下面的递推公式来算 $\overline{P}_{m,n}(k)$。

$$\overline{P}_{i,j}(k)=\begin{cases}0 & k<0\\ 0 & k=0\ \text{及至少}\ i,\ j\ \text{之一为 0 时}\\ 0 & k\neq 0\ \text{及至少}\ i,\ j\ \text{之一为 0 时}\end{cases}$$

$$\overline{P}_{m,n}(k)=\overline{P}_{m,n-1}(k-m)+\overline{P}_{m-1,n}(k)$$

上面最后的关于$\overline{P}_{m,n}(k)$的公式很容易从上面的表格直接得到。在样本大小为m，n时，$W_{XY}=k$只可能有两种来源：①上类表中样本大小为m，$n-1$时，由$W_{XY}=k-m$的列加上Y结尾产生，因为Y结尾将使W_{XY}增加m；②上类表中样本大小为$m-1$，n时，由$W_{XY}=k$的列加上X结尾产生，因为X结尾将不增加W_{XY}的值。从这些公式可以得到关于零假设下概率$P_{m,n}(k)=P_{H_0}(W_{XY}=k)$的递推表达式。在推导时只需利用上面关于$\overline{P}_{m,n}(k)$的递推公式，并注意到

$$P_{m,n}(k)=\frac{\overline{P}_{m,n}(k)}{\binom{m+n}{m}}$$

即可。这些递推概率公式为：

$$P_{i,j}(k)=\begin{cases}0 & k<0\\ 0 & k=0\text{ 及至少 } i,\ j\text{ 之一为 0 时}\\ 0 & k\neq 0\text{ 及至少 } i,\ j\text{ 之一为 0 时}\end{cases}$$

$$P_{m,n}(k)=\frac{n}{m+n}P_{m,n-1}(k-m)+\frac{m}{m+n}P_{m-1,n}(k)$$

由此，很容易利用一个很短的计算机程序算出W_{XY}的分布。读者可以试着编一下这些程序，看和表中的是否一样。从表3-13还可以看出W_Y的分布关于5对称。一般来说，W_Y的分布关于它的期望$n(N+1)/2$对称。

当然，一般统计软件包都是如此计算W_{XY}的分布（及p值）的，对W_{XY}也有表可查。注意表中给出的是$P(W_{XY}=W_\alpha)=\alpha$中（在$\alpha$，$m$，$n$给定时）的临界值$W_\alpha$，从表中不能对任意的$m$，$n$，$W_{XY}$求$p$值。注意：在检验时，要选取$W_Y$和$W_X$之中较小的那个来当作检验统计量，并决定备择假设的方向。这样决定的统计量也适合于查表。

在大样本时，可以用正态分布近似。读者很容易由上面$E(W_{XY})$和$\mathrm{Var}(W_{XY})$的表达式得出在零假设下有

$$Z=\frac{W_{XY}-mn/2}{\sqrt{mn(N+1)/12}}\to N(0,\ 1)$$

因为W_{XY}和W_Y只差一个数，所以也可以用正态近似

$$Z=\frac{W_Y-n(N+1)/2}{\sqrt{mn(N+1)/12}}\to N(0,\ 1)$$

和在Wilcoxon符号秩检验时一样，可能存在打结的情况；此时大样本近似用的Z应修正为

$$Z=\frac{W_Y-nm/2}{\sqrt{\dfrac{mn(N+1)}{12}-\dfrac{mn\left(\sum_{i=1}^{g}\tau_i^3-\sum_{i=1}^{g}\tau_i\right)}{12(m+n)(m+n-1)}}}$$

这里的τ_i为结统计量，而g为结的个数。值得注意的是，一般统计软件包对于打结的情况只有正态近似而没有精确的p值计算。因为连续变量打结通常都是由四舍五入造成的，所以可以稍微改变数据来解决这个问题。如果Y样本中有打结（如两个5.5的秩），这时改成5和6即可（都在一个样本，对结果没有影响）。

现在考虑上一节的计算器的使用是否影响学生手算能力的问题。表 3－14 是 X（笔算）样本的数据和它们在混合样本中的秩的列表。

表 3－14

16.8	17	19.4	19.6	19.8	24.3	24.4	26.2	27.6	28.1	28.7	29.9	31.7
2	3	4	5	6	8	9	12	13	14	15	17	20

表 3－15 是 Y（有计算器）样本的数据和它们在混合样本中的秩的列表。

表 3－15

15	24	25.1	25.5	29.4	31	31.2	39	39.5	53
1	7	10	11	16	18	19	21	22	23

由上表及公式算出 $W_X=128$，$W_Y=148$，$W_{XY}=93$，$W_{YX}=37$，$W=\min(W_{XY},\ W_{YX})=37$。对于 H_1：$M_X>M_Y$，p 值为 0.044 15。而对于 H_1：$M_X\neq M_Y$，p 值为上面的单边检验的两倍。实现以上过程的 R 语句为：

```
y=c(39.5,31.2,25.1,29.4,31.0,25.5,15.0,53.0,39.0,24.0)
x=c(27.6,19.4,19.8,26.2,31.7,28.1,24.4,19.6,16.8,24.3,29.9,17.0,28.7)
wilcox.test(x,y,alt="less")
sum(outer(y,x,"-")>0)
sum(outer(x,y,"-")>0)
```

求 W_{XY}的命令为 sum(outer(y,x,"-")>0)，求 W_{YX}的命令为 sum(outer(x,y,"-")>0)，而 wilcox.test(x,y,alt="less") 输出 W 和 p 值。

关于 Wilcoxon 秩和检验（Mann-Whitney 检验），总结如表 3－16 所示：

表 3－16

零假设：H_0	备择假设：H_1	检验统计量（K）	p 值
H_0：$M_X=M_Y$	H_1：$M_X>M_Y$	W_{XY}或 W_Y	$P(K\leqslant k)$
H_0：$M_X=M_Y$	H_1：$M_X<M_Y$	W_{YX}或 W_X	$P(K\leqslant k)$
H_0：$M_X=M_Y$	H_1：$M_X\neq M_Y$	$\min(W_{YX},\ W_{XY})$ 或 $\min(W_X,\ W_Y)$	$2P(K\leqslant k)$
大样本时，用上述近似正态统计量计算 p 值			

需要说明的是，这里看上去是按照备择假设的方向选 W_X 或 W_Y 作为检验统计量。但是事实上往往是按照实际观察的 W_X 和 W_Y 的大小来确定备择假设。在选定备择假设之后，比如 H_1：$M_X>M_Y$，我们之所以选 W_{XY}或 W_Y 作为检验统计量，是因为它们的观察值比 W_{YX}或 W_X 小，计算或查表（标志有一个方向）要方便些。如果利用统计软件或大样本正态近似，则可以选择任何一个作为检验统计量。

M_X-M_Y 的点估计和区间估计：差 M_X-M_Y 的点估计很简单，只要把 X 和 Y 观察值成对相减（共有 mn 对），然后求它们的中位数即可。就例 3.1 来说，差 M_X-M_Y 的点估计为 -6，这里可以用 R 语句 median(outer(x,y,"-"))得到。

如果想求 $\Delta\equiv M_X-M_Y$ 的（$1-\alpha$）置信区间，可以按照下面步骤来做：①得到所有 mn 个差 X_i-Y_j；②记按升幂次序排列的这些差，为 D_1，…，D_N，$N=mn$；③从表中查出 $W_{\alpha/2}$，它满足 $P(W_{XY}\leqslant W_{\alpha/2})=\alpha/2$，则所要的置信区间为$(D_{W_{\alpha/2}},\ D_{mn+1-W_{\alpha/2}})$。

对于例 3.2（$N=13\times10=130$），如果要求 Δ 的 95% 置信区间，有 $\alpha/2=0.025$；对于 $m=12$，$n=18$，查表或用 R 语句 qwilcox(0.025,m,n)得到 $W_{0.025}=34$，再用D = sort(as.vector(outer(x,y,"-")))找出 $D_{34}=-12.6$ 及 $D_{130+1-34}=D_{97}=0.5$。因此，区间（-12.6，0.5）为所求的 $\Delta\equiv M_X-M_Y$ 的 95% 置信区间。

3.2.3 两样本尺度参数的检验

前面已经谈到了关于两样本或多样本的位置参数的检验。位置参数描述了总体分布的位置，而描述总体概率分布散布程度的参数为尺度参数（scale parameter）。标准课本中的衡量数据集中和分散程度的方差、极差和标准差等都是有关尺度的参数，在统计中关于尺度参数的检验也是很重要的。假定两独立样本 X_1，…，X_m 及 Y_1，…，Y_n 分别来自正态分布 $N(\mu_X,\ \sigma_X^2)$ 及 $N(\mu_Y,\ \sigma_Y^2)$。在检验 H_0：$\sigma_X^2=\sigma_Y^2$ 时，最常用的传统统计方法是 F 检验；检验统计量为两个独立样本的样本（修正）方差之比：

$$F=\frac{S_X^2}{S_Y^2}=\frac{\sum_{i=1}^{m}(X-\bar{X})^2/(m-1)}{\sum_{j=1}^{n}(Y-\bar{Y})^2/(n-1)}$$

在零假设下，它有自由度（$m-1$，$n-1$）的 F 分布。此外，还有极差比检验，对数 F 检验及方差大样本检验等。但是，当总体分布不是正态或有严重污染时，上述 F 检验就不一定适合了。下面要介绍的非参数方法是为了检验尺度参数是否相等。这些方法对于总体的形状没有要求，但有些需要位置参数（中位数）相等的假定。因此如果位置参数不相等，有时需要进行平移使其相等后再进行检验。

1. 两独立样本的 Siegel-Tukey 方差检验

现在介绍与 Wilcoxon 秩和统计量（或 Mann-Whitney 统计量）有关的 Siegel-Tukey 检验（Siegel and Tukey，1960）。假定有两个独立样本 X_1，…，$X_m\sim F\left(\frac{x-\theta_1}{\sigma_1}\right)$以及 Y_1，…，$Y_n\sim F\left(\frac{y-\theta_2}{\sigma_2}\right)$。这里 $F(\cdot)$为连续分布函数，而且 $F(0)=\frac{1}{2}$（其中位数为 0）。还假定两个总体的位置参数相等，即 $\theta_1=\theta_2$。这里的检验为 H_0：$\sigma_1=\sigma_2$ 对 H_1：$\sigma_1>\sigma_2$（或者其他的单边或双边检验），或者是 H_0：“样本来自同一总体分布”对 H_1：“样本的分布仅方差不同”。

该检验基于如下思想：如果一个总体方差较大，其样本点一定散布得较远。因此，这里的秩不是按大小来定，而是按散布远近而定。具体操作如下：先把两个样本混合并按升幂排序，然后定最小的一个秩为 1，然后把最大和次大的两个数的秩定为 2 和 3，再回到小端定第二、第三小的秩为 4，5，…，如此从一端跳到另一端，每端按从外到内的顺序取两个秩，直到所有的点都分配了秩为止。按照 Wilcoxon 秩和检验的方法分别对这两个样本的秩求和，也记成 W_X 和 W_Y，并且同样求出 $W_{YX} = W_X - \frac{1}{2}m(m-1)$ 和 $W_{XY} = W_Y - \frac{1}{2}n(n-1)$。利用 Mann-Whitney 统计量的分布（大样本近似）来得到 p 值。直观上，如果一个样本秩和很小，说明其具有较多的离两端近的观察值，也就是说方差相对较大，则零假设可能不对。如果两个样本位置相差太远，则显然不能直接利用 Siegel-Tukey 检验，这时要先估计出两个样本中心的差 $M_X - M_Y$（例如取两个样本中所有可能出现的 mn 个差值的中位数），再把一个样本平移以使其中心相同。

现在用例 3.2 来说明 Siegel-Tukey 检验的过程。我们已估计了两个样本的位置差为 $M_X - M_Y \approx -6$，把 Y 样本都加上该值，然后混合它们，按升幂排列（表 3-17 第一列）。表 3-17 第二列为笔算和计算器算的标记（1 和 2），第三列为这里所介绍的从外向内对这个混合样本的排序。

表 3-17

混合样本	方法	秩	混合样本	方法	秩
15	2	1	31	2	22
22.8	1	4	31.2	2	19
23	1	5	32.2	1	18
24	2	8	33.6	1	15
25.1	2	9	34.1	1	14
25.4	1	12	34.7	1	11
25.5	2	13	35.9	1	10
25.6	1	16	37.7	1	7
25.8	1	17	39	2	6
29.4	2	20	39.5	2	3
30.3	1	21	53	2	2
30.4	1	23			

实现以上检验过程的 R 语言程序为：

```
x = read.table("f:/time2.txt")
y = x[x[,2] == 2,1];x = x[x[,2] == 1,1];x1 = x - median(outer(x,y,"-"))
xy = cbind(c(x1,y),c(rep(1,length(x)),rep(2,length(y))))
xy1 = xy[order(xy[,1]),];z = xy[,1];n = length(z)
a1 = 2:3;b = 2:3;for(i in seq(1,n,2)){b = b + 4;a1 = c(a1,b)}
a2 = c(1,a1 + 2);z = NULL;for(i in 1:n)z = c(z,(i - floor(i/2)))
b = 1:2;for(i in seq(1,(n + 2 - 2),2))if(z[i]/2! = floor(z[i]/2)){z[i:(i + 1)] = b;b = b + 2}
zz = cbind(c(0,0,z[1:(n - 2)]),z[1:n])
if(n == 1)R = 1;if(n == 2)R = c(1,2);if(n > 2)R = c(a2[1:zz[n,1]],rev(a1[1:zz[n,2]]))
```

```
xy2 = cbind(xy1,R);Wx = sum(xy2[xy2[,2] ==1,3]);Wy = sum(xy2[xy2[,2] ==2,3])
nx = length(x);ny = length(y);Wxy = Wy -0.5*ny*(ny +1);Wyx = Wx -0.5*nx*(nx +1)
```

xy2 就是上面的表格，计算 W_X, W_Y, W_{XY}, W_{YX} 和 p 值的语句为：

```
Wx = sum(xy2[xy2[,2] ==1,3]);Wy = sum(xy2[xy2[,2] ==2,3])
nx = length(x);ny = length(y);Wxy = Wy -0.5*ny*(ny +1);Wyx = Wx -0.5*nx*(nx +1)
pvalue = pwilcox(Wyx,nx,ny)
```

算出 $W_Y=103$，$W_{XY}=48$，$W_X=173$，$W_{YX}=82$，结果类似于 Wilcoxon 秩和检验，取检验统计量 $\min(W_{XY}, W_{YX})=48$；p 值为 0.145 874，因此在一般的显著性水平下都不能拒绝零假设。这说明 X 样本所代表的总体与 Y 样本所代表的总体方差很相近。

2. 两样本尺度参数的 Mood 检验

和上一节一样，假定独立同分布样本 $X_1, \cdots, X_m \sim F\left(\frac{x-\theta_1}{\sigma_1}\right)$；$Y_1, \cdots, Y_n \sim F\left(\frac{y-\theta_2}{\sigma_2}\right)$，这里 $F(\cdot)$ 为连续分布函数，而且 $F(0)=\frac{1}{2}$（其中位数为 0）。还假定两个总体的位置参数相等，即 $\theta_1=\theta_2$。如果在实践中两样本中位数不等，可估计出中位数的差，并用平移使它们相等。这里的零假设为 H_0：$\sigma_1=\sigma_2$，备择假设为 H_1：$\sigma_1>\sigma_2$（或者其他的单边或双边检验）。记 $R_{11}, \cdots, R_{1m}$ 为 X 观察值在混合样本中的秩，而 $R_{21}, \cdots, R_{2n}$ 为 Y 观察值的秩（$N=m+n$）。当零假设成立时，由秩的性质，有 $E(R_{1j})=\sum_{i=1}^{N}\frac{i}{N}=\frac{N+1}{2}$，对 X 样本来说，考虑秩统计量（Mood，1954）

$$M=\sum_{j=1}^{m}\left(R_{1j}-\frac{N+1}{2}\right)^2$$

如果它的值偏大，则 X 方差也可能偏大。可以对于大的 M 拒绝零假设。它在零假设下的分布可以由秩的分布性质得出。这里给出大样本近似。在零假设下当 $m, n\to\infty$ 并且 m/N 趋于常数时有

$$\frac{M-E_{H_0}(M)}{\sqrt{\mathrm{Var}_{H_0}(M)}}\to N(0,1)$$

其中

$$E_{H_0}(M)=\frac{m(N^2-1)}{12};\quad \mathrm{Var}_{H_0}(M)=\frac{mn}{N(N-1)}\sum_{i=1}^{N}\left[\left(i-\frac{N+1}{2}\right)^2-\frac{N^2-1}{12}\right]^2$$

当混合样本有结时，如果把混合样本按照升幂排列之后的结统计量记为 $(\tau_1, \cdots, \tau_k)$，则混合样本共有 k 种不同的数值。令 a_j，b_j 分别为 X 和 Y 样本中等于第 j 种数的观察值数目，则有 $a_j+b_j=\tau_j$ $(j=1, \cdots, k)$；$\sum_{j=1}^{k}a_j=m$；$\sum_{j=1}^{k}b_j=m$。令 $S_j=\sum_{i=1}^{k}\tau_i$ 及 $a_0=b_0=\tau_0=0$，这时刚才的 Mood 检验统计量 M（对于 H_1：$\sigma<1$）成为

$$M=\sum_{j=1}^{k}a_j\phi_j$$

其中

$$\phi_j=\tau_j^{-1}\sum_{I=S_{j-1}+1}^{S_j}\left(I-\frac{N+1}{2}\right)^2$$

稍加观察就可以看出，当不存在打结时，这里的 M 和前面的相同。为了用正态近似，需要求 M 在零假设下的期望和方差，在有结时

$$E_{H_0}(M)=\frac{m(N^2-1)}{12}$$

$$\mathrm{Var}_{H_0}(M)=\frac{mn(N+1)(N^2-4)}{180}-\frac{mn}{180}\sum_{j=1}^{k}\tau_j(\tau_j^2-1)[\tau_j^2-4+15(N-S_j-S_{j-1})^2]$$

现在用例 3.2 来说明 Mood 检验的过程。由于要求两样本的中位数相同，利用前面第一节求出的两样本的位置差 $M_X-M_Y\approx-6$，把 Y 样本都加上该值，然后混合它们，按升幂排列，在表 3－18 中表示为第一列。表 3－18 第二列为沿海和内地的标记（1 和 2），第三列为在混合样本中所有观察值的秩。

表 3－18

时间	方法	秩	时间	方法	秩
9	2	1	24.3	2	13
16.8	1	2	24.4	1	14
17	1	3	25	1	15
18	2	4	25.2	2	16
19.1	2	5	26.2	1	17
19.4	1	6	27.6	1	18
19.5	2	7	28.1	1	19
19.6	1	8	28.7	1	20
19.8	1	9	29.9	1	21
22	2	10	31.7	1	22
22.3	2	11	47	2	23
23.4	2	12			

然后，按照公式求出 Mood 统计量的值 $M=610\ 442$，$E_{H_0}(M)=572$ 及 $\mathrm{Var}_{H_0}(M)=9\ 100$，得到渐近正态的统计量 $Z=0.943\ 456\ 4$，由此得到 p 值为 $1-\Phi(0.943\ 456\ 4)=0.086\ 47$。因此没有理由拒绝零假设，可以说 $\sigma_1^2=\sigma_2^2$，与 Siegel-Tukey 检验结果相同。

实现以上过程的 R 语言程序为：

```
x = read. table( "F:/time. txt")
y = x[ x[ ,2] == 2,1 ];x = x[ x[ ,2] == 1,1 ];m = length(x);n = length(y)
x1 = x-median(outer(x,y," - "))
xy = cbind(c(x1,y),c(rep(1,length(x)),rep(2,length(y))))
N = nrow(xy);xy1 = cbind(xy[ order(xy[ ,1 ]),],1:N)
R1 = xy1[ xy1[ ,2] == 1,3 ];M = sum((R1 - (N + 1)/2)^2)
E1 = m*(N^2 - 1)/12;s = sqrt(m*n*(N + 1)*(N^2 - 4)/180)
Z = (M - E1)/s;pvalue = pnorm(Z,low = F)
```

3. *两样本尺度参数的 Ansari-Bradley 检验*

同样考虑独立同分布样本 $X_1,\cdots,X_m\sim F\left(\frac{x-\theta_1}{\sigma_1}\right)$和 $Y_1,\cdots,Y_n\sim F\left(\frac{y-\theta_2}{\sigma_2}\right)$，仍然假

定 $\theta_1=\theta_2$。这里 $F(\cdot)$ 为连续分布函数，而且中位数为 0（$F(0)=\frac{1}{2}$）。和前面一样，如果在实践中两样本中位数不等，可估计出中位数的差，并用平移使它们相等。这里的零假设为 H_0：$\sigma_1=\sigma_2$，备择假设为 H_1：$\sigma_1>\sigma_2$（或者其他的单边或双边检验）。这里的检验统计量用 X 或 Y 在混合样本的秩到两个极端值中最近的一个秩的距离来度量。如果 H_1 为"X 趋向于取两端的值（秩大或小）"，则 X 的样本点距两端远，这种度量对于 X 就大。如果 R_{11}，…，R_{1m}表示 X 观察值在混合样本中的秩，这里具体的检验统计量（Ansari-Bradley，1960）定义为

$$A=\sum_{j=1}^{m}R_{1j}^{*}=\sum_{j=1}^{m}\left(\frac{N+1}{2}-\left|R_{1j}-\frac{N+1}{2}\right|\right)$$

这里的 R_{1j}^{*} 实际上是 X 按照离混合样本顺序统计量两端的距离定义的秩，换言之，最大和最小的值均取 1，次最大和次最小的值均取 2，如此类推。在零假设下，X 和 Y 的观察值是独立同分布的。A 的精确分布很容易导出而且有表可查［对不同 m 和 X，概率 $P_{H_0}(A>s)$ 的值］。

在零假设下，当 m，$n\to\infty$ 而且 m/N 趋于常数时有

$$\frac{A-E_{H_0}(A)}{\sqrt{\mathrm{Var}_{H_0}(A)}}\to N(0,\ 1)$$

其中

$$E_{H_0}(M)=\begin{cases}\dfrac{m(N+2)}{4}, & N\text{ 为偶数}\\[2ex] \dfrac{m(N+1)^2}{4N}, & N\text{ 为奇数}\end{cases}$$

$$\mathrm{Var}_{H_0}(M)=\begin{cases}\dfrac{mn(N^2-4)}{48(N-1)}, & N\text{ 为偶数}\\[2ex] \dfrac{mn(N^2+3)(N+1)}{48N^2}, & N\text{ 为奇数}\end{cases}$$

当然，在用正态近似时可用连续性修正。当有结时，上面的方差做相应的改变。如果记（τ_1，…，τ_g）为 g 个结中的结统计量，d_i 为第 i 个结的平均秩，则方差应修正为

$$\mathrm{Var}_{H_0}(M)=\begin{cases}\left[\dfrac{mn(16\sum\tau_i d_i^2-N(N+2)^2)}{16n(N-1)}\right]^2, & N\text{ 为偶数}\\[2ex] \left[\dfrac{mn(16N\sum\tau_i d_i^2-N(N+1)^4)}{16n(N-1)}\right]^2, & N\text{ 为奇数}\end{cases}$$

3.3 多样本模型

多样本的问题是统计中最常见的一类问题，主要涉及如何检验几种不同的方法、决策或试验条件（称为处理）所产生的结果是否一样等问题。首先，看这些样本是否独立。在独立的条件下我们将利用 Kruskal-Wallis 检验来处理两种（有序与否）备择假设的情况。在各样本不独立时，如果是完全区组试验设计，我们将引进 Friedman 检验、Quade 检验和有序备择假设的 Page 检验。当遇到平衡的不完全区组设计时，我们将介绍 Durbin 检验。同时我们还将在上一节的基础上介绍多样本尺度参数的检验。

3.3.1 多个独立样本

Kruskal 和 Wallis（1925）把两个独立样本的 Wilcoxon（Mann-Whitney）秩检验推广到分析 k（$k>2$）个独立样本的问题。试验情形是 k 个随机样本已经得到，且来自 k 个可能不同的总体。我们要检验零假设：所有总体分布都相同，对应的备择假设：有些总体提供比其他总体偏大的观测值。“偏大”是运用到随机变量的观测值上的，但实际上，这些观测值可以是根据一些诸如质量、值之类的性质按升序排列的任何观测值，它们可以用 Kruskal-Wallis 检验来分析，其分析过程类似于 Wilcoxon 秩检验分析非数值数据的方式。

1. Kruskal-Wallis 检验的数据

数据由 k 个样本容量可能不同的随机样本组成。记第 i 个样本容量为 n_i 的随机样本为 X_{i1}，X_{i2}，…，X_{in_i}，则这些数据可以排成许多列，参见表 3-19。

表 3-19

样本 1	样本 2	…	样本 k
$X_{1,1}$	$X_{2,1}$	…	$X_{k,1}$
$X_{1,2}$	$X_{2,2}$	…	$X_{k,2}$
…	…	…	…
X_{1,n_1}	X_{2,n_2}	…	X_{k,n_k}

记 N 为观测值的总数，

$$N=\sum_{i=1}^{k}n_i \tag{3-1}$$

给 N 个观测值中最小的赋秩 1，给第二小的赋秩 2，依此类推，N 个观测值中最大的赋秩 N。令 $R(X_{ij})$ 代表赋给 X_{ij}的秩，令 R_i 为赋给第 i 个样本的秩和，则有

$$R_i=\sum_{j=1}^{n_i}R(X_{ij})\qquad i=1,\ 2,\ \cdots,\ k \tag{3-2}$$

如果有几个观测值互相相等，则可能会用不同的方式赋秩，像本章前面的检验那样，给每个有结的观测赋平均秩。

2. 假定条件

（1）所有样本均为来自各自总体的随机样本。

（2）除了每个样本内观测之间相互独立外，每个样本之间也是相互独立的。

（3）度量尺度至少是有序的。

（4）或者 k 个总体分布函数相同，或者一些总体产生的值比另一些总体产生的大。

3. 检验统计量

检验统计量定义为

$$T=\frac{1}{S^2}\left(\sum_{i=1}^{k}\frac{R_i^2}{n_i}-\frac{N(N+1)^2}{4}\right) \tag{3-3}$$

其中，N 和 R_i 分别在（3-1）式和（3-2）式中定义，

$$S^2=\frac{1}{N-1}\left(\sum_{\text{所有秩}}R(X_{ij})^2-N\frac{(N+1)^2}{4}\right) \tag{3-4}$$

如果没有结，则 S^2 简化为 $N(N+1)/12$，检验统计量简化为

$$T=\frac{12}{N(N+1)}\sum_{i=1}^{k}\frac{R_i^2}{n_i}-3(N+1) \tag{3-5}$$

如果结的个数是中等的，(3－3)式和(3－5)式之间差别很小，所以我们更愿意使用简化的(3－5)式。

4. 零分布

对于 $k=3$ 和所有的 $n_i\leqslant 5$，小样本 Kruskal-Wallis 检验统计量的分位表给出了 T 的精确分布，但是一般情形下，精确分布相当难求。因此，自由度为 $k-1$ 的 χ^2 分布将作为 T 的零分布逼近。

5. 假设

H_0：所有的 k 个总体分布函数相同

H_1：至少有一个总体会产生比其他至少一个总体偏大的观测

因为 Kruskal-Wallis 检验的设计对检验 k 个总体之间均值差异是敏感的，所以备择假设有时如下叙述：

H_1：k 个总体没有相同的均值

如果 T 大于其零分布的 $1-\alpha$ 分位数，则以水平 α 拒绝 H_0。如果 $k=3$，所有的样本容量为 5 或更小，而且没有结，则精确的分位数可以用 qt( ) 函数得到。Iman，Quade 和 Alexander（1975）给出了更广泛而精确的表。当有结存在时，或者精确表不可用时，近似的分位数（即自由度为 $k-1$ 的 χ^2 分布的分位数）可以从 χ^2 分布表中得到。如果 T 大于这样得到的 $1-\alpha$ 分位数，则以水平 α 拒绝 H_0，p 值近似于自由度为 $k-1$ 的 χ^2 分布随机变量超过 T 观测值的概率。

6. 多重比较

当且仅当零假设被拒绝时，我们用下面的方法决定总体的哪些对不同。如果下面的不等式满足，我们可以说总体 i 和 j 不同：

$$\left|\frac{R_i}{n_i}-\frac{R_j}{n_j}\right|>t_{1-\alpha/2}\left(S^2\,\frac{N-1-T}{N-k}\right)^{1/2}\left(\frac{1}{n_i}-\frac{1}{n_j}\right)^{1/2} \tag{3-6}$$

其中，R_i 和 R_j 是两个样本的秩和，$t_{1-\alpha/2}$ 是从 t 分布表得到的自由度为 $N-k$ 的 t 分布的 $(1-\alpha/2)$ 分位数，S^2 由(3－4)式确定，T 由（3－3）式或（3－5）式确定。可对总体的所有对重复使用这个方法。和在 Kruskal-Wallis 检验中所用到的 α 一样，这里所用的是同样的 α 水平。

7. 计算机辅助

含有 Kruskal-Wallis 检验的计算机程序会将数据转换为秩，并做秩的单因素方差分析。这个方法自动修正结，而且包含可供选择的多重比较方法。在 R 软件中直接输入下面的语句（假定数据处在“D:/data/test. txt”中）：d = read. table (“D:/data/test. txt”)；kruskal. test(d[,1],d[,2])。这里数据在变量 d 中存为两列，第一列(d[,1])为所有观测值，而第二列（d[,2]）为观测来自哪一组处理。

【例 3. 3】可用 4 种不同的方法来培植玉米，在分割成若干块的土地上随机地采用这 4 种方法并计算每块的亩产量。

表 3－20

方法一	方法二	方法三	方法四
83	91	101	78
91	90	100	82
94	81	91	81
89	83	93	77
89	84	96	79
96	83	95	81
91	88	94	80
92	91		81
90	89		
	84		

4 种不同方法导致了不同地块上每亩产量的不同，通常只用一个统计分析，但是这里我们使用 Kruskal-Wallis 检验，使得一个困难的比较问题可以用中位数检验来处理，它先提供一个比 0.001 稍小一点的 p 值。

假设表述如下：

H_0：4 种方法等价

H_1：一些种玉米的方法比其他方法产量更高

把观测从最小的 77，秩为 1，到最大的 101，秩为 34 排列，有结的值赋平均秩。观测的秩以及秩和 R_i 如表 3－21 所示。

表 3－21

方法一		方法二		方法三		方法四	
观测	秩	观测	秩	观测	秩	观测	秩
83	11	91	23	101	34	78	2
91	23	90	19.5	100	33	82	9
94	28.5	81	6.5	91	23	81	6.5
89	17	83	11	93	27	77	1
89	17	84	13.5	96	31.5	79	3
96	31.5	83	11	95	30	81	6.5
91	23	88	15	94	28.6	80	4
92	26	91	23			81	6.5
90	19.5	89	17				
		84	13.5				
R_i	196.5		153.0		207.0		38.5
n_i	9		10		7		8
$N=34$							

近似大小 $\alpha=0.05$ 的临界域对应大于自由度 $k-1=3$ 的 χ^2 分布随机变量的 0.95 分位数的 T 值，由 χ^2 分布可得，它为 7.815（注意，中位数检验也用自由度为 $k-1$ 的 χ^2 分布，所以尽管检验统计量不同，这两个检验的临界域将相同）。用（3－5）式得到的 T 值为：

$T = 25.46$

很显然导致拒绝 H_0。与中位数检验比较，Kruskal-Wallis 检验功效的粗略想法可由比较两个检验统计量的值得到。两个检验统计量有相同的渐近分布，即自由度为 3 的 χ^2 分布。但是由 Kruskal-Wallis 检验得到的值 25.46 比由中位数检验得到的值 17.6 大得多，表明它对样本差异更敏感。

因为拒绝了 H_0，所以可用多重比较的方法。我们忽略不多的结，并用下面的简单形式

$$S^2 = N(N+1)/12 = 99.167 \tag{3-7}$$

使得

$$\frac{S^2(N-1-T)}{N-k} = \frac{(99.167)(33-25.464)}{34-4} = 24.911 \tag{3-8}$$

剩下的计算如表 3－22 所示。

表 3－22

总体	$\left\lvert \frac{R_i}{n_i} - \frac{R_j}{n_j} \right\rvert$	$2.041(24.922)^{1/2}\left(\frac{1}{n_i}+\frac{1}{n_j}\right)^{1/2}$
1 和 2	6.533	4.681
1 和 3	7.736	5.134
1 和 4	17.021	4.950
2 和 3	14.271	5.020
2 和 4	10.488	4.832
3 和 4	24.759	5.272

在每种情况下，第二列的数都超过了第三列，所以我们可以说，多重比较方法表明总体中的每对都不同。

有很多对的情形，应当毫不犹豫地应用本章中的秩检验。事实上，Kruskal-Wallis 检验是用于列联表的一个非常好的检验，如表 3－23 所示，行代表有序分类，列代表不同总体。

表 3－23

	总体 1	总体 2	总体 3	…	总体 k	行总和	$\bar{R}$ = 平均秩
类 1	O_{11}	O_{12}	O_{13}	…	O_{1k}	t_1	$(t_1+1)/2$
类 2	O_{21}	O_{22}	O_{23}	…	O_{2k}	t_2	$t_1+(t_2+1)/2$
类 3	O_{31}	O_{32}	O_{33}	…	O_{3k}	t_3	$t_1+t_2+(t_3+1)/2$
…	…	…	…	…	…	…	…
类 c	O_{c1}	O_{c2}	O_{c3}	…	O_{ck}	t_c	$\sum_{i=1}^{c-1} t_1 + (t_c+1)/2$
列总和				…			N = 全体总和

Q_{ij}是总体j中落入第i类的观测个数。i行的平均秩是$\overline{R}_i$，如表 3－23 所示，它是从行总和计算出来的。这个结构和普通列联表之间的差别是：类（行）是有序的，即认为第 1 行的所有观测值是互相相等的，但比第 2 行的观测值小等。为了计算检验统计量，我们推荐用以下形式。记R_j为总体（对应列）j的秩和，则

$$R_j = \sum_{i=1}^{c} O_{ij}\overline{R}_i \tag{3-9}$$

用下面的等式计算S^2

$$S^2 = \frac{1}{N-1}\left[\sum_{i=1}^{c} t_i \overline{R}_i^2 - N(N+1)^2/4\right] \tag{3-10}$$

如同前面，将（3－9）式和（3－10）式代入前面的（3－3）式计算检验统计量T。

注意：（3－10）式和（3－4）式产生同样的S^2值，但是（3－10）式在这种情形下更容易使用。如果拒绝零假设，正如前面所描述的那样，就可以用多重比较方法来查明差异在哪里。

3.3.2 多个相关样本

在上一节中，我们介绍了关于多个独立样本的 Kruskal-Wallis 秩检验，它也是对于两个独立样本 Wilcoxon 秩检验的推广。在这一小节，我们将考虑分析多个相关样本的问题，这也是我们在前面考虑的配对或两个相关样本问题的拓展。首先，我们将提出 Friedman 检验，它是符号检验的拓展，然后我们介绍 Quade 检验，它是 Wilcoxon 检验的推广。在这两个检验中，Friedman 检验更有名，且需要的假定比较少，但是当只有 3 个处理时，它缺乏功效，就像只有 2 个处理时，符号检验的功效不如 Wilcoxon 符号秩检验一样。当有 4 个或 5 个处理时，Friedman 检验的功效和 Quade 检验的功效几乎是一样的 。但是当处理的个数是 6 个或 6 个以上时，Friedman 检验会有更高的功效。功效和 ARE 的比较可参见 Iman et al.（1964）以及 Hora 和 Iman（1988）。

设计一个用来检验k（$k\geqslant 2$）个可能不同处理中的差异的试验，可以引出多个相关样本的问题。在区组内排列观测，这些区组是k个在某些重要方面相似的试验单位的组，如k个同窝出生的幼仔，那么这些幼仔对某种特殊刺激的反应较之在任意的窝中随机选取幼仔的反应更加相似。对这一个组内的k个试验单元随机配以k种仔细处理，且每种处理在每个组内只执行一次。以这种方式，对处理之间进行相互比较，且没有过多的混淆试验结果的影响。记b为所用区组的总数，$b>1$。

这里描述的试验排列通常叫作随机化的完全区组设计（randomized complete block design）。这个设计可以与下一小节描述的不完全（incomplete）区组设计进行比较，而不完全区组设计不包含足够的试验单元，不能使所有的处理应用到所有区组，所以，每个处理出现在一些区组中，但不会出现在其他区组中，随机化的完全区组设计的例子如下。

（1）心理学（Psychology）：共 5 窝老鼠，每窝有 4 只老鼠，用于考查环境与侵犯性之间的关系。我们认为每一窝是一个区组，设计了 4 组不同的环境。把每窝中的一只老鼠放在环境中，使得从每窝中取出的 4 只老鼠生存在 4 个不同的环境中，在一定长的时间后，对老鼠及其生出的幼仔重新分组，并根据侵犯度进行排序。

（2）家庭经济（Home economics）：比较 6 种不同类型的生面包团，每种类型的生面包团分成 3 块，看哪个烤得最快。用 3 种不同的烤箱，且每个烤箱同时烤 6 种不同类型

的面包。烤箱是区组，生面包团是处理。

（3）环境工程（Environmental engineering）：如果不同的处理可以应用到同一单元而没有留下残余影响，则一个试验单元可以形成一个区组。7 名男士参与配色方案对工作效率影响的研究，认为每个人是一个区组，且在 3 个房间的每一间都待一段时间，每一间房都有自身类型的色彩设计。在房间里时，每个人只执行一个任务，度量其工作效率。这里 3 个房间则是处理。

到目前为止，读者应该对随机化的完全区组设计的种类有了一定概念。检验零假设为没有处理区别的通常参数方法叫做双因素方差分析。下面的非参数方法只依赖于每个区组内观测的秩。因此，可以考虑用秩的双因素方差分析。这个检验以它的发明者——著名的经济学家 Milton Friedman 的名字来命名。

一、Friedman 检验

1. 数据

数据由 b 个相互独立的 k 维随机变量组成，记为（X_{i1}，X_{i2}，…，X_{ik}），$i=1$，2，…，b，称为 b 个区组。随机变量 X_{ij} 表示在第 i 区组中处理 j 的样本。b 个区组排列如表 3 - 24 所示。

表 3 - 24

区组	1	2	…	k
1	X_{11}	X_{12}	…	X_{1k}
2	X_{21}	X_{22}	…	X_{2k}
3	X_{31}	X_{32}	…	X_{3k}
…	…	…	…	…
b	X_{b1}	X_{b2}	…	X_{bk}

记 $R(X_{ij})$ 为秩，它从 1 到 k，赋给区组（行）i 中的 X_{ij}，即对于区组 i，相互比较随机变量 X_{i1}，X_{i2}，…，X_{ik}，最小观测值赋以秩 1，第二小的观测值赋以秩 2，依此类推，区组 i 中的最大观测值赋以秩 k，给所有 b 个区组进行赋秩。如果有结，则用平均秩。

我们对每一处理的秩求和得到 R_j，其中，$j=1$，2，…，k

$$R_j = \sum_{i=1}^{b} R(X_{ij}) \tag{3-11}$$

2. 假定条件

（1）b 个 k 维随机变量是相互独立的（一个区组的结果不会影响其他的结果）。

（2）每个区组内的观测值可以根据某些感兴趣的准则进行排序。

3. 检验统计量

Friedman 建议用如下统计量：

$$T_1 = \frac{12}{bk(k+1)} \sum_{j=1}^{k} \left(R_j - \frac{b(k+1)}{2} \right)^2 \tag{3-12}$$

如果有结现象存在，那么我们需要进行相应的调整。记 A_1 为秩或平均秩的平方和，则有

$$A_1 = \sum_{i=1}^{b} \sum_{j=1}^{k} [R(X_{ij})]^2 \tag{3-13}$$

"校正因子" C_1 计算方法如下：

$$C_1 = bk(k+1)^2/4 \tag{3-14}$$

因为有结出现，经校正后的统计量 T_1 变为

$$T_1 = \frac{(k-1)[\sum_{j=1}^{k} R_j^2 - bC_1]}{A_1 - C_1} = \frac{(k-1)\sum_{j=1}^{k}\left(R_j - \frac{b(k+1)}{2}\right)^2}{A_1 - C_1} \tag{3-15}$$

经研究表明，在秩 $R(X_{ij})$ 上计算出的双因素方差分析的统计量 T_2，由于有更精确的逼近分布，因此受到人们的欢迎。T_2 可简化成上面所给出的 T_1 的函数，即

$$T_2 = \frac{(b-1)T_1}{b(k-1) - T_1} \tag{3-16}$$

这些逼近表达的细节参见 Iman 和 Dabvenport（1980）的论述。

4. 零分布

我们很难找到统计量 T_1（或 T_2）的精确分布，因此我们往往使用它们的逼近分布。T_1 的逼近分布是自由度为 $k-1$ 的 χ^2 分布。但是，有时候这个逼近分布的近似程度并不好，因此我们推荐用 T_2 而不用 T_1，当零假设成立时，它的近似分位数由自由度为 $k_1 = k-1$，$k_2 = (b-1)(k-1)$ 的 F 分布给出。

5. 假设

H_0：同一个区组中，对随机变量的每个赋秩是等可能（即处理效果相同）的

H_1：至少有一个处理倾向于比其他处理中的至少一个处理产生较大的观测值

如果统计量 T_2 大于 F 分布的 $1-\alpha$ 分位数，则我们以 α 近似水平拒绝 H_0，其中，F 分布的自由度为 $k_1 = k-1$，$k_2 = (b-1)(k-1)$。这个近似结果相当好，并且随着 b 的增大近似效果更好。

6. 多重比较

只有当 Friedman 检验导致拒绝零假设时，我们才用下述方法来比较各个处理。如果下列不等式满足，则认为处理 i 和 j 是不同的。

$$|R_j - R_i| > t_{1-\alpha/2}\left[\frac{2(bA_1 - \sum R_j^2)}{(b-1)(k-1)}\right]^{\frac{1}{2}} \tag{3-17}$$

其中，R_i，R_j 和 A_1 如上所述，$t_{1-\alpha/2}$ 表示自由度为 $(b-1)(k-1)$ 的 t 分布的上侧 $1-\alpha/2$ 分位数，α 值与上面 Friedman 检验所用的值相同。

另外，（3-17）式也可以表示为关于统计量 T_1 的函数，

$$|R_j - R_i| > t_{1-\alpha/2}\left[\frac{(A_1 - C_1)2b}{(b-1)(k-1)}\left(1 - \frac{T_1}{b(k-1)}\right)\right]^{\frac{1}{2}} \tag{3-18}$$

如果没有结存在，则（3-17）式中的 A_1 可以简化为

$$A_1 = bk(k+1)(2k+1)/6$$

同时，（3-18）式中的 $A_1 - C_1$ 可以简化为

$$A_1 - C_1 = bk(k+1)(k-1)/12$$

7. 计算机辅助

该检验的 R 语句为：d=read. table("d:/data/fied. test");friedman. test(as. matris(d))，也可以直接输入数据，程序如下：

```
rm(list = ls ())
```

```
options(digits =4,echo = T)
x = c(x11,x12,…,x1k,…,xd1,…,xdk);x
x = matrix(x,3,4,byrow = T);x
friedman. test(x)
```

【例 3. 4】随机选出 12 名小区业主参与一个种植苗圃的试验。要求每一个业主从他的院子里选出合理而等面积的 4 块地种植 4 种不同的草，每一块地种一种。在规定的时间段结束后，要求业主根据加权一些重要的指标如支出、养护要求、漂亮程度、耐寒性、妻子的喜好等，将 4 种草排序，其中秩 1 赋给最不受喜爱的一种，秩 4 赋给最受喜爱的一种。零假设为：4 种草的受喜爱程度没有区别；备择假设为：有某种草比另一些草更受偏爱。把 12 个区组的每一组都平均分成等面积的 4 块，受到基本相同的照料，这是因为假设这 4 块都由同一个业主照料。试验的结果如表 3 – 25 所示。

表 3 – 25

业主	草 1	草 2	草 3	草 4
1	4	3	2	1
2	4	2	3	1
3	3	1. 5	1. 5	4
4	3	1	2	4
5	4	2	1	3
6	2	2	2	4
7	4	3	2	4
8	1	4	1	3
9	2	1	2	3. 5
10	3. 5	1	3	2
11	4	2	3	1
12	4	1	2	3. 5
R_j（总和）	38. 5	23. 5	24. 5	34

首先，$A_1 = 356.5$，它是所有 $R(X_{ij})$ 的平方和，即总平方和。根据（3 – 14）式，则

$$C_1 = \frac{12(4)(25)}{4} = 300$$

根据（3 – 15）式，则

$$T_1 = \frac{3[(38)^2 + (23.5)^2 + (24.5)^2 + (34)^2 - 12(300)]}{356.5 - 300}$$

把 T_1 带入（3 – 16）式，得

$$T_2 = \frac{11(8.097)}{12(3) - 8.097} = 3.19$$

近似水平为 $\alpha = 0.05$ 的临界域对应着所有大于 2. 90 的 T_2 值。根据 F 分布表我们得

到 $k_1=3$，$k_2=33$ 的 F 分布的0.95 分位数是2.9，即如果 $T_2>2.9$ 则拒绝零假设。因此我们拒绝零假设，并可以得出结论，某种草比另一种草更受偏爱。p 值约为 0.04，它由对 F 分布表中的值做内插得到。这意味着小到显著水平 $\alpha=0.04$，我们也能拒绝零假设。对于多重比较，根据 t 分布表得到自由度为$11\times3=33$ 的 t 分布的分位数 $t_{0.975}$ 为 2.036。由（3－17）式，我们得到

$$t_{0.975}\left[\frac{2(bA_1-\sum R_j^2)}{(b-1)(k-1)}\right]^{\frac{1}{2}}=11.49$$

对任意的两种草，如果它们的秩和大于 11.49 个单位，那么认为它们是不平等的。因此认为第 1 种草要优于第 2 种草和第 3 种草，其他的区别则不显著。

下面的检验方法同样也是检验在随机化的完全区组设计中，两种处理均值相等的零假设，但是它利用了有关区组极差的信息，对于极差较大的区组赋予更大的权重。所应用区组内赋秩的方法与 Friedman 检验方法相同。我们将根据它的发明者的名字——Dana Quade（1972，1979）来命名这个检验。

二、Quade 检验

1. 数据

先按照前一个检验所描述的赋秩方法给区组内的 $R(X_{ij})$ 赋秩，下一步又一次用到了原始的观测 X_{ij}，然后根据每一区组极差的大小，给每一个区组自身赋秩，其中区组的极差定义为最大和最小观测值的差值。

$$区组\ i\ 的极差=\text{maximum}\{X_{ij}\}-\text{minimum}\{X_{ij}\} \tag{3-19}$$

每一个区组计算得到一个极差，共有 b 个样本极差，其中极差最小的区组赋秩 1，第二小的区组赋秩 2，以此类推，极差最大的区组赋秩 b。如果有结存在，则使用平均秩。记 1，2，…，b，区组各组的秩分别为 Q_1，Q_2，…，Q_b。

最后，用区组的秩 Q 乘以区组中的秩 $R(X_{ij})$ 与区组内的平均秩（$k+1$）/2 的差值，得到乘积 S_{ij}，

$$S_{ij}=Q_i\left[R(X_{ij})-\frac{k+1}{2}\right] \tag{3-20}$$

其中，$j=1，2,\cdots,k$。

2. 假设条件

前两个假设与前面检验中的假设相同。由于我们在检验中需要对区组进行比较，所以需要第三个假设，即每一个区组可以确定样本极差，因此，可以给区组赋秩。

3. 检验统计量

为了简便，首先计算项

$$A_2=\sum_{i=1}^{b}\sum_{j=1}^{k}S_{ij}^2 \tag{3-21}$$

其中，S_{ij} 由（3－20）式给出，A_2 称为“总平方和”。如果没有结存在，则 A_2 可以简化为

$$A_2=b(b+1)k(k+1)(k-1)/72 \tag{3-22}$$

然后计算项

$$B=\frac{1}{b}\sum_{j=1}^{k}S_j^2 \tag{3-23}$$

其中，S_j 由（3－21）式给出，B 称为“处理平方和”。检验统计量是

$$T_3 = \frac{(b-1)B}{A_2 - B} \tag{3-24}$$

如果 $A_2 = B$，则认为点在临界域内，并可以求得 p 值为 $(1/k!)^{b-1}$。

注意：T_3 是一个由（3－20）式所给出的 S_{ij} 计算出的双因素分析检验统计量。

4. 零分布

T_3 的精确分布很难得到，因此，如同前面的 Friedman 检验那样，可用自由度分别为 $k_1 = k-1$，$k_2 = (b-1)(k-1)$ 的 F 分布来逼近。

5. 假设

此处假设与 Friedman 检验的假设相同。

当 T_3 超过自由度为 $k_1 = k-1$，$k_2 = (b-1)(k-1)$ 的 F 分布的 $1-\alpha$ 分位数时，我们在 α 的水平上拒绝零假设。事实上，F 分布只是 T_3 精确分布的一个近似分布，而精确分布表现在我们还无法求得。随着 b 值的增大，F 近似分布将更精确。

6. 多重比较

只有当前面的检验结果为拒绝零假设时，我们才可作多重比较。如果以下不等式成立，

$$|S_i - S_j| > t_{1-\alpha/2}\left[\frac{(A_2 - B)2b}{(b-1)(k-1)}\right]^{\frac{1}{2}} \tag{3-25}$$

我们则认为处理 i 和 j 不同，其中，S_i，S_j，A_2，B 如前面所述，$t_{1-\alpha/2}$ 是自由度为 $(b-1)(k-1)$ 的 t 分布的 $1-\alpha/2$ 分位数，它可由 t 分布表获得。对所有的处理进行这样的比较，α 与 Quade 检验中所用的相同。

7. 计算机辅助

Quade 检验的 R 语言程序为 quade. test(y)。

【例 3.5】抽出 7 个商店进行市场调查，在每一个商店中，5 种不同品牌的新型洗手液依次排列。在一周结束的时候，计算每种品牌的销售瓶数，结果如表 3－26 所示。

表 3－26 顾客人数（商店内部的秩）

商店	品牌 A	品牌 B	品牌 C	品牌 D	品牌 E
1	5 (2)	4 (1)	7 (3)	10 (4)	12 (5)
2	1 (2.5)	3 (5)	1 (2.5)	0 (1)	2 (4)
3	16 (2)	12 (1)	22 (3.5)	22 (3.5)	35 (5)
4	5 (4.5)	4 (2.5)	3 (1)	5 (4.5)	4 (2.5)
5	10 (3.5)	9 (2)	7 (1)	13 (5)	10 (3.5)
6	19 (2)	18 (1)	28 (3)	37 (4)	58 (5)
7	10 (5)	7 (2.5)	6 (1)	8 (4)	7 (2.5)

注：每个商店内把 5 种品牌分别赋秩为 1 到 5，如果存在结，则用平均秩，括号中的值为秩 $R(X_{ij})$。

接着，计算每一个商店内的样本极差，即用最大观测值减去最小观测值。在商店 1

中，样本的极差是 12 - 4 = 8。把这些样本极差排序，样本极差的秩 Q_i 以及乘积如表 3 - 27 所示。

表 3 - 27

商店	样本极差	秩 Q_1	品牌 A	品牌 B	品牌 C	品牌 D	品牌 E
1	8	5	-5	-10	0	+5	+10
2	3	2	-1	+4	-1	-4	+2
3	23	6	-6	-12	+3	+3	+12
4	2	1	+1.5	-0.5	-2	+1.5	-0.5
5	6	4	+2	-4	-8	+8	+2
6	40	7	-7	-14	0	+7	+14
7	4	3	+6	-1.5	-6	+3	-1.5
		S_j =	-9.5	-38	-14	+23.5	+38

由（3 - 21）式得

$$A_2 = \sum_{i=1}^{7}\sum_{j=1}^{5} S_{ij}^2 = (-5)^2 + (-10)^2 + \cdots = 1\ 366.5$$

略小于由（3 - 22）式在没有结情况下得到的 1 400。由（3 - 23）式得到

$$B = \frac{1}{7}\sum_{j=1}^{5} S_j^2 = \frac{1}{7}[(-9.5)^2 + (-38)^2 + \cdots] = 532.4$$

再代入（3 - 24）式，就得到检验统计量

$$T_3 = \frac{6(532.4)}{1366.5 - 532.4} = 3.83$$

T_3 值大于 2.78，它是由 F 分布表得出的自由度为 $k_1 = 4$，$k_2 = 24$ 的 F 分布的 0.95 分位数，因此当 $\alpha = 0.05$ 时，拒绝零假设。事实上，仔细查看 F 分布表，可发现 p 值略小于 0.025。因此我们可以得出结论：某些品牌与其他品牌相比似乎更受顾客欢迎。

因为拒绝了零假设，因此可以运用多重比较。如果它们的 $|S_i - S_j|$ 大于

$$t_{1-\alpha/2}\left[\frac{2b(A_2 - B)}{(b-1)(k-1)}\right]^{\frac{1}{2}} = 2.064\left[\frac{14(834.1)}{24}\right]^{\frac{1}{2}} = 45.53$$

由（3 - 25）式，可以认为两个处理不同。

其中，$t_{1-\alpha/2} = t_{0.975}$，它是由 t 分布表得到的自由度为 $(b-1)(k-1) = 24$ 的 t 分布的 0.975 分位数。因此可以认为品牌 A 和 E，B 和 D，B 和 E 以及 C 和 E 彼此不同。

8. 理论

如果零假设成立，即在一个区组中，每一种赋秩都是等可能的，则我们可以得到 T_1、T_2 和 T_3 的精确分布。那么在同一个区组中，秩 $R(X_{ij})$ 可能的排列方式有 $k!$ 种，因此在全部 b 个区组排列的组数中有 $(k!)^b$ 种秩的排列方式。由前面提出的假设可知，在零假设成立的前提下，这 $(k!)^b$ 种排列方式出现的可能性是相同的。因此，给定样本数 k 和区组 b，我们可以通过列出秩的所有可能排列方式，并对每一种排列计算 T_1，T_2，T_3，从而得到它们的概率分布函数。

例如，如果 $k=2$，$b=3$，则有 $(2!)^3=8$ 种等可能秩的排列方式，表 3－28 列出了每一种排列方式相应的 T_1，T_2 值，我们将在后面的内容中考虑 T_3。

表 3－28

	排列 1	排列 2	排列 3	排列 4	排列 5	排列 6	排列 7	排列 8
区组 1	1，2	1，2	1，2	2，1	2，1	2，1	1，2	2，1
区组 2	1，2	1，2	2，1	1，2	2，1	1，2	2，1	2，1
区组 3	1，2	2，1	1，2	1，2	1，2	2，1	2，1	2，1
概率	1/8	1/8	1/8	1/8	1/8	1/8	1/8	1/8
T_2 的值	∞	$\frac{1}{4}$	$\frac{1}{4}$	$\frac{1}{4}$	$\frac{1}{4}$	$\frac{1}{4}$	$\frac{1}{4}$	∞
T_1 的值	3	$\frac{1}{3}$	$\frac{1}{3}$	$\frac{1}{3}$	$\frac{1}{3}$	$\frac{1}{3}$	$\frac{1}{3}$	3

因此，当 H_0 成立时，T_1 的概率分布为 $P\left(T_2=\frac{1}{3}\right)=3/4$，$P(T_2=\infty)=1/4$。

为了检查 T_3 在零假设下的行为，如前所述，我们再看一下秩 $R(X_{ij})$ 的 8 种可能的排列情况。用每一个秩减去平均秩 1.5，此时我们考虑区组的秩分别为 $Q_1=1$，$Q_2=2$，$Q_3=3$的情况。S_{ij}的计算结果如表 3－29 所示。

表 3－29

	区组 1	区组 2	区组 3	条件概率	T_3 的值
排列 1	－0.5，＋0.5	－1，＋1	－1.5，＋1.5	1/8	12
排列 2	－0.5，＋0.5	－1，＋1	＋1.5，－1.5	1/8	0
排列 3	－0.5，＋0.5	＋1，－1	－1.5，＋1.5	1/8	$\frac{4}{19}$
排列 4	＋0.5，－0.5	－1，＋1	－1.5，＋1.5	1/8	$1\frac{3}{13}$
排列 5	＋0.5，－0.5	＋1，－1	－1.5，＋1.5	1/8	0
排列 6	＋0.5，－0.5	－1，＋1	＋1.5，－1.5	1/8	$\frac{4}{19}$
排列 7	－0.5，＋0.5	＋1，－1	＋1.5，－1.5	1/8	$1\frac{3}{13}$
排列 8	＋0.5，－0.5	＋1，－1	＋1.5，－1.5	1/8	12

T_3 取各种值的概率是：

$$\frac{1}{8}\cdot P(Q_1=1,\ Q_2=2,\ Q_3=3)$$

由于1/8 表示给定 Q_1，Q_2，Q_3 中所有 6 种（3!）置换排序方式，我们可以得到 T_3 的 8 个同样的值，且这 8 个值每个都有概率

$\frac{1}{8}\cdot P(Q_1=1, Q_2=2, Q_3=3)$

计算 Q_1，Q_2，Q_3 中所有 6 种（3!）置换排序方式，我们可以得到 T_3 所有取各种值的总概率为 1/8。因此，为了计算 T_3 的零分布，我们这里仅需考虑一种情形，$Q_i=3$，$i=1$，2，3。因此通过计算 T_3 取各个等值的数目，而得到 T_3 的概率分布：

$$P(T_3=0)=1/4,\ P(T_3=\frac{4}{19})=1/4,\ P(T_3=1\frac{3}{13})=1/4,\ P(T_3=12)=1/4$$

根据中心极限定理，我们可以用 F 分布或 χ^2 分布作为 T_1，T_2，T_3 的近似分布。由于有些知识超出了本书的范围，因此我们省略掉近似分布的整个推导过程。读者可以参考 Quade（1972，1979）或 Lawler（1978），也可以参考 Iman 和 Davenport（1979）了解 T_2，以及 Friedman（1937）了解 T_1。

前面所得到的 T_1，T_2，T_3 的假设都是基于 H_0 为真的情形。如果 H_0 是假的，那么处理 S_j 及 R_j 可能分别与它们的平均值 0 和 $b(k+1)/2$ 有较大区别，使得 3 个统计量的值趋于增加。因此我们的判断法则是：如果 T_1，T_2，T_3 的值很大，则拒绝零假设 H_0。

只有当数据服从方差相同的正态分布时，我们才能用参数方法分析来自随机化的完全区组设计的数据。零假设为：在同一个区组中的随机变量具有相同的均值。检验统计量为

$$F=\frac{(b-1)SSB}{SST-SSB-SSR} \tag{3-26}$$

其中

$$SSB=\frac{1}{b}\sum_{j=1}^{k}T_j^2-\frac{T^2}{bk} \tag{3-27}$$

$$SSR=\frac{1}{k}\sum_{i=1}^{b}(\sum_{j=1}^{k}X_{ij})^2-\frac{T^2}{bk} \tag{3-28}$$

$$SST=\sum_{i=1}^{b}\sum_{j=1}^{k}X_{ij}^2-\frac{T^2}{bk} \tag{3-29}$$

$$T_j=\sum_{i=1}^{b}X_{ij} \tag{3-30}$$

$$T=\sum_{i=1}^{b}\sum_{j=1}^{k}X_{ij} \tag{3-31}$$

将（3-26）式中的统计量与从 F 分布表中得出的 $k_1=k-1$，$k_2=(b-1)(k-1)$ 的 F 分布的分位数进行比较。

如果我们使用秩 $R(X_{ij})$ 代替数据计算得到这个 F 统计量，则得到的统计量和 T_2 一样。如果使用加权的秩 S_{ij} 代替数据计算得到 F 统计量，则得到统计量 T_3。对有结的调整也就自动体现在 F 统计量 T_3 中。我们这里描述的多重比较方法只是一个参数方法，称为 Fisher 最小显著差异方法（LSD）。但是，它是通过用 S_{ij} 或者 $R(X_{ij})$ 来计算的，而不是用数据。

对于两样本($k=2$)，相对于通常的参数 t 检验，Friedman 检验的 ARE 与符号检验相同，即 $2/\pi=0.637$，这里 t 检验是最有功效的检验。对于 k 个样本的情况，Friedman 检验相对于 F 检验的 ARE 依赖于样本个数 k。如果总体服从正态分布，则 ARE 等于 $0.955k/(k+1)$。如果总体服从均匀分布，则 ARE 等于 $k/(k+1)$。如果总体服从双指数分布，则 ARE 等于 $3k/2(k+1)$。在纯漂移型的备择假设下，Friedman 检验相对于常用的

F 检验总不会小于 $0.864k/(k+1)$。Noether（1967a）完整地讨论了 Friedman 检验的 ARE 问题。

对于 $k=2$，当分布为正态分布时，Quade 检验相对于通常的参数 t 检验的 ARE 与 Wilcoxon 符号秩检验相同，即 $3/\pi=0.955$。对于 Wilcoxon 检验，它相对于 t 检验的 ARE 从不小于 0.864，但是可以达到无穷。对于两样本以上的情形，Quade 检验的 ARE 还未解决，但是可以使用模拟的方法（Iman et al.，1984），结果表明，当处理数等于或大于 5 时，Quade 检验不如 Friedman 检验有效。

三、有序备择假设的 Page 检验

在随机化的完全区组设计中，Spearman ρ 用于检验 k 个相关样本，其中，备择假设为处理效应服从指定的顺序。Page(1963)介绍了 Friedman 区组内排序与备择假设 H_1 中指定处理排序间的相关性在检验中的应用。

由于数据中往往有许多结，Page 使用了一个比较简单的统计量，如果在没有结的情况下，它是一个关于 Spearman ρ 的单调函数，即

$$T_4=\sum_{j=1}^{k} jR_j=R_1+2R_2+\cdots+kR_k$$

超过标准正态分布的 $1-\alpha$ 分位数时，拒绝 H_0。StatXact 可以计算出 Page 检验中精确的 p 值。

【例 3.6】健康研究者推测有规律的运动可以降低人休息时的心率。为了检验这一理论，8 名平时不经常运动的健康志愿者参加了一个试验，在监督下进行有规律的运动。在项目开始时测量他们休息时的心跳，此后每一个月测量一次，持续 4 个月。

零假设为：没有差异

$$H_0: \mu_1=\mu_2=\mu_3=\mu_4=\mu_5$$

有序备择假设为：

$$H_1: \mu_1\leqslant\mu_2\leqslant\mu_3\leqslant\mu_4\leqslant\mu_5$$

其中，μ_1 是 4 个月后的均值，μ_5 是初始均值，在 H_1 中至少有一个严格不等式成立。

观测到的心率以及它们的 Friedman 区组的秩如表 3－30 所示。

表 3－30

人	初始值	第 1 个月	第 2 个月	第 3 个月	第 4 个月
1	82（4）	84（5）	77（2）	76（1）	79（3）
2	80（4.5）	80（4.5）	76（1.5）	76（1.5）	78（3）
3	75（3）	78（5）	77（4）	74（2）	72（1）
4	65（1.5）	72（5）	68（4）	65（1.5）	66（3）
5	77（5）	74（2）	72（1）	75（3.5）	75（3.5）
6	68（4）	69（5）	65（2）	66（3）	64（1）
7	70（3.5）	74（5）	68（1.5）	70（3.5）	68（1.5）
8	77（4）	76（3）	78（5）	72（2）	70（1）
	$R_4=29.5$	$R_5=34.5$	$R_3=21$	$R_2=18$	$R_1=17$

注：R_1 是备择假设中预测的最小的秩和，R_2 是备择假设中预测的第二小的秩和，依此类推。

$$T_4 = 17 + 2(18) + 3(21) + 5(34.5) + 4(29.5) = 406.5$$

$$T_5 = \frac{406.5 - 8(5)(36)/4}{[8(5^3 - 5)^2/144(4)]^{1/2}} = \frac{46.5}{\sqrt{200}} = 3.23$$

将 T_5 与正态分布表中的值相比较得 $p = 0.000\ 619$，则在 $\alpha = 0.005$ 的水平上拒绝 H_0。当没有结时，Page 构造的精确表也给出了同样的 p 值。

关于 Page 检验的 R 语言程序为：d = read. table("d:/data/page.txt")library(concord); page.trend.test(d)或者用下面的语句（适用于没有结的情况）：

```
d = read. table( "d:/data/page. txt" );rd = apply(d,1,rank)
R = apply(rd,1,sum);L = sum(R*1 : length(R));k = dim(d)[2];b = dim(d)[1]
m = b*k*(k + 1)^2/4;s = sqrt(b*(k^3 - k)^2/144/(k - 1));Z = (L - m) /s
pvalue = pnorm(Z,low = F)
```

我们也可以用 Kendall τ（Jonckheere，1954b）代替 Spearman ρ。Shorak（1967）和 Pirie，Hollander（1972）对相同的假设给出了其他的非参数检验方法。

下面的讨论表明 Friedman 检验统计量和其他一些常用的非参数统计量有着密切的关系。为了简便，下面的讨论仅限于没有结的情况。对存在结的情况，我们可以进行类似的比较。

1. 与 Kendall 协调系数的关系

Kendall 和 Babington-Smith（1939）以及 Wallis（1939）分别独立地介绍了统计量 W，称为 Kendall 协调系数。它可以应用于与 Friedman 检验统计量相同的情况，尽管起初可能想把它作为 b 个区组中“秩一致性”的度量，而不是一个检验统计量。用与前面相同的符号，Kendall W 的定义如下：

$$W = \frac{12}{b^2 k(k+1)(k-1)} \sum_{j=1}^{k} \left[R_j - \frac{b(k+1)}{2} \right]^2 \tag{3-32}$$

如果在 b 个区组中的秩完全一致，那么处理 1 在全部 b 个区组中得到相同的秩，处理 2 在全部 b 个区组中也得到相同的秩，依此类推，此时得到 W 的值等于 1.0。如果秩中有“明显的不和谐”，则 R_j 的值要么相等，要么相互十分接近，且接近于它的均值，因此 W 将等于 0 或非常接近 0。

比较 Kendall W 和由（3 - 15）式导出的 Friedman 检验统计量，我们可以得到如下关系：

$$W = \frac{T_1}{b(k-1)} \tag{3-33}$$

因此，W 只是 Friedman 检验统计量的一个简单的变形，对于任何用 W 作为检验统计量的假设检验都可以用 T_1 替代 W。如果 T_1 超过了它的零分布的 $1-\alpha$ 分位数，则 W 也会超过它自身零分布的 $1-\alpha$ 分位数。Minitab，StatXact 和 SPSS 都有计算 W 的程序。相关的 R 语言程序如下：

```
d = read. table("d:/data/kendall. txt");x = d[ ,1];y = d[ ,2]
cor. test(x,y,meth = "kendall")
```

2. 与 Spearman ρ 的关系

记 ρ_a 为 Spearman ρ 的平均值，即要对 $b(b+1)$ 个 ρ_{im} 的值求平均数，因为即使由于对称性有 $\rho_{im} = \rho_{mi}$，也要计算 ρ_{im} 和 ρ_{mi} 的个数。为了计算 ρ 的平均值，我们将对所有的 i，m 求和，然后减去当 i 和 m 相等时的 ρ_{im}，即我们要减去和自己配对区组的 ρ 值。共有 b 个情况下的 ρ_{im} 等于 1，因此，ρ 的平均值表示如下：

$$\rho_a = \frac{1}{b(b-1)}\left(\sum_{i=1}^{b}\sum_{m=1}^{b}\rho_{im} - b\right) \tag{3-34}$$

因此，平均 Spearman ρ 的分位数可以简单地从 Friedman 检验统计量的分位数得到。

上述的 Friedman 检验统计量和 Spearman ρ 之间的关系说明，Friedman 检验可以用作两样本情形中线性相关的检验，Spearman ρ 已用在这个检验中。尽管 Friedman 检验统计量的精确分布很容易从 Spearman ρ 的分布得到，Spearman ρ 也有一个对小样本可以制表的优点。两个检验是等价的，因此，在 Pearson r 作为检验统计量的参数检验中，它们两个的 ARE 都是 0.912。

3. 每个试验单元中几个观测情形的推广

如果在每个区组内，每个处理有几个(m)观测，而不是像前面那样每个试验单元只有一个观测，处理之间没有差异的零假设将由稍微修改的 Friedman 方法来检验。像前面那样，对每个区组内的观测进行排序，不同的是，秩从 1 到 mk。如前面所讲的，秩 R_j 的和定义为赋给所有观测（包括处理 j）的秩和，在区组 i 中用处理 j 的观测记为 X_{ij1}，X_{ij2}，…，X_{ijm}。R_j 的均值变为

$$E(R_j) = \sum_{i=1}^{b}\sum_{n=1}^{m}E[R(X_{ijn})] = \sum_{i=1}^{b}\sum_{n=1}^{m}\frac{mk+1}{2} = \sum_{i=1}^{b}\frac{m(mk+1)}{2} = \frac{bm(mk+1)}{2} \tag{3-35}$$

由定理：设 X 是从 1 到 N 这 N 个整数中，无放回地随机取出的 n 个整数的和，则 X 的均值和方差是

$$E(X) = \frac{n(N+1)}{2}$$

$$\mathrm{Var}(X) = \frac{n(N+1)(N-n)}{12}$$

可求得 R_j 的方差（这里 n 由 m 代替）如下所示：

$$\mathrm{Var}(R_j) = \sum_{i=1}^{b}\mathrm{Var}\left[\sum_{n=1}^{m}R(X_{ijn})\right] = \sum_{i=1}^{b}\frac{m(mk+1)(mk-m)}{12} = \frac{bm^2(mk+1)(k-1)}{12} \tag{3-36}$$

如果数据中有结，则 $\mathrm{Var}(R_j)$ 的计算如下所示：

$$\mathrm{Var}(R_j) = \frac{m(k-1)}{k(mk-1)}\left[\sum_{\text{所有秩}}R(X_{ijn})^2 - mkb(mk+1)^2/4\right] \tag{3-37}$$

对所有的 j，它是相同的。

这里用到统计量

$$T_b = \sum_{j=1}^{k}\frac{(k-1)}{k}\frac{[R_j - E(R_j)]^2}{\mathrm{Var}(R_j)} \tag{3-38}$$

其中，R_j 的均值和方差上面已给出。与前面一样，要用到自由度为 $k-1$ 的 χ^2 分布表，多重比较用下列不等式

$$|R_j - R_i| > t_{1-\alpha/2}\left\{\frac{2kb(mk-1)\mathrm{Var}(R_j)}{(k-1)(mk-k-b+1)}\left[1 - \frac{T_6}{b(mk-1)}\right]\right\}^{1/2} \tag{3-39}$$

其中，$t_{1-\alpha/2}$是自由度为 $mk-k-b+1$ 的 t 分布的 $1-\alpha/2$ 分位数。

4. 交互作用

到目前，对交互作用，没有什么好的、精确的非参数方法。精确的检验或者要求当区组效应被区组内 Friedman 型秩消除时（Patel 和 Hoel，1973），处理之间没有差异，或者它们基于的观测条件是“条件分布自由的”。后面一组检验有很大的计算量，且包含

列秩检验，其中，通过从观测中减掉处理均值或中位数来消除区组效应。根据好的功效和应用方便，对这些列秩检验的大样本逼近，尽管不是真正的非参数检验，但也是参数方法中最好的选择。它们降低了非正态分布带来的功效问题，且当每个单元的观测趋于无穷时，它们是渐近分布自由的。如要对交互作用的一些最好的列秩检验进行很好的比较，可参见 Mansouri 和 Chang（1995）的相关论述。

如果备择假设指定有处理效应的排序，可参看一些双向表秩和检验的参考书目，如 Page（1963），Hollander（1967b）和 Pirie（1974）。对于多重比较，有 Dunn（1964），McDonald 和 Thompson（1967），Puri 和 Sen（1967），Sen（1968b）以及 Lemmer，Stoker 和 Rernach（1968），他们建议了其他分析方法。Mehra 和 Sarangi（1967）以及 Sen（1967a）研究了渐近效率。小样本效率由 Gilbert（1972）研究。Gerig（1969，1975）考虑了多元情形的推广。Koch（1970）讨论了每个单元格有几个观测的裂区变差。Li 和 Schucany（1975）以及 Beckett（1976）考虑了度量两个集合区组秩之间的协调性。应用到双向表，且比 Friedman 检验有更高 ARE 的“列秩”方法的完整表达，可以参看 Lehmann（1975）、Hora 和 Iman（1988）给出的列秩检验和 Friedman 检验的 ARE 比较。

3.3.3 平衡的不完全区组设计

在上一小节开头所描述的随机的完全区组设计中，每一个区组都应用所有的处理。但是在现实中，往往很难做到在每一个区组中应用所有的处理，特别是当处理的数量较大，而区组的大小有限时。例如，如果需要品尝 20 种食品，而每个品尝者（区组）往往发现实际上很难对这 20 种食品进行精确的排序。但是如果使用 4 倍的人（或者每个人用 4 次），而每一个只需品尝 5 种食品，那么评判起来就会比较容易和精确。像这样的试验设计，每一个区组没有应用所有的处理，叫做不完全的区组设计。而且，如果设计满足下述条件，我们称它是平衡的（balanced）不完全区组设计：①每一个区组包括 k 个试验单元。②每一个处理出现在 r 个组中。③每一个处理与其他处理出现的次数相同。

Durbin（1951）认为一个秩检验可以拥有检验平衡的不完全区组设计中的零假设，即不同的处理间没有显著差异。我们已有一些参数方法来分析平衡的不完全区组设计所得的数据，这些方法都建立在正态分布的假设基础上，我们这里不做更多的解释。如果正态分布的假设无法得到满足，而且我们想要简单的分析方法，或者我们得到的观测只是秩的话，那么 Durbin 检验往往比参数方法更受欢迎。如果处理数和每个区组中试验单元数相等，那么 Durbin 检验可以简化为 Friedman 检验。如果所给的第 3 个条件不完全满足，那么 Durbin 检验在大多数情况下仍然有效。

1．Durbin 检验的数据

我们这里使用如下符号：

t = 所考查的处理数

k = 每一个区组中试验单元数（$k<t$）

b = 区组总数

r = 每一个处理出现的次数（$r<b$）

λ = 区组中同时出现第 i 个处理和第 j 个处理的区组数（对于任意一对处理，λ 的值相等）

把数据配置在上面定义的平衡的不完全区组设计中，并令 X_{ij} 代表区组 i 中处理 j 的结果（若处理 j 出现在区组 i 中）。

设每个区组中只有 k 个观测结果，且给每一个区组中的 X_{ij} 赋以秩，其中秩 1 赋给区组 i 中的最大观测值。如果 X_{ij} 存在，则记 $R(X_{ij})$ 为 X_{ij} 的秩。

计算第 j 个处理下的 r 个观测值的秩和，并记这个和为 R_j，则 R_j 可写成

$$R_j=\sum_{j=1}^{b}R(x_{ij}) \tag{3-40}$$

其中，在处理 j 下，只有 r 个 $R(X_{ij})$ 的观测值存在，因此 R_j 只是 r 个项的秩和。

如果观测值不是数值，则可以根据某感兴趣的原则，在区组内对对象进行排序，赋予每一个观测值以相应的秩，并如上计算出 R_j，$j=1, 2, \cdots, t$。

如果由于某些观测值相等导致有几种不同的赋秩方法，则我们推荐使用赋平均秩的方法。这个方法可能会改变统计量的零假设，但是如果结的数量不多的话，可以忽略其影响。

2. 假定条件

(1) 区组互相独立。

(2) 每一个区组中的观测值具有次序度量尺度，结不会导致问题出现。

3. 检验统计量

Durbin (1951) 建议使用如下检验统计量

$$T_1=\frac{12(t-1)}{rt(k-1)(k+1)}\sum_{j=1}^{t}\left(R_j-\frac{r(k+1)}{2}\right)^2 \tag{3-41}$$

如果区组中存在结，使用赋平均秩的方法，并进行调整。记 A 为秩与平均秩的平方和

$$A=\sum_{i=1}^{b}\sum_{j=1}^{t}[R(X_{ij})]^2 \tag{3-42}$$

同时计算“校正因子” C

$$C=\frac{bk(k+1)^2}{4} \tag{3-43}$$

由于存在结，调整后的统计量 T_1 变成

$$T_1=\frac{(t-1)\sum_{j=1}^{t}\left(R_j-\frac{r(k+1)}{2}\right)^2}{A-C}=\frac{(t-1)\left[\sum_{j=1}^{t}R_j^2-rC\right]}{A-C} \tag{3-44}$$

另外一个等价的方法是秩与平均秩上使用通常的方差分析法。这样就得出了下面的统计量 T_2，它仅是 T_1 的一个函数。最近的研究表明，T_2 的近似分位数比 T_1 的更精确一些，因此人们更愿意使用统计量 T_2。

$$T_2=\frac{T_1/(t-1)}{(b(k-1)-T_1)/(bk-b-t+1)} \tag{3-45}$$

总的来说，用 T_2 作为检验统计量，首先要计算统计量 T_1，如果没有结，就使用 (3-41) 式；如果有结，则使用 (3-42) 式、(3-43) 式与 (3-44) 式。

4. 零分布

由于 T_1（或 T_2）的精确分布很难求出，我们往往使用它们的逼近分布。T_1 的逼近分布是一个自由度为 $t-1$ 的 χ^2 分布，这个逼近分布趋向于保守。T_2 的逼近分布是一个自由度为 $k_1=t-1$，$k_2=bk-b-t+1$ 的 F 分布，这个逼近分布倾向于给出一个膨胀的 α 值，但是比 T_1 更加接近所需要的值。

5. 假设

H_0：每一个区组中，所有随机变量的赋秩都是等可能的（即处理有相同的效应）

H_1：至少有一个处理倾向于产生比至少一个其他处理有较大的观测值

如果 T_2 大于查出的 F 分布的 $1-\alpha$ 分位数，其中自由度为 $k_1=t-1$，$k_2=bk-b-t+1$，则我们以近似水平 α 拒绝 H_0。

6. 多重比较

如果检验中拒绝了零假设，则可以用处理对间的多重比较，过程如下：考虑处理 i 和处理 j，如果它们的秩和 R_i、R_j 满足不等式

$$|R_j-R_i|>t_{1-\alpha/2}\left[\frac{(A-C)2r}{bk-b-t+1}\left(1-\frac{T_1}{b(k-1)}\right)\right]^{1/2} \tag{3-46}$$

则认为处理 i 和 j 有不同的均值，其中 A，C，T_1 由（3-42）式、（3-43）式与（3-44）式给出，$t_{1-\alpha/2}$ 是自由度为 $bk-b-t+1$ 的 t 分布的 $1-\alpha$ 分位数，它可以从 t 分布表得到。如果没有结，则（3-46）式可以简化为

$$|R_j-R_i|>t_{1-\alpha/2}\left[\frac{rk(k+1)}{6(bk-b-t+1)}(b(k-1)-T_1)\right]^{1/2} \tag{3-47}$$

7. 计算机辅助

对平衡的不完全区组设计的分析，可以首先在每一区组中将数据转化为秩，然后应用软件中的相应计算机程序进行计算。R 语言软件中的程序为：

```
Durbin_Test <-function(x)
{
k = max(x[,2])
b = max(x[,3])
t = nrow(x[x[,3] ==1,])
r = nrow(x[x[,2] ==1,])
n = nrow(x)
m = rep(0,n)
x = cbind(x,m)
R = rep(0,k)
for(i in 1:b)
x[x[,3] ==i,4] = rank(x[x[,3] ==i,1])
for(i in 1:k)
R[i] = sum(x[x[,2] ==i,4])
T1 = 12*(k - 1)/(r*k*(t^2 - 1))*sum((R - r*(t + 1)/2)^2);D
p = pchisq(T1,k - 1,low = F)
list(T1 = T1,p = p)
}
```

【例 3.7】假设冰淇淋生产厂商希望测试 7 种不同口味的冰淇淋受人喜欢的程度。他让每一个受测试者品尝 3 种不同的冰淇淋，并用 1，2，3 将其赋秩，秩 1 代表最受喜欢的种类。为了设计一个试验，使得每一种冰淇淋被品尝的次数相同，我们使用了 Youden 方阵（Federer，1963）来编排。7 个人分别品尝了 3 种不同的冰淇淋，得到的排序结果如表 3-31 所示。

表 3-31

人	种类 1	种类 2	种类 3	种类 4	种类 5	种类 6	种类 7
1	2	3		1			
2		3	1		2		
3			2	1		3	
4				1	2		3
5	3				1	2	
6		3				1	2
7	3		1				2
$R_j=$	8	9	4	3	5	6	7

在这个试验中，

$t=7=$ 冰淇淋种类的总数

$k=3=$ 一次所比较的冰淇淋种类的数量

$b=7=$ 品尝者（区组）的总数

$r=3=$ 每一种冰淇淋被品尝的次数

$\lambda=1=$ 每种冰淇淋与其他种冰淇淋比较的次数

因此，这是一个平衡的不完全区组设计，我们使用 Durbin 的方法检验零假设：7 种冰淇淋受人喜欢的程度相当。

因此在得到近似水平 $\alpha=0.05$ 的情况下，检验的临界域对应着 T_2 值大于 3.58，其中 3.58 为自由度分别为 $k_1=t-1=6$，$k_2=bk-b-t+1=8$ 的 F 分布的 0.95 分位数。

由于没有结存在，我们首先根据（3-41）式，求得统计量 T_1

$$
\begin{aligned}
T_1 &= \frac{12(t-1)}{rt(k-1)(k+1)}\sum_{j=1}^{t}\left[R_j-\frac{r(k+1)}{2}\right]^2 \\
&= \frac{(12)(6)}{(3)(7)(2)(4)}[(8-6)^2+(9-6)^2+\cdots+(7-6)^2] \\
&= 12
\end{aligned}
$$

然后由（3-45）式，得到统计量 T_2

$$
\begin{aligned}
T_2 &= \frac{T_1/(t-1)}{(b(k-1)-T_1)/(bk-b-t+1)} \\
&= \frac{12/6}{(14-12)/8}=8
\end{aligned}
$$

由于 T_2 属于临界域，故拒绝零假设。由 F 分布表可得出 p 值小于 0.01。

利用（3-47）式得到的多重比较表明，第 4 种冰淇淋比第 3 种冰淇淋和第 7 种冰淇淋更受人喜欢，而第 3 种冰淇淋比第 7 种冰淇淋更受人喜欢。

注意在本例中，7 位参与者品尝冰淇淋具有很好的一致性，因此我们可以比较容易地找到精确的 p 值。每一位参与者品尝到第 4 种口味时都会表示更加喜欢它，每一位参与者品尝到第 3 种口味时会表示除了第 4 种，他会更喜欢这一种，而每一位参与者品尝到第 5 种口味时会表示除了第 3 种和第 4 种，他会更加喜欢这一种，依次类推。人们由此达成了很好的一致性，即冰淇淋的受喜欢程度由强至弱依次为 4，3，5，6，7，1，2。也就是说，如果冰淇淋口味种类没有差异的零假设成立，则对每一个人来说，他所品尝的 3 种冰淇淋会有 3! =6 种等可能的排序出现，那么 7 个人共有 $6^7=279\,936$ 种等可能的排序组合。而其中只有一种可能的排序出现，即第 4 种最受喜欢，第 3 种其次。但是，还有其他种达成一致的可能性发生，如在 7 种中选出最受喜欢的，然后在其余 6 种中选出次受喜欢的等，共有 7! 种可能达成一致的方式。所以本例中达成一致的概率为

$$P(T_2 \geqslant 8)=P(T_2=8)=\frac{7!}{6^7}=0.018$$

即我们得到的精确的 p 值为 0.018，它略大于由分布表得出的近似 p 值（小于 0.01）。但是它比由 T_1 的逼近分布（即自由度为 6 的 χ^2 分布）所得到的近似 p 值（大于 0.05）准确得多。

8. 理论

Durbin 检验和 Friedman 检验的理论发展十分相似，因为在处理无差异的零假设下，区组内 k 个秩的排列方式是等可能出现的，因此可以求得 Durbin 检验统计量的精确分布。在每一个区组中有 $k!$ 种等可能的秩排列方式，共有 b 个组。因此从 b 个区组的总体来看，因为共有 $(k!)^b$ 种可能不同的秩排列方式，且每一种秩的排列方式都是等可能的，出现的概率为 $1/(k!)^b$。如同前一节中的 Friedman 检验一样，对每一种排列方式，计算 Durbin 检验统计量，从而确定它的分布函数。

在许多情况下，求 Durbin 检验统计量 T_1 的精确分布不太实际，所以如果每一种处理的重复数 r 比较大，它的分布往往由自由度为 $t-1$ 的 χ^2 分布逼近。我们对这个逼近进行如下调整：

如果每一种处理的重复数 r 比较大，那么根据中心极限定理，第 j 个处理下的秩和 R_j 可以逼近正态分布。因此随机变量

$$\frac{R_j-E(R_j)}{\sqrt{\mathrm{Var}(R_j)}}$$

近似服从标准正态分布。正如前一节所述，如果 R_j 是独立的，那么统计量

$$T'=\sum_{j=1}^{t}\frac{[R_j-E(R_j)]^2}{\mathrm{Var}(R_j)} \tag{3-48}$$

可以近似看作是 t 个独立的近似服从 χ^2 分布（自由度为 1）的随机变量的和，则 T' 近似服从一个自由度为 t 的 χ^2 分布。但是，这里 R_j 并不独立，它们的和为一定值：

$$\sum_{j=1}^{t}R_j=\frac{bk(k+1)}{2} \tag{3-49}$$

因此，如果知道了 $t-1$ 个 R_j，我们就可以求得余下的一个 R_j。Durbin（1951）证明了用 $(t-1)/t$ 乘以 T' 得到一个统计量，它近似服从自由度为 $t-1$ 的 χ^2 分布，其形式表示为

$$T_1=\frac{t-1}{t}T'=\frac{t-1}{t}\sum_{j=1}^{t}\frac{[R_j-E(R_j)]^2}{\mathrm{Var}(R_j)} \tag{3-50}$$

为了把（3-50）式转换为常见的如（3-41）式给出的形式，我们只需要找到 R_j 的均值和方差。

秩和 R_j 为独立随机变量 $R(X_{ij})$ 的和，即

$$R_j=\sum_{i=1}^{b}R(X_{ij}) \tag{3-51}$$

每一个 $R(X_{ij})$ 只要它存在，就是从整数 1 到 k 中的一个随机选取。因此，由前面的定理得到 $R(X_{ij})$ 的均值和方差如下：

$$E[R(X_{ij})]=\frac{k+1}{2} \tag{3-52}$$

$$\mathrm{Var}[R(X_{ij})]=\frac{(k+1)(k-1)}{12} \tag{3-53}$$

所以可以容易地求得 R_j 的均值和方差为

$$E(R_j)=\sum_{i=1}^{b}E[R(X_{ij})]=\frac{r(k+1)}{2} \tag{3-54}$$

$$\mathrm{Var}(R_j)=\sum_{i=1}^{b}\mathrm{Var}[R(X_{ij})]=\frac{r(k+1)(k-1)}{12} \tag{3-55}$$

将 R_j 的均值和方差代入（3-50）式，得到

$$\begin{aligned}T_1&=\frac{t-1}{t}\sum_{j=1}^{t}\frac{[R_j-r(k+1)/2]^2}{r(k+1)(k-1)/12}\\&=\frac{12(t-1)}{rt(k+1)(k-1)}\sum_{j=1}^{t}\left[R_j-\frac{r(k+1)}{2}\right]^2\end{aligned} \tag{3-56}$$

这与在关于 Durbin 检验的解释中所给的具有相同的形式。

χ^2 分布逼近是基于每一种处理的重复次数 r 相当大这一假设。但在实际情况中，重复的次数 r 有时会比较小，如 3 或 2，此时如果用 χ^2 分布逼近，则所说的 α 水平可能并不是很精确。而如果应用基于秩的方差分析统计量 F ［即（3-45）式给出的统计量 T_2］，则所说的 α 水平更接近真正的 α 水平。

Benard 和 van Elteren（1953）已把 Durbin 检验推广到一个试验单元里有若干个观测的情形。Noether（1967a）也讨论了 Durbin 检验以及它的推广，并证明了 Durbin 检验相对于它的参数检验情形的 ARE 与 Friedman 检验相对于它的参数检验情形的 ARE 相同。Puri 和 Sen（1969b）讨论了成对比较（$k=2$）的情况。

3.3.4 多样本尺度参数的检验

1. 多样本 Ansari-Bradley 检验

两样本尺度参数的 Ansari-Bradley 检验前面已经讨论过，下面我们考虑多样本尺度参数的 Ansari-Bradley 检验。对于有 k 个样本的情况，x_{i1}，…，x_{in_i} 表示大小为 n_i 的第 i 个样本；其总体分布为 $F\left(\frac{x-\theta_i}{\sigma_i}\right)$，用 R_{ij} 表示 X_{ij} 在大小为 $N=\sum_{i=1}^{k}n_i$ 的混合样本中的秩。假定所有的位置参数相同，即 $\theta_1=\cdots=\theta_k$，考虑下面的检验问题：H_0：$\sigma_1^2=\cdots=\sigma_k^2$，备择假设 H_1：不是所有的方差都相等。令

$$\overline{A}_i=\frac{1}{n_i}\sum_{j=1}^{m}\left(\frac{N+1}{2}-\left|R_{ij}-\frac{N+1}{2}\right|\right)$$

则 k 样本的检验统计量为

$$B=\frac{N^3-4N}{48(N-1)}\sum_{i=1}^{k}n_i\left[\overline{A}_i-\frac{N+2}{4}\right]^2$$

在零假设下 B 有近似的自由度为（$k-1$）的 χ^2 分布。如果 $B\geqslant\chi^2_{1-\alpha}(k-1)$，则可以在水平 α 拒绝零假设。

研究表明，Ansari-Bradley 检验在 $m=n$ 时比 $m\neq n$ 时要好。表 3－31 展示出对于若干种不同的总体分布（包括重指数、Logistic、各种自由度的 t 分布、正态分布和均匀分布），尺度参数检验的 Mood 检验和 Ansari-Bradley 检验（LMP 检验）的渐近相对效率（ARE）分别用 $ARE(M, T)$ 和 $ARE(B, T)$ 表示，最后一列为 Mood 检验对 Ansari-Bradley 检验的 $ARE(M, B)$。由表 3－32 可以看出按照 ARE，Mood 检验比 Ansari-Bradley 检验要好些。

表 3－32

总体分布	$ARE(M, T)$	$ARE(B, T)$	$ARE(M, B)$
重指数分布	0.868	0.750	1.157
Logistic	0.874	0.732	1.194
t（1）	0.924	0.986	0.938
t（1）	1.000	0.937	1.067
t（3）	0.982	0.876	1.122
t（4）	0.956	0.831	1.151
t（5）	0.933	0.797	1.170
t（10）	0.865	0.715	1.209
t（20）	0.818	0.665	1.230
N（0，1）	0.760	0.608	1.250
均匀分布	0.000	0.000	1.667

2. 多样本尺度参数的 Fligner-Killeen 检验

假定有 k 个样本，用 X_{i1}，…，X_{in_i} 表示大小为 n_i 的第 i 个样本；其总体分布为 $F\left(\frac{x-\theta_i}{\sigma_i}\right)$。记 $N=\sum_{i=1}^{k} n_i$，这里同样假定 $\theta_1=\cdots=\theta_k$。根据具有大的尺度参数的总体所产生的观察和值，倾向于远离共同的中位数 θ，Fligner 和 Killeen 1976 年提出了对观察值到共同中位数的距离进行排序。对 $i=1$，…，k；$j=1$，…，n_i；记 $V_{ij}=|X_{ij}-\theta|$；当 θ 未知时用样本中位数 M 代替 θ：$V_{ij}=|X_{ij}-M|$。再用 R'_{ij} 表示样本中的 V_{ij} 的秩。在两样本情况下（$k=2$），对于 H_0：$\sigma_1^2=\sigma_2^2 \Leftrightarrow H_1$：$\sigma_1^2\neq\sigma_2^2$ 采用统计量

$$W=\sum_{i=1}^{n_i} R'_{1j}$$

它在零假设下有 Wilcoxon 分布，可以查表或用统计软件求出 p 值，同样也可以用大样本近似，在 W 太大和太小时拒绝零假设。

对于 $k>2$ 的多样本情况，为检验 H_0：$\sigma_1^2=\cdots=\sigma_k^2 \Leftrightarrow H_1$：不是所有的 σ_i^2 都相等，采用统计量

$$K=\frac{12}{N(N+1)}\sum_{i=1}^{k}n_i\left\{\overline{R_i'}-\frac{N+1}{2}\right\}^2,$$

这里$\overline{R_i'}=\frac{1}{n_i}\sum_{j=1}^{n_i}R_{ij}'$。在零假设下，统计量 K 有 Kruskal-Wallis 零分布，可以查表得到 p 值，也有大样本近似. 对于太大的 K，应拒绝零假设。一些研究表明，Fligner-Killeen 检验比 Ansari-Bradley 检验或者其 k 个样本（在小样本时）的推广有更强的势。

3.4　秩相关性与非参数线性回归

本小节将介绍基于秩的两个变量之间的相关性分析和多变量之间的协同关系。

3.4.1　Spearman 秩相关检验

在给定一列数对（X_1，Y_1），…，（X_n，Y_n）之后，要检验它们所代表的二元变量 X 和 Y 是不相关的。这里取零假设为 H_0：X 和 Y 是不相关的。而相应的备择假设有三种选择：①X 和 Y 是（或正或负）相关的（这是双边检验）；②X 和 Y 是正相关的；③X 和 Y 是负相关的。下面引进的 Spearman 检验统计量是历史最久（1904）的秩统计量，当然也是最老的、仍然还在普遍应用的秩统计量。和传统的 Pearson 相关系数的一种符号 ρ 对应，Spearman 检验统计量也被称为 Spearman X 和 Y。

首先找出所有 X_i 在 X 样本中的秩 R_i 及所有 Y_i 在 Y 样本中的秩 S_i，然后对每一对观测值的秩进行比较。记 $d_i^2=(R_i-S_i)^2$，这可以看成某种距离的度量。显然，如果这些 d_i^2 很大，则说明两个变量可能负相关，而如果它们很小则可能正相关。在这种考虑之下，和 Pearson 相关系数 γ 类似，记 $\bar{R}=\frac{1}{n}\sum_{i=1}^{n}R_i$ 和 $\bar{S}=\frac{1}{n}\sum_{i=1}^{n}S_i$ [显然 $\bar{R}=\bar{S}=(n+1)/2$]，Spearman 检验统计量为

$$r_s=\frac{\sum_{i=1}^{n}(R_i-\bar{R})\sum_{i=1}^{n}(S_i-\bar{S})}{\sqrt{\sum_{i=1}^{n}(R_i-\bar{R})^2\sum_{i=1}^{n}(S_i-\bar{S})^2}}\tag{3-57}$$

$$=1-\frac{6\sum_{i=1}^{n}d_i^2}{n(n^2-1)}$$

虽然这里第二个等式在没有结时才成立，但在结很少时差别不大。和经典的样本相关系数一样，r_s 满足 $-1\leqslant r_s\leqslant 1$。对于 $n\leqslant 100$，r_s 在零假设下的分布有表可查。

【例 3.8】一个公司准备研究服务和销售额之间的关系，表 3－33 是月销售额和顾客投诉的数量：

表 3－33　　单位：万元

销售额	452	318	310	409	405	332	497	321	406	413	334	467
投诉数量	107	147	151	120	123	135	100	143	117	118	141	97

计算得到的 R_i，S_i，d_i 如表 3-34 所示。

表 3-34

R_i	1	2	3	4	5	6	7	8	9	10	11	12
S_i	11	12	10	7	9	8	6	4	5	3	2	1
d_i	-11	-12	-10	-7	-9	-8	-6	-4	-5	-3	-2	-1

利用 R 语句：

```
d = read.table("f:/spear.txt");x = d[ ,2];
y = d[ ,1 ];rx = rank(x);ry = rank(y)
rsd = rbind(rx,ry,(rx - ry)^2);cor.test( x,y,meth = "spearman")
```

得到 $r_s = 562$，双边检验的 $p<2.2e-16$（非常相关）。

3.4.2 Kendall τ 相关检验

本节同样考虑假设检验问题：

H_0：X 和 Y 不相关$\leftrightarrow H_1$：X 和 Y 正相关

Kendall 于 1938 年提出了另一种与 Spearman 秩相关相似的检验法。他从两变量（X_i，Y_i）（$i=1$，2，…，n）是否协同一致来检验两变量之间是否存在相关性。首先引入协同的概念，假设有 n 对观测值（X_1，Y_1），…，（X_n，Y_n）。如果乘积$(x_j-x_i)(y_j-y_i)>0$，$\forall j>i$（i，$j=1$，…，n），则称该数对（X_i，Y_i）与（X_j，Y_j）满足协同性。或者说，它们的变化方向一致。反之，如果乘积$(x_j-x_i)(y_j-y_i)<0$，$\forall j>i$（i，$j=1$，…，n），则称该数对不协同。也就是说，计算任意前后两对数对的秩大小变化是否一致，若前一对秩均比后一对秩小，则说明前后数对具有协同性；反之，若前一对秩比后一对秩大，则前后两对数对 x_i，y_i 没有一致性。

全部数据所有可能的前后数对共有$\binom{n}{2}=n(n-1)/2$ 对。如果用 N_c 表示协同数对的数目，用 N_d 表示不协同数对的数目，则 $N_c+N_d=n(n-1)/2$，Kendall 的相关性统计量由二者的平均差定义，如下所示：

$$\tau=\frac{N_c-N_d}{n(n-1)/2}=\frac{2S}{n(n-1)} \tag{3-58}$$

式中，$S=N_c-N_d$，若所有数对全一致，则 $N_c=n(n-1)/2$，$N_d=0$，$\tau=1$。若所有数对全无一致性，则 $N_c=0$，$N_d=n(n-1)/2$，$\tau=-1$。所以此 Kendall τ 在 $-1\leqslant\tau\leqslant+1$ 之间。该统计量是 Kendall 于 1938 年提出的，所以被称为 Kendall τ 检验统计量。H_0 的拒绝域为 τ 取最大值，Kaarsemaker 和 Wijingaarden 于 1953 年给出了 Kendall τ 检验的零分布表，如果定义

$$\text{sign}((x_1-x_2)(y_1-y_2))=\begin{cases}1, & (x_1-x_2)(y_1-y_2)>0\\0, & (x_1-x_2)(y_1-y_2)=0\\-1, & (x_1-x_2)(y_1-y_2)<0\end{cases}$$

则

$$\tau = \frac{2}{n(n-1)}\sum_{1\leqslant i<j\leqslant n}\text{sign}((x_1-x_2)(y_1-y_2))$$

这里 $\text{sign}((x_1-x_2)(y_1-y_2))$ 是 $P((x_1-x_2)(y_1-y_2)>0)$ 的核估计量，因此 τ 是 U 统计量。用 U 统计量的方法，不难证明下面的定理。

【定理 3. 1】 当零假设 H_0 成立时，

(1) $E_{H_0}(\tau)=0$，$\text{Var}_{H_0}(\tau)=\dfrac{n(n-1)(2n+5)}{18}$；

(2) 关于原点 O 对称。

当 H_1 成立时，$E_\tau>0$。于是，当样本量 n 很大时，根据 U 统计量的性质，在 H_0 下可以证明，当 $n\to\infty$ 时，有

$$\tau\sqrt{\frac{18}{n(n+1)(2n+5)}}\xrightarrow{L}N(0,\ 1)$$

在实际中，不是一般性，假定 x_i 已从小到大或从大到小排序，因此协同性问题就转化为 y_i 秩的变化。令 d_1，…，d_n 为 y_1，…，y_n 的秩，因此 x，y 的秩形成 $(1,\ d_1)$，…，$(n,\ d_i)$；$\forall\leqslant i\leqslant n$，记

$$p_i=\sum_{j>i}\text{I}(d_j>d_i),\ i=1,\ \cdots,\ n$$

$$q_i=\sum_{j>i}\text{I}(d_j<d_i),\ i=1,\ \cdots,\ n$$

令 $P=\sum_{i=1}^{n}p_i$，$Q=\sum_{i=1}^{n}q_i$，则 Kendall τ 统计量的值为 $K=\dfrac{P-Q}{n(n-1)/2}$。也就是说，对每一个 y_i 求当前位置后比 y_i 大的数据的个数，将这些数相加，就是 N_c，同理可以计算 N_d。这里，p_i，q_i 的值由下面的 R 语句得到：

```
p = NULL;for(i in 1:(n - 1))p = c(p,sum(d2[ i,4] < d2[ (i + 1):n,4]));p = c(p,0)
q = NULL;for(i in 1:(n - 1))p = c(p,sum(d2[ i,4] < d2[ (i + 1):n,4]));q = c(q,0)
```

根据例 3. 8 的数据，我们输入如下 R 语句：

```
d = read. table("f:/spear. txt");n = nrow(d);x = d[ ,2];y = d[ ,1]
nc = 0;nd = 0;n0 = 0;for(i in 1:(n - 1))for(j in(i + 1):n)
{nc = nc + ((x[ j] - x[ i])*(y[ j] - y[ i]) > 0);nd = nd + ((x[ j] - x[ i])*(y[ j] - y[ i]) < 0);
n0 = n0 + ((x[ j] - x[ i])*(y[ j] - y[ i]) == 0)};K = nc - nd;tau = K/choose(n,2)
```

得到 $N_c=4$，$N_d=62$，$K=-58$，$\tau=-0.878\ 787\ 9$，由 K 为负则应对应于负相关的备择假设。直接用 R 函数 cor. test(x, y. meth = "kendall")可以得到 $\hat{\tau}=-0.878\ 787\ 9$，$T=4$，双边检验的 $p=5.319\times10^{-6}$ 的结果。由此，我们拒绝不相关的原假设（对大于 0. 000 006 的显著性水平）。

3. 4. 3 Theil 回归方法

在给定一列数据（X_1，Y_1），…，（X_n，Y_n）时，如果认为它满足线性模型

$$y=\alpha+\beta x+\varepsilon$$

则可以用不同方法估计参数来拟合直线。最常见的是最小二乘法，它取截距（α）和斜率（β）使

$$RSS(\alpha,\ \beta)=\sum_{i=1}^{n}[y_i-(\alpha+\beta x_i)]^2$$

最小，这样得出的估计 $\hat{\alpha}$，$\hat{\beta}$ 称为简单最小二乘（OLS）估计。由于在假定了相应变量为

独立同正态分布之后，对回归参数进行的最大似然估计和最小二乘估计是相同的，特别是在回归之后的方差分析和假设检验中有基于正态假定的 t 分布和 F 分布，所以人们往往把最小二乘估计和正态总体假定联系起来。其实，如果不考虑那些检验，回归直线的最小二乘拟合和总体分布根本无关。

1. Theil 回归

下面介绍非参数统计中的 Theil 方法，其思想并不复杂。类似于最小二乘法，它也从残差 $e_i = y_i - (\alpha + \beta x_i)$ 出发，要寻求斜率 β 使得所有观测值对（x_j，y_j）和（x_i，y_i）拟合回归直线后的残差之差的正负符号相等。记 $d_i = y_i - \beta x_i$，显然，残差和 d_i 仅差一个常数项：$e_i = d_i - \alpha$。再令第 j 个与第 i 个残差之差为

$$d_{ij} = e_j - e_i = d_j - d_i = (y_j - y_i) - \beta(x_j - x_i),\ 1 \leqslant i < j \leqslant n$$

这样 Theil 回归要求 β 使得 $T(\beta) = \sum_{i<j} \text{sgn}[d_{ij}(\beta)]$ 等于 0，这里 $\text{sgn}(x)$ 为符号函数，定义为

$$\text{sgn}(x) = \begin{cases} 1, & x > 0 \\ 0, & x = 0 \\ -1, & x < 0 \end{cases}$$

显然，如果 x_1，…，x_n 已经按照升幂排列了，那么 T（β）为对子（x_i，d_i）中按照 Kendall 定义的协同的数目减去不协同的数目。也就是说在 x 与 d 之间的 Kendall 相关系数 $xd\tau = T(\beta) / \binom{n}{2}$。记所有两个不同数据点连线的斜率为

$$b_{ij} = (Y_j - Y_i)/(X_j - X_i),\ 1 \leqslant i < j \leqslant n$$

可以看出，使 $b_{ij} - \beta$ 尽可能小的 β 等价于使 d_{ij} 尽可能小的 β。当然，我们无法要求一个 β 满足所有的 $b_{ij} - \beta = 0$，但可以取这 $n(n-1)/2$ 个 b_{ij} 的中位数作为对斜率 β 的估计：

$$\hat{\beta} = \underset{1 \leqslant i < j \leqslant n}{median}\ b_{ij} = \underset{1 \leqslant i < j \leqslant n}{median} \frac{Y_j - Y_i}{X_j - X_i}$$

α 的估计很自然地为中位数

$$\hat{\alpha} = median\{Y_j - \beta X_j,\ j = 1, \cdots, n\}$$

以例 3.8 的数据来实现上述检验的 R 语言程序为：

```
d = read.table("f:/spear.txt");x = d[,2];
y = d[,1];n = n = length(y)
s = NULL
for(i in 1:(n - 1))for(j in(i + 1):n)
s = c(s,(x[j] - x[i])/(y[j] - y[i]))
b = median(s);a = median(x - b*y);e = x - a - b*y;coef = c(a,b)
plot(x,y)
abline(a,b)
```

得到 $\hat{\alpha} = 752.75$，$\hat{\beta} = -2.9375$。图 3-2 是数据点和 Theil 回归的拟合直线。

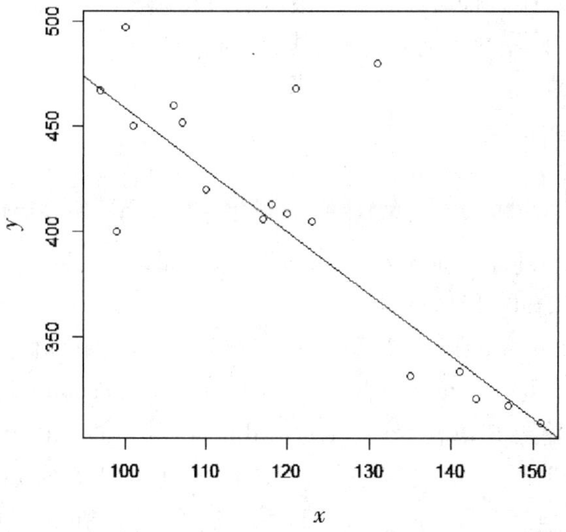

图 3 - 2

2. Theil 回归中的对 β 的检验

下面考虑对回归系数 β 的显著检验

$$H_0: \beta=\beta_0 \Leftrightarrow H_1: \beta \neq \beta_0$$

当然备择假设 H_1 也可以为 $\beta>\beta_0$ 或 $\beta<\beta_0$。由于在零假设下，对 $T(\beta_0)$ 的检验等价于对 x 及 $d=y-\beta_0 x$ 之间的 Kendall 相关系数 τ 的检验，我们可以得到相应的 p 值。事实上，如果备择假设为 H_1：$\beta \neq \beta_0$，显然，有太多的 b_{ij} 大于或小于 β_0，零假设就可能有问题。容易验证

$$b_{ij}=\frac{y_j-y_i}{x_j-x_i}=\beta_0+\frac{e_j-e_i}{x_j-x_i}=\beta_0+\frac{d_j-d_i}{x_j-x_i}$$

因此，总体上，b_{ij} 大于或小于 β_0 的情况取决于 (x_i, d_i) 与 (x_j, d_j) 是否协同。（注意：α_0 在这里不出现）令 n_c 和 n_d 分别表示这些 (x_i, d_i) 的协同对子与不协同对子的数目。于是检验斜率 $\beta=\beta_0$ 的问题就归结为利用与 Kendall τ 等价的检验统计量 $K=n_c-n_d=2n_c-\binom{n}{2}$ 来检验 d 和 x 是否相关的问题。在假定残差有零均值并且 x 独立时，如果对选定的 β_0，(x_i, d_i) 与 (x_j, d_j) 很协同或很不协同（即 Kendall τ 的绝对值接近于 1 时），则应拒绝 H_0：$\beta=\beta_0$。

用 R 语言软件可以很容易做到这一点。上述双边检验相当于用 cor.test(x,y - b0*x,meth = "kendall") 得到的检验（对于单边检验，可以在命令中加上相应的选项。比如，如果要检验 H_0：$\beta=-0.7 \Leftrightarrow H_1$：$\beta<-0.7$，可利用 R 语句 cor.test(x,y +0.7*x,meth = "kendall", alt = "less") 得到 p 值。

3. 基于 Theil 的对 β 的区间估计

由于我们能够得到关于 β 的单边和双边检验的 p 值，我们也就很容易得到关于 β 的区间估计。一般都选用 b_{ij} 中的点作为区间的端点。由于按照升幂排列的 b_{ij} 的点对于求 p 值来说是对称的，为了寻找置信度为 $(1-\alpha)$ 的置信区间，我们只要找到一边的点，它

使得双边检验的 p 值小于 α 即可。我们可以用下面 R 函数的 x，y，α 的值，给出 Theil 回归系数、残差、b_{ij}、$(1-\alpha)$ 的置信区间和确切的置信度。

相应的 R 语言程序为：

```
TT = function(x,y,alpha){n = length(x);s = NULL
for(i in 1:(n - 1)) for( j in(i + 1):n)s = c(s,(y[ j] - y[ i]) /(x[ j] - x[ i])) b = median(s)
a = median(y - b*x);e = y - a - b*x;m = length(s);s = length(s);z = NULL;for(i in 1:m)
z = c(z,cor.test(x,y - s[ i] *x,method = "kendall") $ p.value)
for(i in 1:floor(m/2))if( z[ i] > alpha)
{bound = c(i - 1,m - i + 2,s[ i - 1],s[ m - (i - 2)],z[ i - 1] );break}
list(codfficient = c(a,b) ,residual = e,bij = s,ci = bound[ 1:4] ,confid = 1 - bound[ 5] )}
```

以例 3.8 为例，输入 R 语言程序：d = read.table("f:/sale.txt") ;x = d[,1] ;y = d[,2] ;TT (x,y,0.05) 得到 Theil 回归并找到了 95% 置信区间，得到回归系数的估计值（在 $ codfficient 中）为 $\hat{\alpha}=752.75$，$\hat{\beta}=-2.937\,5$，置信度为（在 $ confid）0.951 282 4的置信区间（$ ci 中）为（按升幂排列的）b_{ij}的第 51 点及第 103 点组成的区间，这里用 $s_{(1)}$，…，$s_{(m)}$，$m=n(n-1)/2$ 代表 b_{ij}，则置信区间为：$(s_{(51)},s_{(103)})=(-3.552\,631\,58,-1.6)$。在运用上述函数时 R 语言程序给出了 50 多条警告，可以不理睬它。因为当 R 语言程序无法进行精确的 p 值计算时，它就会发出警告，这是为了告诉我们它用了大样本来近似计算。另外由于是用 b_{ij}的有限个点来得到置信区间的，所以实际置信度大于输入的置信度。

3.4.4 最小中位数二乘回归方法

最小中位数二乘回归方法是由 Rousseeuw（1984）提出的，它适用于线性模型

$$Y = X\beta + \varepsilon$$

这里 X 可以是矩阵（如有截距，则 X 的第一列由 1 组成），而 β 为向量。它的思想也很简单，它寻求的 β 满足

$$\min_{\beta}\{median_i |Y_i - X_i\beta|^2\}$$

对例 3.8 用此方法的 R 语言程序为：

```
data1< - read.table("f:\mcycle.txt")
library(MASS)
attach(mcycle)
x = mcycle[ ,1] ;y = mcycle[ ,2] ;par(mfrow = c(2,2))
lms = lqs( y ~ x,method = "lms")
```

注意：这里 lqs 函数在软件包 MASS 中，所以先用 library(MASS) 打开该软件包。最后得到的结果是截距为 -17.061 4，斜率为 0.329 2。

案例分析

我们来看一个有趣的例子，有 25 个观察值 (X_1, Y_1)，…，(X_{25}, Y_{25}) 如表 3-35 所示（四舍五入到小数点后两位）：

表 3 - 35

X_i	0.84	1.39	-0.10	0.22	0.92	1.13	3.46	1.64	1.64	2.70	2.07	0.65	1.88
Y_i	5.46	4.69	5.97	6.05	5.27	5.22	2.97	4.42	4.87	4.34	3.66	5.60	5.23
X_i	1.89	2.27	2.52	1.53	1.97	1.54	0.46	3.49	4.34	4.02	4.64	4.09	
Y_i	5.07	4.18	3.45	5.00	4.60	4.84	5.80	6.73	6.80	6.34	6.97	7.60	

用最小二乘法和上面介绍的两种回归方法来拟合线性模型。图 3 - 3 显示了原来的数据和三条回归曲线。其中"LS Fit","LMS Fit"和"Theil Fit"分别表示最小二乘、最小中位数二乘和 Theil 三条很不一样的拟合直线。为什么会有这种现象呢？实际上，这个数据的前 20 个观察值的确有很强的线性关系，而后面 5 个观察值"混入"了这组数据。从点图可以看出，数据明显地分为两群，左边的点有明显的线性关系，而右边的 5 个点看不出有什么特性。对此例子最稳健的方法是最小中位数二乘拟合，看来它并不受那 5 个点的影响，而 Theil 拟合受到了一些影响，最小二乘法受影响而偏离得最大。当然，如果没有这 5 个点的影响，这三个拟合直线是不会有多大差别的。反过来，如果有限度增加影响点的数目或不增加数目而仅仅增加它们和前 20 个点的距离，最小中位数二乘拟合基本不受影响，但是 Theil 拟合直线还是会和最小二乘拟合一起偏离很大。最小二乘法适用于很"干净"的数据，Theil 能够忍受有限度的数据污染。和它们相比，最小中位数二乘拟合最稳健。这三个方法所得的截距和斜率为：

$$(\alpha_{\text{Theil}}, \beta_{\text{Theil}}) = (5.739, -0.4936);\ (\alpha_{\text{LS}}, \beta_{\text{LS}}) = (4.8167, 0.2092)$$

$$(\alpha_{\text{LMS}}, \beta_{\text{LMS}}) = (6.0409, -0.8309)$$

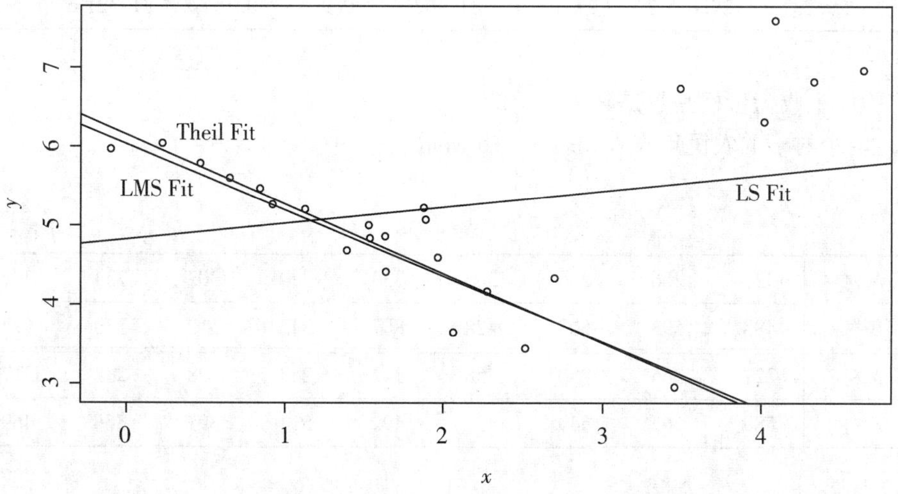

图 3 - 3 数据散点图及三种回归的拟合直线

相应的 R 语言程序为：

```
d = read.table("f:/reg.txt")
library(MASS)
```

```
x = d[ ,1 ];y = d[ ,2 ];
lms = lqs(y ~ x,method = "lms") ;se = lqs(y ~ x,method = "S")
ls = lm(y ~ x)
```

复习题

1. 超市有两种奶粉的标明重量均为 400 克。在抽样之后得到结果如表 3 –36 所示。

表 3 –36

A 奶粉	397	401	401	398	400	398	396	398	399	400	392	395
B 奶粉	401	403	402	407	406	404	402	398	406	401	401	400

这两种奶粉的重量是否显著不同？用两种不同的非参数方法来作检验，并和 t 检验作比较。

2. 表 3 –37 是华夏银行 2007 年 10 月 25 日至 2007 年 11 月 29 日股市的收盘价格。

表 3 –37 单位：元

日期	10. 25	10. 26	10. 31	11. 1	11. 2	11. 5	11. 6	11. 7
收盘价	30. 869 2	31. 976 8	33. 131 2	32. 819 2	30. 791 2	29. 917 6	30. 962 8	31. 228
日期	11. 8	11. 9	11. 12	11. 13	11. 14	11. 15	11. 16	11. 19
收盘价	31. 181 2	31. 274 8	30. 37	29. 262 4	30. 120 4	29. 683 6	29. 278	28. 607 2
日期	11. 20	11. 21	11. 22	11. 23	11. 26	11. 27	11. 28	11. 29
收盘价	29. 231 2	29. 075 2	29. 122	31. 462	30. 994	30. 167 2	31. 321 6	32. 086

检验以上收盘价格是否是随机波动的。

3. 两个村子的农民年收入如表 3 –38 所示。

表 3 –38 单位：元

A 村	321	266	256	386	330	329	303	334	299
B 村	488	593	507	428	807	342	512	350	672
A 村	221	365	250	258	342	243	298	238	317
B 村	589	665	549	451	492	514	391	366	469

按照上面的样本，两个村子的收入是否有不同？估计这个差别。两村的贫富差距是否类似？

4. 三种不同的教学方法，抽选的学生分为 18 组，每组 3 名学生，他们的有关情况类似。各组中 3 名学生被随机地置于 3 种条件下，即随机地指定接受某种教学方法。实施不同教学方法后进行测验，成绩合格为有效，记作 1；成绩不合格为无效，记作 0。结果如表 3 –39 所示。

表 3－39

学生组	电视教学	课堂讲授	课堂讨论	合计
1	0	0	0	0
2	0	1	1	2
3	0	1	0	1
4	0	0	0	0
5	1	0	1	2
6	0	1	1	2
7	0	1	1	2
8	0	1	0	1
9	1	0	1	2
10	0	0	0	0
11	0	1	1	2
12	0	1	1	2
13	0	1	1	2
14	0	1	1	2
15	0	1	1	2
16	1	1	1	3
17	0	0	1	1
18	0	1	1	2
合计	3	12	13	28

试判断三种教学方法之间是否有显著差异。

5. 5 种路况和 5 种汽车的油耗如表 3－40 所示。

表 3－40　　单位：公里/升

路况	汽车种类				
	车 1	车 2	车 3	车 4	车 5
A		35	30	25	15
B	32	25		21	12
C	22		17	12	9
D	15	12	11	10	
E	9	9	8		5

汽车种类对油耗有没有影响？路况类型对油耗有没有影响？

6. 不同学科的博士论文除了内容以外还有什么不同？对一所大学的数学和经济学的各 20 篇博士论文的页数所做的抽样调查的结果如表 3－41 所示。

表 3-41　　单位：页

数学	56	105	63	88	72	112	96	93	65	105
经济学	88	94	93	96	99	79	91	94	91	100
数学	94	87	64	65	68	87	90	98	76	75
经济学	99	90	100	110	102	95	98	85	99	91

仅从页数上看，这两个学科的博士论文有什么不同?

7. 有 10 个公司公布了它们去年相比前年的广告费用增长百分比（X），和它们的销售额增长百分比（Y），如表 3-42 所示。

表 3-42　　单位：百分比

	公司 1	公司 2	公司 3	公司 4	公司 5	公司 6	公司 7	公司 8	公司 9	公司 10
X（广告）	4	62	31	-11	47	88	16	-1	74	21
Y（销售）	10	33	39	-14	37	39	18	-8	45	33

（1）画出散点图，期望的销售额增长百分比的值看起来是广告费用增长百分比的线性函数吗？是单调函数吗?

（2）对 25% 的广告费用增长，估计销售额的期望增长百分比。

（3）估计 Y 在 X 上的回归曲线，将估计的回归曲线画在（1）的那张图上。

8. 对 13 对孪生兄弟所做的一个心理测验的记分如表 3-43 所示。

表 3-43　　单位：分

哥哥	218	139	178	189	46	166	237	254	145	211	157	167	175
弟弟	378	122	200	92	40	217	170	181	34	229	43	193	110

检验这些孪生兄弟的分数是否相关。

4 低维和高维列联表

列联表是一列按照矩阵形式排列的自然数，这些自然数通常代表的是数量或者频数。例如，昆虫学家可以说他正在观察 37 只昆虫，也可以用 1×3 列联表描述他所观察到的昆虫，如表 4－1 所示。

表 4－1

萤	蚱蜢	其他	总和
12	22	3	37

因为只有一行，这个列联表是唯一的。

这个昆虫学家可能希望更具体一些，于是他用了一个 2×3 列联表来描述，如表 4－2 所示。

表 4－2

	萤	蚱蜢	其他	总和
活着	3	21	3	27
死亡	9	1	0	10
总和	12	22	3	37

这里的总和包括两个行总和、三个列总和与一个所有行列总和，它们列在表上通常只是为了读者的方便。这个列联表是二维的，并且可以扩展到含 r 行和 c 列的 $r\times c$ 列联表。三维及三维以上的列联表也可能出现，本章也对它们作了比较详尽的讨论，并作了案例分析。

4.1 低维列联表

4.1.1 2×2 列联表

一般 $r\times c$ 列联表是一排排成 r 行 c 列的自然数，因此有 $r\times c$ 个数格或者位置来放置这些数。本节主要讨论 $r=2$ 和 $c=2$ 的情形，即 2×2 列联表，因为包含四个数格，所以 2×2 列联表也被称为四重列联表。

从某个总体中随机选取 N 个对象，在处理或者一个事件发生前将它们归入两类中的某一类，这时可以用 2×2 列联表。在处理后再次检查这 N 个对象并且分成两类。需要解决的问题是：这种处理是否明显改变了每类中所含对象的比例？可以看到，合适的统计方法是符合检验的变形的，即符合 McNemar 检验。因为是相同的样本用在两种情形中

（比如在“处理前”和“处理后”），所以 McNemar 检验能够发现微小的差异。与 McNemar 检验对应的同一假设的另一检验方法就是从处理前后的总体中各抽取随机样本，然后作比较。但是使用两个不同的随机样本又带来了另外不理想的变异，因为这种变异使得在总体中由处理所引起的变化不明显。因此，在不使用或者是可能使用同样的样本时，可使用本节将要描述的方法。

对于零假设：某事件 A（某些特定事件）在两个总体中发生的概率相同（零假设也可以表述为：具有特征 A 的总体比例对两个总体是相同的）。第一步需要从两个总体中各抽取一个随机变量来检验原假设。

一、2×2 概率差异的 χ^2 检验

1. 数据

从一个总体（或处理前）中抽取一个具有 n_1 个观测的随机样本，并且每个观测被归入类 1 或类 2，两类的观测数分别是 O_{11} 和 O_{12}，并且 $O_{11}+O_{12}=n_1$。从另一个总体（或者处理后的第一个总体）中抽取 n_2 个观测并且记类 1 与类 2 的样本数分别为 O_{21} 和 O_{22}，这里 $O_{21}+O_{22}=n_2$。数据可以放入列联表中，观测总数记为 N，如表 4－3 所示。

表 4－3

	类 1	类 2	总和
总体 1	O_{11}	O_{12}	n_1
总体 2	O_{21}	O_{22}	n_2
总和	C_1	C_2	$N=n_1+n_2$

2. 假定条件

（1）每个样本均为随机样本。

（2）两个样本相互独立。

（3）每一个观测可以被归入类 1 和类 2 中的任一个。

3. 检验统计量

如果任意列总和是 0，那么检验统计量 $T_1=0$，否则，

$$T_1=\frac{\sqrt{N}(O_{11}O_{22}-O_{12}O_{21})}{\sqrt{n_1n_2C_1C_2}} \tag{4-1}$$

4. 零分布

因为所有的 O_{11}，O_{12}，O_{21} 和 O_{22} 可能值有不同的结合，所以 T_1 的精确分布难以用表的形式表示出来。因此我们用大样本逼近或正态分布逼近，其分位数在正态分布表中给出。

5. 假设

令从总体 1 中随机抽取的观测归入类 1 的概率为 p_1，从总体 2 中随机抽取的观测归入类 2 的概率为 p_2，这里 p_1 和 p_2 不必已知，且假定仅仅是给定它们之间的关系。

（1）双边检验：

H_0：$p_1=p_2$

H_1：$p_1\neq p_2$

α 为近似水平，如果 T_1 比标准正态随机变量 Z 的 $\alpha/2$ 分位数小或者 T_1 比 Z 的 $1-\alpha$ 分位数大，则拒绝 H_0，Z 的分位数在正态分布表中可查到。

从正态分布表中可以看出，p 值是 Z 小于 T_1 的观测值或大于 T_1 的观测值的概率中较小者的 2 倍。

注意，对上述假设，T_1^2常代替 T_1 作为统计量，那么拒绝域就是自由度为 1 的χ^2 分布的右边，在χ^2 分布表中可查到。

（2）左边检验：

H_0：$p_1 \geqslant p_2$

H_1：$p_1 < p_2$

α 为近似水平，如果 T_1 比标准正态随机变量 Z 的 α 分位数小，则拒绝 H_0，Z 的分位数在正态分布表中可查到。从正态分布表中可以看出，p 值是 Z 小于 T_1 的观测值的概率。

（3）右边检验：

H_0：$p_1 \leqslant p_2$

H_1：$p_1 > p_2$

α 为近似水平，如果 T_1 比标准正态随机变量 Z 的 $1-\alpha$ 分位数大，则拒绝 H_0，Z 的分位数在正态分布表中可查到。从正态分布表中可以看出，p 值是 Z 大于 T_1 的观测值的概率。

【例 4.1】从两辆货车上装的产品中随机抽样，来检查两车货物的次品率是否有差异。第一辆货车的 86 件产品中有 13 件次品，第二辆货车的 74 件产品中有 17 件次品。

表 4-4

	次品	非次品	总和
货车 1	13	73	86
货车 2	17	57	74
总和	30	130	160

它满足我们前边的假设条件，所以用双边检验来检验 H_0：两个货车上的次品比例相等，用如下检验统计量：

$$T_1 = \frac{\sqrt{N}(O_{11}O_{22} - O_{12}O_{21})}{\sqrt{n_1 n_2 C_1 C_2}} = \frac{\sqrt{160}((13)(57) - (73)(17))}{\sqrt{(86)(74)(30)(130)}} = -1.269\ 5$$

从正态分布表中查到标准正态分布的 0.975 分位数是 1.960 0，因此近似大小 0.05 的拒绝域包含 T_1 大于 1.960 0 或小于 -1.960 0 的所有值。观测值是 -1.269 5，所以在显著性水平 $\alpha = 0.05$ 下可以接受零假设。

p 值是 Z 小于 T_1 的观测值 -1.269 5 的概率较小者的 2 倍，在正态分布表中可以查到，是 0.102，所以近似 p 值是 0.204，因此接受 H_0 还是相当安全的。

以下是使用单边检验的例子。

【例 4.2】美国海军学院给学生的住所安装了一种新的照明系统，要说明新的照明系统可能会导致视力下降，因为其使学生的眼睛处于连续的疲劳中。考虑研究检验零假设：

H_0：毕业学生在新照明系统下有好视力的概率大于等于在旧照明系统下有好视力的概率

单边备择假设：

H_1：新系统下好视力的概率小于旧系统下好视力的概率

令 p_1 为随机选取的毕业学生在旧的照明系统下有好视力的学生概率，p_2 为新系统下相应的概率，则前面的假设可以表述为：

H_0：$p_1 \leqslant p_2$

H_1：$p_1 > p_2$

这与假设集 C 匹配。新系统建立前的所有毕业班作为总体 1，使用 4 年新灯光系统的第一个毕业班作为总体 2，从这两个总体中随机抽样。希望这些样本与从先前全体毕业班总体中得到的随机样本中真实的和潜在的表现一样。

假定结果如表 4-5 所示。

表 4-5

	好视力	差视力	
旧系统	$O_{11}=714$	$O_{12}=111$	$n_1=825$
新系统	$O_{21}=662$	$O_{22}=154$	$n_2=816$
总和	1 376	265	$N=1\ 641$

判断法则 C 定义了 $\alpha=0.05$ 的临界域是 T_1 大于 1.644 9（从正态分布表中获得）的所有值。计算 T_1 得到：

$$T_1=\frac{\sqrt{N}(O_{11}O_{22}-O_{12}O_{21})}{\sqrt{n_1n_2C_1C_2}}=\frac{\sqrt{1641}[(714)(154)-(111)(662)]}{\sqrt{(825)(816)(1376)(265)}}=2.982$$

所以，显然拒绝零假设。从正态分布表中我们看到，在显著水平大约为 0.002 时也应该拒绝零假设，所以 p 值是 0.002。

因此我们可以得出，代表两个毕业班总体差视力的比例的确不同，并且可以预见发展趋势，即总体 2（新的光照系统下）的视力比总体 1（在旧系统下）更差。但视力更差是否是新的光照系统导致的还不能确定。然而，在这个假设检验的例子中可以说明，视力变差的原因和新的光照系统有关。

6. 理论

这里所给出的 2×2 列联表是下一节所给出的 $r\times c$ 列联表的一种特殊情况，所以相关的理论也是后面的 $r\times c$ 情形的特殊情况。然而，除了 r 和 c 很小的情况外，检验统计量的精确分布难以求出。因此这里我们要给出 T_1 的精确分布。

当 H_0：$p_1=p_2=p$ 为真时，T_1 的精确概率分布可以如下计算，对于总体 1 中的样本，类 1 中 x_1 项的概率和类 2 中 n_1-x_1 项的概率通过二项分布给出

$$P\begin{pmatrix} & 类1 & 类2 \\ 总体1 & x_1 & n_1-x_1\end{pmatrix}=\binom{n_1}{x_1}P^{x_1}(1-p)^{n_1-x_1} \tag{4-2}$$

类似地，对于总体 2 中抽取的样本，类 1 中 x_2 项的概率和类 2 中 n_2-x_2 项的概率

如下：

$$P\begin{pmatrix} & 类1 & 类2 \\ 总体2 & x_2 & n_2-x_2 \end{pmatrix}=\binom{n_2}{x_2}P^{x_2}(1-p)^{n_2-x_2} \tag{4-3}$$

因为两个样本是独立的，所以联合事件的概率可以通过（4-2）式和（4-3）式的右边相乘得到，即

$$P\begin{pmatrix} & 类1 & 类2 \\ 总体1 & x_1 & n_1-x_1 \\ 总体2 & x_2 & n_2-x_2 \end{pmatrix}=\binom{n_1}{x_1}\binom{n_2}{x_2}P^{x_1+x_2}(1-p)^{N-x_1-x_2} \tag{4-4}$$

在简单的情形下，我们取 $n_1=2$ 和 $n_2=2$，样本空间中有 9 个不同的点，对应有如下 9 个可能的表：

表	H_0 为真的概率	$(p=1/2)$	$(p=1)$	T_1
2 0 / 2 0	p^4	1/16	1	不确定
2 0 / 1 1	$2p^3(1-p)$	1/8	0	1.154 7
2 0 / 0 2	$p^2(1-p)^2$	1/16	0	2.000 0
1 1 / 2 0	$2p^3(1-p)$	1/8	0	-1.154 7
1 1 / 1 1	$4p^2(1-p)^2$	1/4	0	0
1 1 / 0 2	$2p(1-p)^3$	1/8	0	1.154 7
0 2 / 2 0	$p^2(1-p)^2$	1/16	0	-2.000 0
0 2 / 1 1	$2p(1-p)^3$	1/8	0	-1.154 7
0 2 / 0 2	$(1-p)^4$	1/16	0	不确定

因为 0/0 未定义，所以 T_1 的值不确定。但正如第 5 个结果能很强地指出 H_0 为真一样，导致 T_1 值不确定的两个结果也能很强地指出 T_0 为真，所以同第 5 个结果保持一致，我们可以定义第一个和最后一个结果中的 T_1 为 0。那么 T_1 有如下概率分布：

$p=1/2$ $\qquad\qquad p=1$

$P(T_1=-2)=1/16$ $\qquad P(T_1=0)=1$

$P(T_1=-1.1547)=1/4$

$P(T_1=0)=3/8$

$P(T_1=1.1547)=1/4$

$P(T_1=2)=1/16$

类似地，任意大小为 n_1 和 n_2 的样本的精确分布，可以通过适当地定义 T_1 的不确定值来求出。然而，正如前面的例子所示，即使当 H_0 为真时，概率分布函数也不是唯一的，而是依赖于 p。因此前面检验中的零假设是一个复合假设。但不容易看出来的是，当 $p=1/2$ 时，前面小样本情形的临界域水平最大。因此通过令 $p=1/2$ 可以求出 α。如果临界域对应于最大的 T_1 值（如 $T_1=2$），则 $\alpha=0.0625$。

为了说明正态分布作为大样本的逼近分布是合理的，考虑 $\frac{O_{11}}{n_1}-\frac{O_{21}}{n_2}$ 的均值和方差分别为 p_1-p_2、$\frac{p_1q_1}{n_1}-\frac{p_2q_2}{n_2}$，而在假设 H_0：$p_1=p_2$ 下，均值为 0，方差用估计量代替。其中，用 C_1/N 估计 p，用 C_2/N 估计 $q=1-p$。由中心极限定理可知 O_{11} 和 O_{21} 是渐近正态的，所以 $\frac{O_{11}}{n_1}-\frac{O_{21}}{n_2}$ 也是渐近正态的。在 H_0 下减去均值（0），除以估计的标准差，我们得到：

$$\frac{\frac{O_{11}}{n_1}-\frac{O_{21}}{n_2}}{\frac{C_1C_2}{NN}\left(\frac{1}{n_1}+\frac{1}{n_2}\right)} \tag{4-5}$$

当 H_0 为真时，上式渐近为一标准正态随机变量。然而（4-5）式的表达式经过了简单的代数运算，就成了检验统计量 T_1，这说明 T_1 的零分布是渐近于标准正态分布的。

当容量为 N 的单个样本的每个观测根据两种属性分类，每种属性可取两种形式之一时，也可以使用 2×2 列联表。那么就有 $(2)(2)=4$ 种属性的不同组合，并且 2×2 列联表是将每一类中的观测列成表的最方便的形式。其实，2×2 列联表的这种用法是 $r\times c$ 列联表的特殊情况，且分开表述也没有任何变化（比如本节的单边检验）。因此我们在下一节阐述它。

列联表的这种类型同第一种类型的主要区别是这种列联表的行总和是随机变量，它的值只有在数据获得后才可以确定。而第一种列联表行总和表示了两种样本的样本容量，在数据获得前它的值就已知，所以是非随机的。两种表的列总和都是随机变量。列联表的第三种类型是行总和与列总和都是非随机的，也就是说，行总和与列总和在数据获得前就已知。这种情况，不如列联表的前两种类型常见，但是不论是哪一种类型，经常会用到以下的统计方法，因为它很容易确定精确的 p 值 。这个方法在 20 世纪 30 年代中期几乎同时由 R. A. Fisher（1935），I. O. Irwin（1935）和 F. Yates（1934）发展起来，而众所周知的是 Fisher 的精确检验。

二、Fisher 精确检验

1. 数据

如同前面的检验，除了行总和 r 和 $N-r$，列总和 c 和 $N-c$ 事先确定（从而不随机）外，把数据中的 N 个观测放在 2×2 列联表中，如表 4-6 所示。

表 4-6

	列 1	列 2	总和
行 1	x	$r-x$	r
行 2	$c-x$	$N-r-c-x$	$N-r$
总和	c	$N-c$	N

2. 假定条件

（1）每个观测只归入一个单元中。

（2）行列总和确定且不随机（但注意结尾关于行、列和行列随机总和的注释）。

3. 检验统计量

检验统计量 T_2 是第一行第一列单元格中的观测数。

4. 零分布

当 H_0 为真时，T_2 的精确分布由超几和分布给出，对 $x=0, 1, \cdots, \min(r,c)$

$$P(T_2=x)=\frac{\binom{r}{x}\binom{N-r}{c-x}}{\binom{N}{c}},\quad x=0,\ 1,\ \cdots,\ \min(r,\ c)=0 \tag{4-6}$$

对其他 x 用

$$T_2=\frac{x-\frac{rc}{N}}{\sqrt{\frac{rc(N-r)(N-c)}{N^2(N-1)}}} \tag{4-7}$$

得到一个大样本逼近，其渐近分布服从正态分布表给出的标准正态分布。如果行总和或列总和是随机的，或两者同时是随机的，在大样本渐近中用（4-1）式给出的 T_1 更精确。

5. 假设

令 p_1 为第一行中的一个观测归入第一列的概率，p_2 为第二行中的一个观测归入第一列的概率，t_{obs} 为 T_2 的观测值。

（1）双边检验：

H_0：$p_1=p_2$

H_1：$p_1\neq p_2$

首先用（4-6）式来求 p 值。p 值是 $P(T_2\leqslant t_{obs})$ 和 $P(T_1>t_{obs})$ 中较小者的 2 倍。在显著性水平 α 下，如果 p 值 $\leqslant\alpha$，则拒绝 H_0。

（2）左边检验：

H_0：$p_1 \geq p_2$

H_1：$p_1 < p_2$

用（4－6）式来求 p 值 $P(T_2 \leq t_{obs})$。在显著性水平 α 下，如果 p 值$\leq \alpha$，则拒绝 H_0。

（3）右边检验：

H_0：$p_1 \leq p_2$

H_1：$p_1 > p_2$

用（4－6）式来求 p 值 $P(T_1 \geq t_{obs})$。在显著性水平 α 下，如果 p 值$\leq \alpha$，则拒绝 H_0。

6. 计算机辅助

Fisher 精确检验可以用 R 语言中的 fisher. test( ) 函数找到。

7. 评注

这个检验对于具有随机行总和、随机列总和或行列总和同时都是随机的列联表是有效的。也就是说，这个精确检验为样本空间中给定行总和与列总和的一个子集求出 p 值。每个不同的行列总和集又表示另外的互不相容的子集，因此将整个样本空间分成了几个互不相容的子集。如果每个子集的临界域在假设 H_0下，有一个条件概率小于等于 α，那么所有临界域在 H_0下有一个无条件概率小于等于 α，并且检验是有效的。然而，这种精确检验的功效通常小于一种更适当的近似行总和、列总和或行列总和为随机的检验功效。

8. 评注（连续性修正）

T_3的大样本逼近可以通过连续修正来改进。对于左边概率，在从正态分布表中查 p 值之前，给 T_3的分子加上 0.5；对于右边概率，则从 T_3的分子减去 0.5，这样得到的概率在多数情况下会更精确。

9. 理论

为了说明 T_2服从超几和分布，让我们从一个具有固定行总和的列联表开始，其概率由（4－4）式给出如下（变换记号）：

$$\binom{r}{x}\binom{N-r}{c-x}p^c(1-p)^{N-c} \tag{4-8}$$

取值为 c，$N-c$ 的列总和服从二项分布，其概率如下：

$$\binom{N}{c}p^c(1-p)^{N-c} \tag{4-9}$$

同样地，在给定列总和的条件下，表上结果的条件概率，可用（4－8）式除以（4－9）式得到。通过在 T_2 上减去均值除以超几和分布的标准差得到 T_3，并用中心极限定理得到大样本逼近。

有时需要将几个 2×2 列联表合成一个作整体分析。当一个整体试验包括几个在不同环境中操作的小试验时，在零假设下的共同概率会随着环境的不同而不同，并且每个小试验都有自己的 2×2 列联表，这时常常需要这种处理。因为得到每个列联表的环境不同，所以这几个表不能合成单一的一个 2×2 列联表。

三、Mantel-Haenszel 检验

1. 数据

将数据综合以后放入几个 2×2 列联表中，每个列联表的行列总和都是非随机的。假

设表的数目 $k \geqslant 2$，并且第 i 个表具有如表 4－7 所示的形式。

表 4－7

	列 1	列 2	总和
行 1	x_i	$r_i - x_i$	r_i
行 2	c_i	$N_i - r_i - c_i + x_i$	$N_i - r_i + x_i$
总和	$c_i + x_i$	$N_i - c_i$	$N_i + x_i$

2. 假设条件

每个列联表的假设条件与 Fisher 精确检验相同，并且几个列联表是由独立的试验得到的。

3. 检验统计量

$$T_4 = \frac{\sum x_i - \sum \frac{r_i c_i}{N_i}}{\sqrt{\sum \frac{r_i c_i (N_i - r_i)(N_i - c_i)}{N_i^2 (N_i - 1)}}}$$

4. 零分布

若零假设为真，T_4 的分布近似于正态分布表中给出的标准正态分布，并且可以通过连续修正来提高精确的概率。也就是说，对于左边概率，在从正态分布表中查 p 值时给 T_4 的分子加上 0.5；对于右边概率，则从 T_4 的分子减去 0.5，这样得到的概率在多数情况下会更精确。

5. 假设

在第 i 个列联表中，令 p_{1i} 是被归入第一行第一列中的观测的概率，令 p_{2i} 是第二行第一列相应的概率。

（1）双边检验：

H_0：$p_{1i} = p_{2i}$，对所有的 $i = 1, 2, \cdots, k$

H_1：$p_{1i} > p_{2i}$，对某个 i，或 $p_{1i} < p_{2i}$，对某个 i，但两个不同时成立

在 α 水平下，如果 T_4 大于 $z_{1-\alpha/2}$ 或 T_4 大于 $z_{\alpha/2}$，则拒绝零假设，这里 z_p 代表的是正态分布表给出的标准正态分布的 p 分位数。

一个服从标准正态分布的随机变量小于观测 T_4 或大于观测 T_4 的概率，不论哪一个小，p 值都 2 倍于此概率。

（2）左边检验：

H_0：$p_{1i} \geqslant p_{2i}$，对所有的 $i = 1, 2, \cdots, k$

H_1：$p_{1i} < p_{2i}$，对所有的 i，且对某个 i，$p_{1i} < p_{2i}$

在水平 α 下，如果 T_4 小于 z_α，则拒绝零假设，z_α 从正态分布表中获得。p 值是一个服从标准正态分布的随机变量小于观测 T_4 的概率。

（3）右边检验：

H_0：$p_{1i} \leqslant p_{2i}$，对所有的 $i = 1, 2, \cdots, k$

H_1：$p_{1i} > p_{2i}$，对所有的 i，且对某个 i，$p_{1i} > p_{2i}$

在水平 α 下，如果 T_4 大于 $z_{\alpha/2}$，则拒绝零假设，$z_{1-\alpha}$从正态分布表中获得。p 值是一个服从标准正态分布的随机变量大于观测 T_4 的概率。

6. 计算机辅助

Mantel-Haenszel 检验可以调用 R 语言 pnorm( ) 函数找到。

7. 评注

像 Fisher 精确检验一样，即使行总和或列总和是随机的，这种检验仍是有效的。但在那种情况下，用如下的检验统计量代替 T_4 更准确。

$$T_5 = \frac{\sum x_i - \sum \frac{r_i c_i}{N_i}}{\sqrt{\sum \frac{r_i c_i (N_i - r_i)(N_i - c_i)}{N_i^3}}}$$

它可以与正态分布作比较，正如上面描述的 T_4 一样，当用检验统计量 T_5 时，不应该用连续修正来找 p 值。

【例 4.3】参考 Li，Simon 和 Gart（1979），在一个测试成功率是否提高的试验性治疗中，把癌症病人分成 3 组。成功与失败的次数概括如表 4－8 所示。

表 4－8

	组 1		组 2		组 3	
结果	成功	失败	成功	失败	成功	失败
治疗	10	1	9	0	8	0
控制	12	1	11	1	7	3

因为 p_{1i}代表了第 i 组病人治疗成功的概率，所以用右边检验，

$$T_4 = \frac{(10+9+8) - \left(\frac{11 \cdot 12}{24} + \frac{9 \cdot 20}{21} + \frac{8 \cdot 15}{18}\right)}{\sqrt{\frac{11 \cdot 22 \cdot 13 \cdot 2}{24^2 \cdot 23} + \frac{9 \cdot 20 \cdot 12 \cdot 1}{21^2 \cdot 20} + \frac{8 \cdot 15 \cdot 10 \cdot 3}{18^2 \cdot 17}}} = \frac{1.678\ 6}{1.171\ 9} = 1.432\ 3$$

从正态分布表中看到，T_4 没有超过 0.95 分位数 1.644 9，所以接受零假设。把 T_4 的分子减去 0.5，得到 T_4 的连续修正是 1.005 7，从而可找到 p 值，从正态分布表中得到的右边 p 值是 0.157。

显然在本例中列总和是随机的，$T_5 = 1.469\ 0$ 可以得到更精确的检验，得到的右边 p 值是 0.071。这说明了在随机行总和、随机列总和或行列总和同时随机的情况下，用 T_5 更恰当。然而，零假设在 $\alpha = 0.05$ 时仍被接受。

8. 理论

对每个列联表的第一行、第一列求和可以得到 T_4 的分子值，也就是 Fisher 精确检验统计量 T_2，然后像 T_3 那样减去它的均值，除以它的标准差。由中心极限定理可得，T_4 渐近于标准正态分布。

按照 T_3 的形式，重新排列 T_1，可得到统计量 T_5，T_1 与 T_3 的唯一不同是分母用 N 代

替 $N-1$，那么仿照前面的推导过程，可以证明 T_5 的正态逼近。

典型的连续修正是取离散随机变量相邻值之间距离的一半，因为行列总和没有改变，所以 T_3 和 T_4 的分子按照一个单位分隔取值时，分母仍为常数。因此分子中半个单位的连续修正是适合的。

但是，若行总和或列总和是随机的，T_1 和 T_5 的分母就会有许多不同的值。同样地，T_1 和 T_5 也就会有许多不同的值，这些值不是平均间隔的。一个连续修正几乎不可能计算，并且比 0.5 小得多，这种情况下可不作任何修正。当然，通常所推荐的 0.5 的修正太大了，多数情况下会给出真实概率的相当糟糕的估计。参考 Pearson（1947），Plackett（1964），Grizzle（1967）和 Conover（1974）对这一结论的支持。关于 Mantel-Haenszel 检验的更多信息可以参考 Li，Simon 和 Gart（1997）及 Breslow 和 Liang（1982）。

遵循关于概率的置信区间的描述步骤，可以得到任何同 2×2 列联表或与列联表相关的未知概率的置信区间。同样，只要假定合理且检验的假设恰当，二项检验就可以用于列联表。

单边检验的一个简洁法则可以参考 Ott 和 Free（1969）。关于连续修正的进一步探讨可以参考 Mantel 和 Greenhouse（1968），Pirie 和 Hamdan（1972），Maxwell（1976），检验功效的讨论可以参考 Harkness 和 Katz（1964），精确检验的探讨可参考 Gail 和 Gart（1973）、Garside 和 Mack（1976）及 Madonald，Davis，Milliken（1977）。合成几个 2×2 列联表检验统计量的方法可以参考 Radhakrishna（1965），Nelson（1966），Meeker（1978）和 Zelen（1971）。很多文章讨论了由于误分带来的边际总和可能误差，其中有 Chiacchierini 和 Arnold（1977）及 Plackett（1977）。其他相关的论文可参考 Fienberg 和 Gilbert（1970），Upton 和 Lee（1976）及 Ray（1976）。Fleiss（1973）主要讨论了 2×2 列联表的情形。

4.1.2 $r\times c$ 列联表

将上节的 2×2 列联表直接推广到具有 r 行 c 列的列联表，即 $r\times c$ 列联表。同上节一样，$r\times c$ 列联表可以用来描绘包含几个样本的数据，这里的数据至少表示一个度量的名义尺度，也可以用来检验概率不随样本改变而改变的假设。$r\times c$ 列联表的另一个用途是用于单个样本，这个样本中的每个元素根据一种标准可以归入 r 个不同类之一，同时也可以根据另一个标准归入 c 个不同类之一。在统计分析中视这两种用途一样，但是由于它们存在根本的差异，所以需要将两种情形分开讨论。本节也将讨论第三种应用，它类似于前两种。

首先考虑将上节介绍的两个样本的应用扩展。现在我们把两个样本推广成 r 个样本，每个样本为 r 行中的一行，每个样本的每个观测可以由前面的两类（类 1，类 2）推广到归入 c 类，对应着 c 列。于是可将第 i 个样本的第 j 个值填入 $(i,\ j)$ 格（第 i 行，第 j 列）中。因为行列数目多，所以上节的单边假设不再适用，因此从上面推广到 $r\times c$ 情形时，我们仅仅考虑双边备择假设及检验统计量是 T_1 的平方。

一、概率差异的 χ^2 检验，$r\times c$ 情形

1. 数据

共有 r 个总体，从总体中抽取一个随机变量。记第 i 个样本含有的观测数为 n_i，$1\leqslant i\leqslant r$。每个样本的每个观测可以归入 c 个不同类中的一类。记 O_{ij} 为样本 i 的观测归入类 j 的数

目，所以，

$$n_i = O_{i1} + O_{i2} + \cdots + O_{ic}，对所有 i \quad (4-10)$$

将数据排列成以下 $r \times c$ 列联表，见表 4-9。

表 4-9

	类 1	类 2	…	c	总和
总体 1	O_{11}	O_{12}	…	O_{1c}	n_1
总体 2	O_{21}	O_{22}	…	O_{2c}	n_2
…	…	…	…	…	…
总体 r	O_{r1}	O_{r2}	…	O_{rc}	n_r
总和	C_1	C_2	…	C_c	N

所有样本的观测总数为 N，

$$N = n_1 + n_2 + \cdots n_r \quad (4-11)$$

第 j 列中的观测数记为 C_j，即 C_j 是所有样本在第 j 列中的观测总数，

$$C_j = O_{1j} + O_{2j} \cdots + O_{rj}，对 j=1，2，\cdots，c \quad (4-12)$$

2. 假定条件

（1）每个样本都是一个随机样本。

（2）不同样本的输出结果是相互独立的（特别对样本之间，样本之内由假设条件 1 可知是独立的）。

（3）每个观测只能归入 c 类中的一类。

3. 检验统计量

给定检验统计量 T 为

$$T = \sum_{i=1}^{r}\sum_{j=1}^{c}\frac{(O_{ij} - E_{ij})^2}{E_{ij}}$$

其中，$E_{ij} = \dfrac{n_i C_j}{N}$ (4-13)

这时如果 H_0 为真，O_{ij}代表格$(i，j)$的观测数，E_{ij}代表格$(i，j)$期望的观测数，即如果 H_0 为真，格$(i，j)$的观测数应接近第 i 个样本大小 n_i 与所有观测归入 j 类的比例 C_j/N 的乘积。注意在 2×2 情形下，因为仅考虑双边备择假设，这里的 T 等于上节的 T_1^2。

为了方便计算，我们给出 T 的一个等价的表达式

$$T = \sum_{i=1}^{r}\sum_{j=1}^{c}\frac{O_{ij}^2}{E_{ij}} - N \quad (4-14)$$

4. 零分布

T 的零分布是渐近自由度为$(r-1)(c-1)$的χ^2 分布，χ^2 分布值见χ^2 分布表。T 的精确分布很难算出，所以几乎不用。

如果 E_{ij}在检验统计量中不是很小，χ^2 近似是很好的。一般来说，如果所有的 E_{ij}大于 0.5 且至少一半的 E_{ij}大于 1.0，则χ^2 近似效果较为满意，但若存在一个 E_{ij}小于 0.5 或大多数的 E_{ij}大于 1.0 时，χ^2 近似就未必精确了。但此时我们可以将行或列加起来以便于去

除那些值很小的情况，或者去除有很小观测值的行或列。

5. 假设

记 p_{ij} 为随机取到第 i 个总体划分为第 j 个类的概率，$i=1, 2, \cdots, r$；$j=1, 2, \cdots, c$：

H_0：同一列中的所有概率相等

H_1：每列中至少两个概率不相等（即对于给定的 j，存在一对 i 与 k，使得 $p_{ij} \neq p_{kj}$）

注意：没有必要规定各种概率，零假设只表述对所有总体而言归入第 j 类的概率是相同的，无论这概率是什么，也不管我们考虑的是哪一个类型。

因为计算 T 的精确分布很困难，我们用大样本分布（这里 E_{ij} 较大）逼近去找临界域。在近似水平 α 下的临界域对应于 T 值大于 $\chi^2_{1-\alpha}$，这里 $\chi^2_{1-\alpha}$ 是自由度为 $(r-1)(c-1)$ 的 χ^2 分布的 $1-\alpha$ 分位数，它可由 qchisq( ) 获得。当 T 大于 $\chi^2_{1-\alpha}$ 时，拒绝 H_0，否则接受 H_0。

p 值是自由度为 $(r-1)(c-1)$ 的 χ^2 随机变量大于 T 的概率，可用 pchisq( ) 获得。

6. 计算机辅助

调用 R 语言中的 loglin( ) 函数可以作这个检验，有些程序可以分析比本书更为复杂的列联表。

7. 评注（E_{ij} 较小的情形）

因为使用了渐近分布，如果 E_{ij} 适当大，α 的近似值就很接近 α 的真值，然而，如果某些 E_{ij} 较小时，这种近似效果就可能非常差。

Cochran（1952）发现，如果存在 E_{ij} 大于 1.0 或者超过 20% 的 E_{ij} 小于 0.5，那么这种近似就很差。但许多学者的研究表明，这似乎太保守了。其中包括 B. L. Vander Waerden 的学生和 Oscar Kempthorne 的学生的一些研究，以及 Roscoe 和 Byars（1971）的研究。如果 r 与 c 不太小的话，我认为即使一些 E_{ij} 小于 0.5，但大部分的 E_{ij} 大于 1，检验也可以是有效的。如果一些 E_{ij} 值太小，可合并几个类以消除 E_{ij} 太小的影响，需要决定的是哪些类需要合并。一般来说，如果某些类在某些方面很相似，我们就可以合并它们而保留原假设的意义。

【例 4.4】随机地从私立中学与公立中学里抽取一些学生进行标准测验，得到的结果如表 4-10 所示。

表 4-10

	0～275	276～350	351～425	426～500	总和
私立中学	6	14	17	9	46
公立中学	30	32	17	3	82
总和	36	46	34	12	128

为检验零假设：私立中学与公立中学的学生的分数服从相同的分布，我们可用概率的差异性检验。近似水平 $\alpha=0.05$ 下的拒绝域对应于 T 大于 7.815 的值，这可从 χ^2 分布表中得到，其中 χ^2 分布的自由度是：$(r-1)(c-1)=(2-1)(4-1)=3$。

用（4-13）式计算 E_{ij} 的值如表 4-11 所示。

表 4-11

	列 1	列 2	列 3	列 4
行 1	12.9	16.5	12.2	4.3
行 2	23.1	29.5	21.8	7.7

注意：这里 E_{ij}满足 Cochran 的条件，另外值得注意的是 E_{ij}行列的和总是与 O_{ij}行列的和相同，这对检查计算是有用的。

对于第一行，第一列所在的格子，我们有：

$$\frac{(O_{ij}-E_{ij})^2}{E_{ij}}=\frac{(O_{11}-E_{11})^2}{E_{11}}=\frac{(6-12.9)^2}{12.9}=\frac{47.61}{12.9}=3.69$$

对其他格子可进行同样的计算，结果如下：

$$T=3.69+0.38+1.89+5.14+2.06+0.21+1.06+2.87=17.3$$

因为 $T=17.3$ 大于 7.815，所以我们拒绝零假设。事实上，在 0.001 这么小的显著性水平下，我们也可以拒绝零假设，故 p 值大致为 0.001。结果是私立中学与公立中学的测试分数的分布是不同的。

本例中的备择假设包含了所有类型的差异，比如高分、低分、分数内的小变异、分数内的大变异等，所以这里用 χ^2 检验更恰当。

8. 理论

仿照上节 2×2 的情形，可以找到 $r\times c$ 情形中 T 的精确分布，即行总和（样本大小）保持常数，然后列举所有可能的具有相同行总和的列联表，对每一行用多项分布计算它们的概率。列总和可以随表的不同而不同，但是行总和不能变，这一点与下面将要描述的列联表应用有本质区别。在以下的应用中，没有固定行总和，因此，有很多可能的列联表，仅要求对所有表都有一样的观测总数 N。在第三种应用中，行列总和都不随表的变化而变化，是固定的，因此列联表的数量可能被大大缩减，精确的分布也更容易求得。

在本节列联表的 3 种应用中，T 的渐近分布是一样的，都是自由度为$(r-1)(c-1)$的 χ^2 分布，因此可用这个分布来给 α 一个近似值，而不需要知道精确的列表值。Cramér（1946）推导出了渐近分布。

对于容量为 N 的单个随机变量，每个观测都可以根据两个准则来分类，这时可以用 $r\times c$列联表来表示，这也是 $r\times c$ 列联表的第二种应用。由第一个准则产生 r 类（行），由第二个准则产生 c 类（列）。将每个观测按照两条准则分类后，填入 $r\times c$ 列联表的一个对应的格子中去。归入的格表示属于该格子的观测数，尽管会用较高的度量尺度，但一个度量尺度至少需要是名义尺度。假设检验是一种独立性的检验，繁赘一点说，零假设为行与列代表了两个独立的分类方案。下面我们将给出更精确的描述。

二、独立性的 χ^2 检验

1. 数据

已知一个度量为 N 的随机样本，它的观测值根据两个准则划分成几类。按照第一个准则，每个观测可归入 r 类（行）中的某一类，按照第二个准则，每个观测可归入 c 类（列）中的某一类。记 O_{ij}为第 i 行第 j 列的观测数，将其填入 $r\times c$ 列联表中。记第 i 行的观测总数为 R_i（代替前面假设中的 n_i，是为了强调行总和是随机的而不是固定的），记

第j列的观测总数为C_j，所有格中总的观测数为N，见表4－12。

表4－12

	列1	列2	…	列c	总和
行1	O_{11}	O_{12}	…	O_{1c}	n_1
行2	O_{21}	O_{22}	…	O_{2c}	n_2
…	…	…	…	…	…
行r	O_{r1}	O_{r2}	…	O_{rc}	n_r
总和	C_1	C_2	…	C_c	N

2. 假定条件

（1）观测为N的样本是随机的（每个观测归入第i行第j列的概率相同，并且同其他观测独立）。

（2）按照第一个准则，每个观测可归入r类（行）中的某一类，按照第二个准则，每个观测可归入c类（列）中的某一类。

3. 检验统计量

令$E_{ij}=R_iC_j/N$，则检验统计量为

$$T=\sum_{i=1}^{r}\sum_{j=1}^{c}\frac{(O_{ij}-E_{ij})^2}{E_{ij}} \tag{4-15}$$

或者为了方便手算，可简化为

$$T=\sum_{i=1}^{r}\sum_{j=1}^{c}\frac{O_{ij}^2}{E_{ij}}-N \tag{4-16}$$

这里的求和是对列联表的所有格子求和。注意，(4－15)式和(4－16)式与前面(4－13)式和(4－14)式两种检验形式相同。

4. 零分布

正如前面的检验，T的零分布可以通过自由度为$(r-1)(c-1)$的χ^2分布来近似。T的精确分布难以求得，因此几乎不用。

如果所有的E_{ij}都大于0.5，并且至少有一半E_{ij}大于1.0，那么χ^2近似通常是令人满意的。将总和较小的行或列与其他描述相似的行或列合并，或者简单删除几乎不包含观测的行或列，可以消除小的E_{ij}的影响。

5. 假设

H_0：对任意的i，j，事件“一个观测值在行i”与事件“同样的观测值在列j”是独立的

通过事件独立性的定义，H_0可以表述如下：

H_0：P(行i，列j)$=P$(行i)$\cdot P$(列j)，对所有的i，j

备择假设可以方便地表述为：

H_1：P(行i，列j)$\neq P$(行i)$\cdot P$(列j)，对某i，j

查χ^2分布表，如果T超过自由度为$(r-1)(c-1)$的χ^2分布随机变量的$1-\alpha$分位数，

则拒绝 H_0，置信水平为 α。p 值［自由度为（$r-1$）（$c-1$）的一个服从 χ^2 分布的随机变量超过观测值 T 的概率］也可以从 qchisq( ) 中得到。

6. 计算机辅助

本检验可用 R 语言中 pchisq( ) 函数操作完成。

【例 4.5】将某个大学里的学生作为一个样本，根据他们被录取的院系和是不是省内的高中毕业生这两个标准来分类，将结果填入如表 4－13 所示的 2×4 列联表中。

表 4－13

	工程学院	艺术与科学学院	国内经济学院	其他	总和
省内	16	14	13	13	56
省外	14	6	10	8	38
总和	30	20	23	21	94

为了检验零假设，每个学生被录取的院系与他们是不是省内高中毕业生独立，我们选择 χ^2 独立性检验来检验这个假设。$N=4$，由 qchisq( ) 可得，自由度为 $(r-1)(c-1)=3$ 的 χ^2 分布随机变量的 0.95 分位数为 7.815，故近似水平为 0.05 的拒绝域是（7.815，∞），因此 α 近似于 0.05。

用（4－15）式算出 T 为：

$$T=1.52$$

因此可以接受零假设。从 pchisq( ) 中得 p 值大于 0.25。

7. 理论

我们可以给出相对简单情形 $N=4$ 时 T 的精确分布。令 p_{ij} 是一个观测归入第 i 行第 j 列的概率（注意这里的 p_{ij} 与前面检验中的 p_{ij} 不同，所有格子中的 p_{ij} 之和为 1，而前面检验中的 p_{ij} 每一行加起来为 1），则有如表 4－14 所示的特殊结果。

表 4－14

	列 1	列 2	总和
行 1	a	b	$a+b$
行 2	c	d	$c+d$
总和	$a+c$	$b+d$	N

列的概率可用多项式分布求得：

$$\frac{N!}{a!\ b!\ c!\ d!}(p_{11})^a(p_{12})^b(p_{21})^c(p_{22})^d \tag{4-17}$$

因为 N 个对象能导出以上列联表的个数由多项式系数 $\frac{N!}{a!\ b!\ c!\ d!}$ 给出，并且每个结果的概率为：

$$(p_{11})^a(p_{12})^b(p_{21})^c(p_{22})^d \tag{4-18}$$

零假设：每个 P_{ij} 等于它的行概率乘以列概率，当 H_0 为真时，由所有的 p_{ij} 相等（本

情形中 $p_{ij}=1/4$，这个结论我们不证明）可得 T 的右边的最大概率。因此，对每种可能的排列，通过计算

$$p\left(\boxed{\begin{matrix}a\\c\end{matrix}}\right)=\frac{N!}{a!\ b!\ c!\ d}\left(\frac{1}{4}\right)^{N} \tag{4-19}$$

而得到一个 α，对 $N=4$ 的情形，我们可以找到 35 种不同的列联表。其发生的概率与 T 值如下。同前，我们定义 $0/0=0$。

$P(T=0)=84/256=0.33$

$P(T=4/9)=48/256=0.19$

$P(T=4/3)=96/256=0.37$

$P(T=4)=28/256=0.11$

如果临界域对应着最大的 T 值，$T=4$，则 $\alpha=0.11$，与上节中讨论的精确分布的双边检验所得到的置信水平 $\alpha=0.125$ 相比，差异不是很大。同上节中 N 固定，行总和也固定下所得到的分布相比，这里 T 的分布更复杂，原因是这里可能的列联表方式更多，并且，T 可能有例外值，因此可能的概率分布也改变了一些。

尽管两种应用下 T 的精确分布有少许差异，但是都可由自由度为 $(r-1)(c-1)$ 的 χ^2 分布近似。

在列联表的第三种应用中，不仅行总和为固定（同第一种应用一样），而且列总和也固定，因此较前面介绍的两种应用 T 的精确分布更容易求出。然而，除非有辅助表或计算机的帮助，T 的精确分布对实际应用来说仍太复杂，所以我们建议用 χ^2 近似来求临界值和 α。

三、固定边缘分布的 χ^2 检验

1. 数据

数据归入一个 $r\times c$ 列联表中，这与前两种应用一样，不同的是这里的行与列是固定的而非随机的，见表 4-15。

表 4-15

	列 1	列 2	…	列 c	总和
行 1	O_{11}	O_{12}	…	O_{1c}	n_1
行 2	O_{21}	O_{22}	…	O_{2c}	n_2
…	…	…	…	…	…
行 r	O_{r1}	O_{r2}	…	O_{rc}	n_r
总和	C_1	C_2	…	C_c	N

2. 假定条件

（1）每个观测只能归入一个格子中。

（2）观测时一个随机样本里的每个观测落入（i，j）的概率相同。

（3）行与列总和是固定的而非随机的。

3. 检验统计量

令 $E_{ij}=R_iC_j/N$ 为落入（i，j）中的期望观测数，同时，给出检验统计量

$$T=\sum_{i=1}^{r}\sum_{j=1}^{c}\frac{(O_{ij}-E_{ij})^2}{E_{ij}} \tag{4-20}$$

其中求和是对所有 $r\times c$ 个格子求和。注意，这个检验统计量的形式同前面的两个相同，所以为了方便计算，可用（4-14）式代替。

4. 零分布

同前面的检验一样，T 的零分布可以用自由度为 $(r-1)(c-1)$ 的 χ^2 分布近似。T 的精确分布虽然比前两种检验容易求得，但还是很困难，所以很少用它。

如果所有的 E_{ij} 比 0.5 大或至少有一半大于 1.0，χ^2 近似通常是令人满意的。可将一些特征相似、总和较小的行或列合并，或简单地消去几乎没有观测值的行或列来消除较小的 E_{ij} 的影响。

5. 假设

这里的假设可以取本节前两种应用中的两种假设之一，但行与列总和必须是固定的，或者取适应特定背景的假设。通常这种假设是前面独立性假设的变化，见下面例 4.6 根据试验所作出的特殊修改。

若 $T>\chi^2_{1-\alpha}((r-1)(c-1))$，则拒绝 H_0，近似的置信水平为 α，p 值可以从 χ^2 分布表中查到，$p=P(X>T)$，$X\sim\chi^2((r-1)(c-1))$。

6. 计算机辅助

可用 R 语言中 pchisq( ) 函数来进行这个检验，并求出精确的 p 值。

【例 4.6】固定边际总和的 χ^2 检验也可用来检验两个随机变量 X 和 Y 是否独立。已知有一个含有 24 个点的散点图（如下图所示），这些点代表了二元随机变量（X，Y）独立的观测，可将该图构建成列联表。每个点的横坐标是随机变量 X 的观测值，纵坐标是 Y 的观测值。假设每对观测（X，Y）是相互独立的，我们希望检验如下问题：

H_0：X 与 Y 是相互独立的

H_1：X 与 Y 是不独立的

为了形成一个所有 E_{ij} 都相等的列联表，我们注意到 3 和 4 都是样本容量为 24 的因子，因此我们用虚线将散点图中两点平均分成 3 行 4 列，即每行有 8 个点，每列有 6 个点（如果一些 E_{ij} 很小，应令它们几乎相等，一种方式是行总和相等且列总和相等），这样得到的列联表如表 4-16 所示。

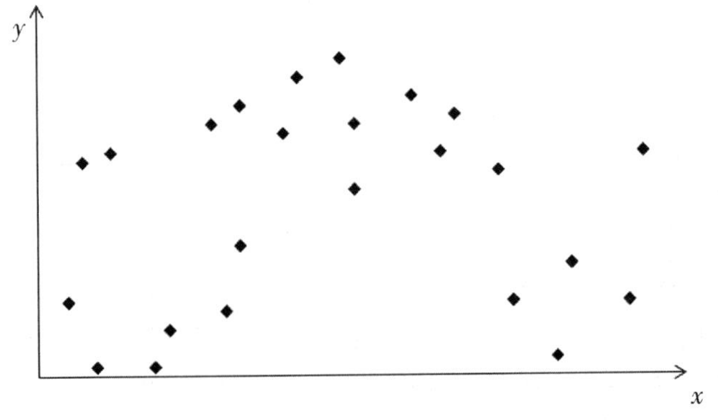

散点图

表 4－16

	列 1	列 2	列 3	列 4	总和
行 1	0	4	4	0	8
行 2	2	1	2	3	8
行 3	4	1	0	3	8
总和	6	6	6	6	24

近似置信水平为 0.05 的临界域为 $T>\chi^2_{0.95}((2)(3))=\chi^2_{0.95}(6)=12.59$（由 χ^2 分布表获得）的区域。

检验统计量可用（4－20）式和 $E_{ij}=(6)(8)/24=2$ 计算。

$$T=\sum_{i=1}^{r}\sum_{j=1}^{c}\frac{(O_{ij}-E_{ij})^2}{E_{ij}}=\sum_{i=1}^{3}\sum_{j=1}^{4}\frac{(O_{ij}-2)^2}{2}=14 \tag{4-21}$$

因为 $T>12.59$，所以应拒绝 H_0，从而我们可以得到 X 与 Y 不独立。实际上，可以在一个显著性水平小到 0.03 的情况下拒绝 H_0，所以 p 值为 0.03。

7. 理论

在上节 2×2 情形下，若行与列总和是非随机的，则可以找到 T 的精确分布为超几和分布，其概率由(4－6)式给出，现在我们列出 2×2 情形下的精确分布。

若行总和与列总和都等于 2，则有如下三种可能的列联表：

表　　　　概率 p

2	0
0	2

$$\frac{\binom{2}{2}\binom{2}{0}}{\binom{4}{2}}=1/64$$

1	1
1	1

$$\frac{\binom{2}{1}\binom{2}{1}}{\binom{4}{2}}=2/30$$

0	2
2	0

$$\frac{\binom{2}{2}\binom{2}{0}}{\binom{4}{2}}=1/64$$

因为 T 的概率分布是唯一的，所以在这个应用中，H_0 是简单假设。

将行总和与列总和固定，可以大大减少可能的列联表数目，从而较前两种应用，T 的精确分布更容易找到。若 $r=2$，$c=2$，则检验即为“Fisher 精确检验”，可以方便地使用更为精确的概率表（Finney，1948），程序化的 Fisher 精确检验可参考 Robertson(1960)。

对一般的 r，c，固定边际总和的列联表如表 4－17 所示。

表 4－17

	列 1	列 2	…	列 c	总和
行 1	O_{11}	O_{12}	…	O_{1c}	n_1
行 2	O_{21}	O_{22}	…	O_{2c}	n_2
…	…	…	…	…	…
行 r	O_{r1}	O_{r2}	…	O_{rc}	n_r
总和	C_1	C_2	…	C_c	N

其精确概率为：

$$\text{概率} = \frac{\begin{bmatrix} n_1 \\ O_{1i} \end{bmatrix}\begin{bmatrix} n_2 \\ O_{2i} \end{bmatrix}\cdots\begin{bmatrix} n_r \\ O_{ri} \end{bmatrix}}{\begin{bmatrix} N \\ c_i \end{bmatrix}} \tag{4-22}$$

本节与第一节中的列联表称为双向列联表（two-way contingency table），原因是观测被分成行与列两个方向。自然的推广方式为，若观测按照三条或三条以上的准则进行分类，那么数据就可用三向（或多向）列联表的形式进行描述。

为了扩展 χ^2 列联表检验，我们将双向检验统计量变换为如下形式：

$$T = \sum_{i,j} \frac{\left[O_{ij} - \frac{R_i C_j}{NN}\right]^2}{N \frac{R_i C_j}{NN}} \tag{4-23}$$

它具有$(r-1)(c-1)$的自由度。在一个 r 行，c 列和 t 块的三项列联表中，记块总和为 B_k，$k=1$，2，…，t；行总和为 R_i，$i=1$，2，…，r；和为 C_j，$j=1$，2，…，c。记 N 为观测总数，则

$$R_i = \sum_{j,k} O_{ijk} \tag{4-24}$$

$$C_j = \sum_{i,k} O_{ijk} \tag{4-25}$$

$$B_k = \sum_{i,j} O_{ijk} \tag{4-26}$$

这里 O_{ijk}代表了第 i 行，第 j 列，第 k 块的观测总数，记期望的观测数为 E_{ijk}，在行—列—块相互独立的假设为真的情况下，E_{ijk}有如下估计：

$$E_{ijk} = N \frac{R_i}{N} \frac{C_j}{N} \frac{B_k}{N} \tag{4-27}$$

可用检验统计量

$$T = \sum_{i,j,k} \frac{(O_{ijk} - E_{ijk})^2}{E_{ijk}} \tag{4-28}$$

计算，这里的求和是对所有的 $r \times c \times t$ 个格子求和，然后用 T 和自由度可类似推广。所谓“对数线性模型”的方法可以成功地用来分析多项列联表，我们将在本章的最后一节中进行讨论。关于多项列联表的更详细的论述可参见 Kullback（1971）、Koch，Johnson 和 Tolley（1972）、Darroch（1974）和 Halperin 等人(1977)。Maxwell（1961）也写了一本

分析列联表的小册子。列联表的重要课题可参考 Fienberg（1970a），McNeil 和 Tukey（1975），以及 Quade 和 Salama（1975）。若一些数据仅仅被部分地分类，可参考 Chen 和 Fienberg（1974）或 Hocking 和 Oxspring（1974）。

等列总和与固定行总和的 2×3 列联表检验统计量的精确分布可参考 Bennett 和 Nakamura（1963，1964）及 Healy（1969）。Ireland 和 Kullback（1968）对给定行与列总和的列联表给出的不同的检验。列联表的χ^2 检验的功效可参考 Chapman 和 Meng（1966）。Mosteller（1968）关于列联表的文章是一篇相当优秀、可读性极强的调研文章，Haynam 和 Leone（1965）则给出精确分布的近似。数据误分可参考 Mote 和 Anderson（1965）合写的论文；讨论有小频率或零频率格子的列联表可参考 Ku（1963）和 Sugiura 及 Otake（1968）；关于交互检验的信息可参考 Goodman（1964，1968）和 Bhapkar 及 Koch（1968）；一些双变量列联表型分布可参考 Plackett（1965），Mardia（1967）和 Steck（1968）；其他检验列联表的方法可参考 Ishii（1960），Gregory（1961），Claringbold（1961），Kullback，Kupperman，Ku（1962），Diamond（1963），Mielke 和 Siddiqui（1965），Hoeffding（1965），Gart（1966）和 Chacko（1966）。很多关于列联表的文章都举例说明了这种分析的实用性与多样性，比如可参考 Elston（1970），Crowley 及 Breslow（1975），Light 和 Margolin（1971），Margolin 和 Light（1974），以及 Shuster 和 Downing（1976）。Mantel 和 Haenszel（1959）提出了一种有用的检验 N 个独立 $2\times r$ 列联表行—列分布一致性的方法。其他列联表的应用将在本章其余几节中讨论。

4.1.3 中位数检验

中位数检验是用来检验不同总体中抽取的几个样本是否有同样的中位数。事实上，本章的中位数检验并不新奇，它只不过是上节所介绍的具有固定行列总和的χ^2 检验的一种具体应用。因为它非常有用，所以我们将它提出来单独讨论。

为了检验几个总体（c 个）的中位数是否相同，我们从每个总体中抽取一个样本（度量尺度至少是顺序的，否则“中位数”没有意义。），然后构建一个 $2\times c$ 列联表，使第 i 列有两个元素分别为第 i 个样本中高于和低于总中位数（所有观测的中位数）的两个观测值，然后对此列联表用通常的χ^2 检验。

一、中位数检验

1. 数据

从 c 个总体中各取一个容量为 n_i，$i=1$，2，…，c 的随机样本，则可确定联合样本的中位数，即在 $N=n_1+n_2+\cdots+n_c$ 个观测中，恰有一半的观测值超过此数，我们称之为总中位数（grand median）。令 Q_{1i} 为第 i 个样本中小于或等于总中位数的观测数，将频数排列在如表 4－18 的 $2\times c$ 列联表中。

表 4－18

	样本 1	样本 2	…	样本 c	总和
>中位数	O_{11}	O_{12}	…	O_{1c}	a
≤中位数	O_{21}	O_{22}	…	O_{2c}	b
总和	n_1	n_2	…	n_c	N

记 a，b 分别为所有样本中大于总中位数和小于或等于总中位数的观测总数，则有 $a+b=N$，N 为观测总数。

2. 假定条件

（1）每一样本都是随机的。

（2）样本之间相互独立。

（3）度量尺度至少是顺序的。

（4）若所有总体有同样的中位数，则对所有总体而言，一个观测超过总中位数的概率相同，记为 p。

3. 检验统计量

将上节给出的检验统计量变换形式，并注意在行数为 2 的特殊情形下，$O_{2i}=n_i-O_{1i}$，我们可得：

$$T=\frac{N^2}{ab}\sum_{i=1}^{c}\frac{\left(O_{1i}-\frac{n_i\alpha}{N}\right)}{n_i} \tag{4-29}$$

为了计算方便，可采用如下形式：

$$T=\frac{N^2}{ab}\sum_{i=1}^{c}\frac{O_{1i}^2}{n_i}-\frac{Na}{b} \tag{4-30}$$

若 a 近似地等于 b（除非观测中有很多等于总中位数），则可简化检验统计量，化简后的形式如下：

$$T=\sum_{i=1}^{c}\frac{(O_{1i}-O_{2i})^2}{n_i} \tag{4-31}$$

若 $a=b$，则（4-31）式给出的 T 的简化形式是精确的，否则就是近似的。

4. 零分布

由于 T 的精确分布难以求得，所以常采用大样本逼近来近似 T 的分布（见本节后对 T 的精确分布的理论上的讨论）。近似的零分布是自由度为 $c-1$ 的 χ^2 分布。

5. 假设

H_0：c 个总体有相同的中位数

H_1：至少有两个总体的中位数不同

近似水平为 α 分布的临界域是 $T>\chi^2_{1-\alpha}$（$c-1$）的区域，其中 $\chi^2_{1-\alpha}(c-1)$ 为一个服从自由度 $c-1$ 的 χ^2 分布的随机变量的 $1-\alpha$ 分位数，它可以从 χ^2 分布表中查到。若 $T>\chi^2_{1-\alpha}$（$c-1$），则拒绝 H_0，否则接受 H_0。近似的 p 值是一个服从 χ^2 分布的随机变量大于观测值 T 的概率，也可以从 χ^2 分布表中查到。

如果一些样本容量 n_i 太小，则上述逼近可能不是很准确（真实的 α 可能与上面近似的 α 差异很大）。上节中给出的法则可以作为经验法则来用，这时，若在分析中丢掉所有容量为 1 的样本，则上述规则仍然适用。

6. 多重比较

若零假设被拒绝，可对 2×2 列联表重复地使用中位数检验，对总体间进行逐对多重比较。在 2×2 列联表中用（4-29）式，（4-30）式或（4-31）式计算检验统计量 T，若 $T>\chi^2_{1-\alpha}(1)$（自由度为 1 的 χ^2 分布的随机变量的 $1-\alpha$ 分位数，可从 χ^2 分布表中获得），则认为这两个总体的中位数不相同。

7. 计算机辅助

可用 R 语言 phyper( ) 函数来做中位数检验。

【例 4.7】可用 4 种不同的方法来培植玉米，在被分割成若干块的土地上随机地采用这 4 种方法并计算每块地的亩产量，见表 4－19。

表 4－19

方法 1	方法 2	方法 3	方法 4
83	91	101	78
91	90	100	82
94	81	91	81
89	83	93	77
89	84	96	79
96	83	95	81
91	88	94	80
92	91	81	
90	89		
84			

为了检验产量差异是否由种植方法的不同而引起，我们采用中位数检验，因为总体中位数的差异可以解释为所有种植方法的差异值。假设表述如下：

H_0：所有种植方法有相同的亩产量中位数

H_1：至少有两种种植方法的亩产量中位数有差异

很容易算出这里有 34 个观测数，排序后的第 17 和 18 个观测值的平均值 89 即为总中位数。将每种方法中大于 89 和小于等于 89 的观测数记录如表 4－20 所示。

表 4－20

方法	方法 1	方法 2	方法 3	方法 4	总和
>89	6	3	7	0	16
≤89	3	7	0	8	18
总和	9	10	7	8	34

得临界域为 $T>\chi^2_{1-0.05}(c-1)=\chi^2_{0.95}(3)=7.815$（自由度为 $c-1=3$ 的 χ^2 随机变量的 0.95 分位数，可从 χ^2 分布表中获得）的区域。用（4－29）式计算 T 值为：

$$T=\frac{(34)^2}{(16)(18)}\left\{\frac{\left[6-\frac{(9)(16)}{34}\right]^2}{9}+\cdots+\frac{\left[\frac{0-(8)(16)}{34}\right]^2}{8}\right\} \tag{4-32}$$

$$=4.01(0.34+0.29+1.97+1.78)=17.6$$

用（4－31）式可简便地计算 T，得：

$$T=\frac{9}{9}+\frac{16}{10}+\frac{49}{7}+\frac{64}{8}=17.6 \tag{4-33}$$

这与前面所得的值一样。

因为 17.6 的 T 值大于临界值 7.815，所以应拒绝 H_0，查 χ^2 分布表可知，p 值稍小于 0.001。因为拒绝了 4 种玉米种植方法有相同中位数的零假设，所以采用多项逐对比较是合理的。将方法 1 与方法 2 比较，我们可以看到，19 个观测的样本中位数为 89，对方法 1，9 个观测值中有 6 个超过 89，对方法 2，10 个观测值中有 3 个超过 89。2×2 列联表检验统计量为 2.55，它小于 $\chi^2_{0.95}(1)=3.841$（自由度为 1 的 χ^2 随机变量的 0.95 分位数）。因此，方法 1 和方法 2 的中位数不能认为不同。然而，其他几对比较在水平 $\alpha=0.05$ 下是显著的，见表 4－21。

表 4－21

方法	中位数	T
1 和 2	89	2.55
1 和 3	92.5	6.35
1 和 4	83	12.43
2 和 3	91	13.25
2 和 4	82.5	14.40
3 和 4	82	15.00

在原始数据的子集上重复地使用相同的检验，除了第 1 对比较外，总体的多重比较方法往往会歪曲其他所有检验的显著水平。这种重复的检验过程一般作为一种个人偏好或作为分离不同总体的一个客观“尺码”，但是整个检验中我们不能给出与第一对比较一样的合理解释。关于重复检验过程的进一步探讨可参见 Gabriel（1966）或 Knoke（1976）。

例 4.7 中的试验是按照“完全随机化设计”来安排的，这种设计假设不同的方法是以某种随机方式（或等价于随机方式）分配到不同位置上的。通常分析数据的参数方法被称为“单因素方差分析”，关于单因素方差分析的中位数检验的 ARE 依赖于总体分布函数的形式。若总体为正态分布，则 ARE 仅为 $2/\pi=64\%$。然而，若总体是双指数分布（双指数分布拥有重尾），则 ARE 为 200%。

可将中位数检验推广到分位数检验，即零假设为“几个总体有相同的分位数”。对任何选定的分位数，仅需改动检验的数据部分使得观测值被分为大于或小于等于整个数据排列的总分位数。除了逼近式（4－31）式不适用外，其余都同中位数检验一样，正如下面所给的理论，T 的精确分布（下面给出它的理论）也与中位数检验有相同的形式。Wolfe（1977a）给出了两阶段样本的中位数检验法。

二、中位数检验的推广

可将前面的中位数检验进行推广，使之能分析更复杂的试验，因为在中位数检验的推广中使用的记号很烦琐，我们通过一个应用例子来介绍这种检验。

【例 4.8】在 6 块不同的地里使用 4 种不同的肥料，并且整个试验重复使用 3 种不同的种子。在试验的(4)(6)(3) = 72 个不同的条件下，试验的亩产结果如表 4 − 22 所示。

表 4 − 22

试验田	种子 1				种子 2				种子 3			
	肥料 1	肥料 2	肥料 3	肥料 4	肥料 1	肥料 2	肥料 3	肥料 4	肥料 1	肥料 2	肥料 3	肥料 4
田 1	80.5	90.1	87.0	88.0	79.1	87.0	82.6	81.5	85.4	92.3	92.0	89.3
田 2	87.0	83.4	89.1	90.3	77.6	82.0	81.4	87.9	89.2	90.1	90.2	93.6
田 3	86.1	82.4	91.0	86.1	84.1	80.6	89.0	80.4	90.0	88.1	87.2	90.8
田 4	82.1	84.9	84.4	83.1	83.3	79.5	86.3	83.1	83.4	85.3	94.3	87.6
田 5	79.3	87.1	92.2	90.8	76.6	86.2	84.0	87.4	87.1	86.3	88.4	93.7
田 6	84.2	89.3	85.3	84.7	81.0	84.1	88.1	85.0	82.3	92.9	95.1	82.9

为了检验零假设：

H_0：肥料不同不会引起产量中位数的差异

记第 i_2 块地上用肥料 i_1 和种子 i_3 观测到的产量为 $x_{i_1i_2i_3}$。例如，x_{213} 表示第 1 块地上使用肥料 2 和种子 3 后观测到的产量，从上表中可查到为 92.3，然后将 x_{213} 与 x_{113}，x_{213}，x_{313}，x_{413} 的中位数相比较，后面的 4 个数代表了在其他因素等同条件下，施不同的肥料得到的产量（H_0 施肥差异对产量没有影响）。因此，x_{213} 是同 85.4，92.3，92.0，89.3 的中位数

$$\left(\frac{1}{2}\right)(89.3+92.0)=90.65$$

进行比较，如果 x_{231} 大于 90.65，在表中用 1 代替，否则用 0 代替。

类似地，每个 $x_{i_1i_2i_3}$ 与 $x_{1i_2i_3}$，$x_{2i_2i_3}$，…，$x_{ci_2i_3}$ 的中位数而相比较，然后根据它们是否超过各自的中位数分别记为 1 或 0，结果如表 4 − 23 所示。

表 4 − 23

试验田	种子 1				种子 2				种子 3			
	肥料 1	肥料 2	肥料 3	肥料 4	肥料 1	肥料 2	肥料 3	肥料 4	肥料 1	肥料 2	肥料 3	肥料 4
田 1	0	1	0	1	0	1	1	0	0	1	1	0
田 2	0	0	1	1	0	1	0	1	0	0	1	1
田 3	0	0	1	0	1	0	1	0	1	0	0	1
田 4	0	1	1	0	1	0	1	0	0	0	1	1
田 5	0	0	1	1	0	1	0	1	0	0	1	1
田 6	0	1	1	0	0	0	1	1	0	1	1	0

记 O_j 为使用肥料 j 且得到的产量超过各自中位数的土地块数，即为上表在施肥料 j

条件下得到“1”的总数，表 4－24 给出了所有的 O_j，$j=1, 2, \cdots, c$。

表 4－24

肥料	1	2	3	4	总和
$O_j=1$ 的数目	3	8	14	10	$a=35$
$O_j=0$ 的数目	15	10	4	8	$b=37$
总和	$n_1=18$	$n_2=18$	$n_3=18$	$n_4=18$	$N=72$

可将通常的中位数检验用于此表。由（4－31）式，我们得到：

$$T=\frac{(144+4+100+4)}{18}=14.0 \tag{4-34}$$

将 T 与 $\chi^2_{0.95}(3)$（自由度为 $c-1=3$ 的 χ^2 随机变量的 0.95 分位数）相比较，由 qchisq( ) 函数知 $x^2_{0.95}(3)=7.815$，由于 $T>7.815$，所以应拒绝 H_0，相应的 p 值大约为 0.004。

4.1.4 相依性度量

列联表可以方便地检验数据是否具有某种内在的相依性。通过列联表，可以揭示一种特殊类型的相依：行—列相依。若不同的行代表从不同总体中抽取的样本，不同的列代表同一样本中数据不同的分类，则一个行—列相依与所抽取样本总体上不同类中的概率函数同义。类似地，如果某个随机样本中的观测根据两个不同准则被归入行与列中，正如本章中到目前为止我们所做的，代替检验假设，我们仅希望表达一个给定列联表所示的相依度。当然，我们更愿意以一种简单的形式，把由列联表表现出的精确相依度以易于传授给他人的形式来表示。

与第 1 种方法一样，我们可用上节的检验统计量

$$T=\sum_{i=1}^{r}\sum_{j=1}^{c}\frac{(O_{ij}-E_{ij})^2}{E_{ij}} \tag{4-35}$$

作为相依性的度量，一般来说，“如果它对相依性检验足够好，那么对相依性的度量也就足够好。”T 的使用似乎满足我们所考虑的便捷，然而，为了将相依度传授给其他人，应标明 T 的自由度，这是因为没有自由度就不可能告诉别人 T 值所揭示的相依度。即使知道自由度，为了解释 T，非专业人士也必须借助于 χ^2 表。

【例 4.9】例 4.4 中的列联表如表 4－25 所示。

表 4－25

	0～275	276～350	351～425	426～500	总和
私立中学	6	14	17	9	46
公立中学	30	32	17	3	82
总和	36	46	34	12	128

计算得本列联表的 T 为 17.3，现在 17.3 近似为 $\chi^2_{0.999}(3)$，所以

p 值 $=0.001$

如此小的 p 值说明数据强烈不“同意”行分类（学校类型）与列分类（测验分数）独立的零假设，但是它并不能度量相关水平。

1. Cramér 关联系数

一种易于解释的相依性度量方法就是修改（4－35）式中的 T，使得结果不像 T 那样太多地依赖于自由度。一种修改是用 T 除以可能的最大 T 值，目前我们知道大值 T 来自格子计数显著不平衡的列联表，通过检测极端不平衡的列联表（假设样本容量为 N，给定 r 行 c 列），我们由基本试验和误差发现，当每行每列中除了一个格子里的数外其余全为0（如果 $r=c$，一些行或列全为0）时，T 最大，即有 T 在表4－26的列联表中找到最大值。

表 4－26

	列1	列2	列3	列4	列5	总和
行1	3	0	0	0	0	3
行2	0	3	0	0	0	3
行3	0	0	3	0	0	3
总和	3	3	3	0	0	9

在定义了0/0＝0或等价地忽略行或列全为零的格子后，此表中 $T=18$。

一般情况下，T 的最大值为 $N(q-1)$，这里 q 为 r，c 中较小的一个，N 为观测总数。T 除以最大数后为：

$$R_1=\frac{T}{N(q-1)} \tag{4-36}$$

其中 q 为 r，c 中较小者。若列联表中指明一个强行—列相依性时，则 R_1 接近于1.0，若列联表中每行中的列数相互有相同的比例，且这个比例与列总和间的相互比例相同，则 R_2 接近于0。这种度量是 Cramér 系数，很多现代的计算包，比如 SAS 和 StatXact 都可以计算。

$$\text{Cramér 系数}=\sqrt{\frac{T}{N(q-1)}} \tag{4-37}$$

这也是目前度量 $r\times c$ 列联表相依性使用最广泛的方法。

【例4.10】在上例4×26列联表中，$T=17.3$，因为 $N=128$ 和 $q=2$，我们由（4－36）式，得到

$$R_1=\frac{T}{N(q-1)}=\frac{17.3}{128}=0.135$$

Cramér 系数为 $\sqrt{0.135}=0.368$。

像所有好的相依性度量一样，Cramér 系数是“尺度不变”的，即如果试验数值的尺度变大，比如例4.9中将学生人数扩大到10倍，只要所有观测值变化一致，则相依性的度量就不会改变。如果10倍多的学生参与测试，则每格中的观测结果也扩大10倍，相应的列联表结果如表4－27所示。

表 4－27

	0~275	276~350	351~425	426~500	总和
私立中学	60	140	170	90	460
公立中学	300	320	170	30	820
总和	360	460	340	120	1280

检验统计量 T 也扩大 10 倍，为 173，但 Cramér 系数仍为 0.368。这是因为较小尺度试验的相依度同较大尺度试验的相依度相同。

2. Pearson 关联系数

除 Cramér 系数外，另外两种关联系数有时也用到。第一种是 Pearson 均方关联系数（Pearson's coefficient of mean square contingency），它由 Yule 和 Kendall（1950）给出，定义为：

$$R_2=\sqrt{\frac{T}{N+T}} \tag{4-38}$$

我们已说明 T 最大值为 $N(q-1)$，所以 R_2 的最大值为：

$$R_2(\max)=\sqrt{\frac{N(q-1)}{N+N(q-1)}}=\sqrt{\frac{q-1}{q}} \tag{4-39}$$

在很多情形下，它接近于 1，T 的最小值可能为 0，所以

$$0\leqslant R_2\leqslant\sqrt{\frac{q-1}{q}}<1.0 \tag{4-40}$$

McNemar（1946）和 Siegel（1956）也称 R_2 为关联系数（contingent coefficient）。

在前面两例的列联表中，我们可得 $T=17.8$ 和 $N=128$，所以

$$R_2=\sqrt{\frac{T}{N+T}}+\sqrt{\frac{17.3}{128+17.3}}=0.345$$

3. Pearson 均方关联系数

我们给出第三种相依性度量 R_3，它也具有 Pearson 关联系数的特点（见 Cramér，1946），也被 Yule 和 Kendall（1950）称为 Pearson 均方关联系数（mean-square contingent coefficient）。R_3 的定义如下：

$$R_3=\sqrt{\frac{T}{N}} \tag{4-41}$$

由上述讨论，我们得到：

$$0\leqslant R_3\leqslant q-1$$

为了正确解释由 R_3 得到的相依度，我们需要知道 r，c 的知识。

【例 4.11】用前例中的列联表，我们得到

$$R_3=\sqrt{\frac{17.3}{128}}=0.135$$

最后，简单提一下 TschuProw 系数（TschuProw's coefficient），它由 Yule 和 Kendall

(1950) 提出，形式如下：

$$R_4 = \sqrt{\frac{T}{N(r-1)(c-1)}} \tag{4-42}$$

相依性度量方法的选择很大程度上取决于个人决定，最初的动机来自于传统习惯，而不是统计上的考虑。进一步的讨论见 Stuart (1953)。

2 ×2 列联表如表 4 –28 所示。

表 4 –28

	列 1	列 2	总和
行 1	a	b	r_1
行 2	c	d	r_2
总和	c_1	c_2	N

前面的度量可以简化一些。从例 4.5，我们知道 T 可写成：

$$T = \frac{N(ad-bc)^2}{r_1 r_2 c_1 c_2} \tag{4-43}$$

因此 R_3，R_1（因为 $q=2$）简化为

$$R_1 = R_3 = \frac{T}{N} = \frac{(ad-bc)^2}{r_1 r_2 c_1 c_2} \tag{4-44}$$

Cramér 系数变为

$$\sqrt{R_1} = \sqrt{\frac{T}{N(q-1)}} = \sqrt{\frac{(ad-bc)^2}{r_1 r_2 c_1 c_2}} \tag{4-45}$$

R_2 可写为

$$R_2 = \frac{T}{N+T} = \frac{(ad-bc)^2}{r_1 r_2 c_1 c_2 + (ad-bc)^2} \tag{4-46}$$

不同于 $r \times c$ 列联表，在一个 2 ×2 列联表中，有时区分正关联与负关联是有意义的，如当分类的两个标准有对应的类型时。

【例 4.12】根据母亲的头发和父亲的头发是否为黑色或金色将 40 个孩子分类，根据 $ad-bc$ 是正或负，则结果可能表现出正关联（正相关）或负关联（负相关），见表 4 –29 和表 4 –30。

表 4 –29

母亲	父亲		
	黑色	金色	总和
黑色	28	0	28
金色	5	7	12
总和	33	7	40

表 4－30

母亲	父亲		
	黑色	金色	总和
黑色	21	7	28
金色	12	0	12
总和	33	7	40

无关联（零相关）的情形如表 4－31 所示。

表 4－31

母亲	父亲		
	黑色	金色	总和
黑色	23	5	28
金色	10	2	12
总和	33	7	40

4. Phi 系数

如果要找到关联的类型（正、负或零相关），必须注意建立列联表使得 a 和 d 能代表相似分类（黑色—黑色，金色—金色）数，而 b 和 c 能代表相异分类（黑色—金色，金色—黑色）数。一种保留方向关联类型的度量是 Phi 系数（Phi coefficient），由下式给出：

$$R_5 = \frac{\sqrt{ad - bc}}{\sqrt{r_1 r_2 c_1 c_2}} \tag{4-47}$$

它的范围为 -1 到 $+1$，其中 -1 表示所有对象都被归入到“相异”类中（$a = d = 0$），而 $+1$ 表示所有对象都被归入到“相似”类中（$b = c = 0$）。其实 Phi 系数只不过是保留了符号（即 $ad - bc$ 的符号）的 Cramér 系数［见（4－46）式］。Phi 系数方法被广泛采用的一个原因是，它是 Pearson 乘积矩相关系数（见下章）的特殊情形，它是用数来代表类进行计算的。注意，在 2×2 列联表分析中使用的检验统计量 T_1 与 Phi 系数间有着紧密关系，（4－1）式表明 Phi 系数等于 $T_1/\sqrt{N}$。

【例 4.13】对例 4.12 中的第 1 个表，我们有

$a = 28 \quad r_1 = 28 \quad b = 0 \quad r_1 = 28$

$c = 5 \quad c_1 = 33 \quad d = 7 \quad c_2 = 7$

所以，R_5 可如下计算：

$$R_5 = \frac{ad - bc}{\sqrt{r_1 r_2 c_1 c_2}} = \frac{(28)(7) - 0}{\sqrt{(28)(12)(33)(7)}} = 0.703 \tag{4-48}$$

对例 4.12 中的第 2 个表，计算 R_5 为

$$R_5 = \frac{(21)(0) - (7)(12)}{\sqrt{(28)(12)(33)(7)}} = -0.302 \tag{4-49}$$

它反映了头发类型的负关联。

其他 2×2 列联表的关联性度量方法还包括由 Yule 和 Kendall（1950）提出的

$$R_6 = \frac{ad - bc}{ad + bc} \tag{4-50}$$

与 Ives 和 Gibbons（1967）提出的

$$R_7 = \frac{(a+d) - (b+c)}{a+d+b+c} \tag{4-51}$$

可定义的关联度量方法有许多种，选择何种系数取决于个人偏好。

有时我们面临这样的问题：我们如何用 R_1（或 R_2，R_3 等）作为检验统计量来检验具有独立性的零假设？答案是：用 4.1.2 节中的检验更容易且更有效。

系数

$$R_1 = \frac{T}{N(q-1)}$$

$$R_2 = \sqrt{\frac{T}{N+1}}$$

$$R_3 = \frac{T}{N}$$

$$R_4 = \sqrt{\frac{T}{N\sqrt{(r-1)(c-1)}}}$$

同 Cramér 系数一样，当 T "太大" 时，它们也会 "太大"，原因是它们随着 T 的增减而增减。在 4.1.2 节的检验中，我们用 T 作为检验统计量，当 T 显著时，可以推出 R 显著。

基于 Phi 系数 R_5 的单边检验对 2×2 列联表是合适的，原因是它们有如下关系：

$$R_5 = \frac{T_1}{\sqrt{N}} \tag{4-52}$$

这里的 T_1 由（4-1）式所给出，且 T_1 是渐近正态的，因此 $\sqrt{N} \cdot R_5$ 也是渐近正态的。所以若 $\sqrt{N} \cdot R_5$ 太大（对于水平 α，即 $\sqrt{N} \cdot R_5$ 超过了 $z_{1-\alpha}$），就应拒绝零假设

H_0：不存在正相关

若 $\sqrt{N} \cdot R_5$ 太小（对于水平 α，即 $\sqrt{N} \cdot R_5$ 小于 z_α），就应拒绝零假设

H_0：不存在负相关

这与 4.1.1 节中所描述的基于 T_1 的检验完全相同。

其他几种基于两准则分类得到变量间的相依性的度量方法可参考 Goodman 和 Kruskal（1954，1959，1963）的经典文章。Davis（1967）介绍了偏系数方法。

4.2 高维列联表及应用

多项分布对数线性模型把列联表问题和线性模型联系起来，可以很方便地利用许多已知的线性模型的理论和方法。列联表或对数线性模型的内容十分丰富，但大部分超出了本书范围（可参见张尧庭，1991；Bishop et al.，1975；McCullagh&Nelder，1989；Rao&Toutenburg，1995；Fienberg，1980 等）。这里仅仅引进对数线性模型的概率，而且仅考虑和独立性问题有关的检验。

1. 处理三维表的对数线性模型

假定列联表的三个变量 X_1，X_2 和 X_3，它们分别有 I，J 和 K 个水平，列联表的第(i,j,k)个格子上的频数是 n_{ijk}，其中 $i=1,2,\cdots,I$，$j=1,2,\cdots,J$，$k=1,2,\cdots,K$（本小节其余部分出现 i，j 和 k 也有这样的值域）。采用下面的记号：记 $n_{.jk}=\sum_{i=1}^{I}n_{ijk}$，$n_{..k}=\sum_{j=1}^{J}n_{.jk}$等。

定义期望频数 $m_{ijk}=E(n_{ijk})$，则 $p_{ijk}=m_{ijk}/n_{...}$。采用类似的记号：记 $m_{.jk}=\sum_{i=1}^{I}m_{ijk}$，$m_{..k}=\sum_{j=1}^{J}m_{.jk}$等，以及 $p_{.jk}=\sum_{i=1}^{I}p_{ijk}$，$p_{..k}=\sum_{j=1}^{J}p_{.jk}$等。

定义长度为 IJK 的向量 n，它的第（$i\times I+j\times J+k$）个元素为 n_{ijk}。同样定义向量 m 和 n，它们的第（$i\times I+j\times J+k$）个元素分别为 m_{ijk}和 p_{ijk}。

考虑固定样本容量 $n_{...}$的完全随机抽样，在总体很大的情况下，这 $n_{...}$个观测值之一落入第(i,j,k)个格子的概率应等于 p_{ijk}。那么 $n\sim M(n_{...},m/n_{...})$［其中 M（N，π）表示参数为 N 和 π 的多项分布，N 是样本总量，π 的元素之和等于 1］，参数 m 的参数空间 Θ 是

$$m_{ijk}\{m \mid 1^{T}m=n_{...},\ m\in(R^{+})^{IJK}\} \tag{4-53}$$

有了数据以后，就可以对参数 m_{ijk}进行推断。

考虑假设检验问题：零假设 H_0 是 $m_{ijk}m_{...}=m_{ijk}m_{.j.}$，这等价于 $p_{ijk}=p_{i.k}p_{.j.}$，也就是说 X_2 和（X_1，X_3）独立。记原假设下，m 的参数空间为

$$\Theta=\{m \mid 1^{T}m=n_{...},\ m\in(R^{+})^{IJK},\ m_{ijk}m_{...}=m_{ijk}m_{.j.}\}$$

备择假设 H_1 是 $m\in\Theta-\Theta_0$，定义 $\mu=\log m$，在 $m\in\Theta$ 的情况下，有

$$\mu_{ijk}=\lambda+\lambda_i^{(1)}+\lambda_j^{(2)}+\lambda_k^{(3)}+\lambda_{ij}^{(12)}+\lambda_{jk}^{(23)}+\lambda_{ik}^{(13)}+\lambda_{ijk}^{(123)} \tag{4-54}$$

显然，（4-54）式中的系数不能唯一确定，也就是说，这些系数不可估计。为了得到具体的数值结果，必须对 β 作某种约束。有很多约束方法。例如，选定下面的约束

$$\begin{cases}\sum_{i=1}^{I}\lambda_i^{(1)}=\sum_{i=1}^{I}\lambda_{ij}^{(12)}=\sum_{i=1}^{I}\lambda_{ik}^{(13)}=\sum_{i=1}^{I}\lambda_{ijk}^{(123)}\\ \sum_{j=1}^{J}\lambda_j^{(2)}=\sum_{j=1}^{J}\lambda_{ij}^{(12)}=\sum_{j=1}^{J}\lambda_{jk}^{(23)}=\sum_{j=1}^{J}\lambda_{ijk}^{(123)}\\ \sum_{k=1}^{K}\lambda_k^{(3)}=\sum_{k=1}^{K}\lambda_{ik}^{(13)}=\sum_{k=1}^{K}\lambda_{jk}^{(23)}=\sum_{k=1}^{K}\lambda_{ijk}^{(123)}\end{cases} \tag{4-55}$$

就可以计算这些系数［换言之，在（4-55）式的条件下，（4-54）式的模型定义了一个 1-1 映射］。

在零假设成立的条件下，（4-54）式退化成

$$\mu_{ijk}=\lambda+\lambda_i^{(1)}+\lambda_j^{(2)}+\lambda_k^{(3)}+\lambda_{ik}^{(13)}$$

对其系数作适当的约束，也可以计算出这些值（计算机软件的输出）。

注意：对不同的约束，计算出来的系数的值也不同，这也是它们被称为不可估的原因。但是，在不同的约束下，这些变量水平的一些线性组合是保持不变的，即称它们是可以估计的。

表 4-32 给出了在不同假设检验条件下，对应的对数线性模型。

表 4-32

类型	编号	记号	相应模型	统计意义
1	8	(X_1，X_2，X_3)	$\mu_{ijk}=\lambda+\lambda_i^{(1)}+\lambda_j^{(2)}+\lambda_k^{(3)}$	X_1，X_2，X_3 相互独立
2	7	(X_3，X_1X_2)	$\mu_{ijk}=\lambda+\lambda_i^{(1)}+\lambda_j^{(2)}+\lambda_k^{(3)}+\lambda_{ij}^{(12)}$	(X_1，X_2)，X_3 相互独立
	6	(X_2，X_1X_3)	$\mu_{ijk}=\lambda+\lambda_i^{(1)}+\lambda_j^{(2)}+\lambda_k^{(3)}+\lambda_{ik}^{(13)}$	(X_1，X_3)，X_2 相互独立
	5	(X_1，X_2X_3)	$\mu_{ijk}=\lambda+\lambda_i^{(1)}+\lambda_j^{(2)}+\lambda_k^{(3)}+\lambda_{jk}^{(23)}$	(X_2，X_3)，X_1 相互独立

（续上表）

类型	编号	记号	相应模型	统计意义
3	4	(X_1X_3, X_2X_3)	$\lambda_{ij}^{(12)}=0, \lambda_{ijk}^{(123)}=0$	给定 X_3，X_1，X_2 相互独立
	3	(X_1X_2, X_2X_3)	$\lambda_{ik}^{(13)}=0, \lambda_{ijk}^{(123)}=0$	给定 X_2，X_1，X_3 相互独立
	2	(X_1X_2, X_1X_3)	$\lambda_{jk}^{(23)}=0, \lambda_{ijk}^{(123)}=0$	给定 X_1，X_2，X_3 相互独立
4	1	(X_1X_2, X_2X_3, X_1X_3)	$\lambda_{ijk}^{(123)}=0$	各种优比分类取相同的值

表中的模型统计意义是根据前面的模型对应的假设检验问题而来的。

上面的模型被称作层次（hierachical）对数线性模型，因为模型中只要有交互效应项，例如，$\lambda_{jk}^{(23)}$，那么一定会有 $\lambda_j^{(2)}$，$\lambda_k^{(3)}$，而（4-54）式定义的模型被称作饱和模型（saturate model），它的自由参数的个数等于列联表格子的数目，它的自由参数的数目不能再增加了。

2. 假设检验和模型的选择

有了某个模型下的 $\hat{m}$，通常选用 Pearson 统计量 $X^2=\sum\frac{(n_{ijk}-\hat{m}_{ijk})^2}{\hat{m}_{ijk}}$和似然比统计量 $G^2=-2\sum n_{ijk}\log\left(\frac{\hat{m}_{ijk}}{n_{ijk}}\right)\chi^2$ 来判断是否拒绝这个模型，或者其对应的零假设。

一般情况下，可能同时有多个模型不能被拒绝，可以用两个方法来选择模型。

其一为进行检验：如果一个模型包含另一个模型，例如上表中编号为 4 的模型就包含编号为 7 的模型（或 7 为 4 的特例），我们建立零假设："模型 7 和模型 4 没有区别"。这时检验统计量可为模型 4 和模型 7 的 G^2 之差，这个差在模型 7 成立的条件下服从χ^2 分布，该分布的自由度为模型 7 和模型 4 的自由度之差。如果该检验显著，就认为两个模型有差异，较大的模型 4 可能更为适合；如果不显著，则两个模型类似，选择简单的模型 7。这可以通过编写简单的 R 语言软件程序来实现，感兴趣的读者请自己实践。

其二为利用 AIC：如果两个模型的参数空间没有互相包含的关系，那么可以通过 AIC 等来选择模型，或者两个模型都不拒绝。

案例分析

在关于一项议案的调查中，得到如表 4-33 所示的列联表。

表 4-33

态度（X）	支持		反对		不知道	
工种（Y）	蓝领	白领	蓝领	白领	蓝领	白领
性别（Z）						
男	60	50	95	40	34	45
女	80	45	105	41	44	53

请检验哪些因素和态度有关，是否有的因素和态度无关？

表 4-34 是就某些独立性问题所作的检验结果。

表 4-34

模型记号	df	PearsonQ	p 值	LRIT	p 值	结论
(X, Y, Z)	7	35.407 69	9.3741e-06	35.566 38	8.7508e-06	X, Y, Z 不独立
(XY, Z)	5	2.781 315 7	0.733 656 2	2.782 574	0.733 463	(X, Y) 和 Z 独立
(X, YZ)	5	35.092 25	1.4421e-06	35.133 01	1.4154e-06	X 和 (Y, Z) 不独立
(XZ, Y)	6	34.66 284	5.0085e-06	34.473 94	5.4482e-06	Y 和 (X, Z) 不独立
(XY, XZ)	4	1.689 298 4	0.792 660 7	1.690 140	0.792 508	给定 X, Y 和 Z 独立
(XY, YZ)	3	2.348 767 3	0.503 242 8	2.349 206	0.503 160	给定 Y, X 和 Z 独立
(XZ, YZ)	4	34.040 99	7.3090e-07	34.040 57	7.3104e-07	给定 Z, X 和 Y 不独立

由表 4-34 可以看出，无法拒绝性别（Z）和其他两因素（XY）的独立性，但是工种类型（X）和对议案的态度（Y）之间又是有交互作用（不独立）的。也就是说，不同的工种对议案的态度是不同的，而性别与对议案的态度是无关的。

表 4-35 给出了与前面各种模型的检验对应的 R 语句。

表 4-35

模型记号	可作的检验	R 语句
(X, Y, Z)	X, Y, Z 互相独立	loglin(zt,list(1,2,3))
(XY, Z)	(X, Y) 与 Z 独立	loglin(zt,list(1:2,3))
(X, YZ)	X 与 (Y, Z) 独立	loglin(zt,list(1,2:3))
(XZ, Y)	(X, Z) 与 Y 独立	loglin(zt,list(2,c(1,3)))
(XY, XZ)	给定 X 时 Y 与 Z 独立	loglin(zt,list(1:2,c(1,3)))
(XY, YZ)	给定 Y 时 X 与 Z 独立	loglin(zt,list(1:2,2:3))
(XZ, YZ)	给定 Z 时 X 与 Y 独立	loglin(zt,list(c(1,3),2:3))

复习题

1. 60 个学生被平均分到两个班级（每班 30 人）中学习如何编写计算机程序。一个班级采用传统的学习方法，另一个班级采用试验性的新方法。在课程结束后，每个学生都参与编程测试，程序要么正确，要么错误，结果如表 4-36 所示。

表 4-36

	正确程序	错误程序
传统班	23	7
试验班	27	3

有理由相信试验性方法优于传统方法吗？或者前面的差异可能是因为偶然的波动吗？

2. 列联表可以用来描述度量尺度高于名义尺度的数据。例如，一组20个观测样本随机抽自美国公民毕业生，他们的平均等级分数如下：

3.42 3.54 3.21 3.63 3.22 3.80 3.70 3.20 3.75 3.31

3.86 4.00 2.86 2.92 3.59 2.91 3.77 2.70 3.06 3.30

另外一组20个观测样本随机抽自非美国公民毕业生，他们的平均等级分数如下：

3.50 4.00 3.43 3.85 3.84 3.21 3.58 3.94 3.48 3.76

3.87 2.93 4.00 3.37 3.72 4.00 3.06 3.92 3.72 3.91

检验零假设：美国公民毕业生平均等级分数为3.50或更高的毕业生的比例与非美国公民毕业生的比例一样。

3. 怀疑工作中长期接触麻醉剂氧化氮是使怀孕护士和助理牙医流产的原因。表4-37的数据来自3组不同的怀孕女性，它记录了流产和足月分娩的人数。

表4-37

	牙医助理		手术室护士		门诊护士	
	流产	足月	流产	足月	流产	足月
曝光	8	32	3	18	0	7
非曝光	26	210	3	21	10	75

（1）用 T_4 检验这个论断，求 p 时用连续修正。

（2）用 T_5 来检验流产不受氧化氮影响的假设，比较（1），（2）的 p。

（3）这个案例中用 T_4 或 T_5，哪个分析更合理？

4. （1）一所大学去年接到21位男性和63位女性的求职信，结果聘用了10位男性与14位女性，比例分别为48%和22%。这所大学聘用男性的概率是否比聘用女性的概率更大（用Fisher精确检验）？

（2）学院详细分类的数据如表4-38所示。

表4-38

申请者	教育学院		工程学院		管理学院	
	被聘	被拒	被聘	被拒	被聘	被拒
男性	2	8	3	3	5	0
女性	12	48	1	1	1	0

这所大学聘用男性的概率是否比聘用女性的概率更大（用Mantel-Haenszel检验）？

5. 检验下边的观测是否表明所观测的两个变量之间是独立的，用这一章的哪个检验？

(3.6, 13), (4.7, 19), (1.4, 9), (5.5, 15), (4.8, 27), (4.3, 14),
(3.0, 6), (4.2, 11), (6.0, 24), (6.8, 26), (4.1, 18), (3.2, 9),
(4.0, 8), (1.9, 6), (0.4, 7), (4.9, 14), (5.6, 18), (5.6, 20)

6. 三位教授讲授统计学导论的大班课（见表 4－39）。在学期末，通过比较成绩来看他们的方式是否有显著的差别。

表 4－39

教授	成绩						
	A	B	C	D	F	WP	WF
Smith	12	45	49	6	13	18	2
Jones	10	32	43	18	4	12	6
White	15	19	32	20	6	9	7

这些有显著差别吗？你用的是哪种检验？教授和教授所给出的分数有显著不同吗？结果怎么解释？

7. 从一个空气严重污染的工业城市某观测点测得的臭氧数据如下（单位：毫克/立方米）：

7.5 6.1 10.7 9.2 13.8 12.8 15.7 11.8 15.2 9.5 10.2 10.6
11.7 9.2 11.6 8.5 12.9 10.0 11.5 8.3 12.1 12.1 17.4 6.0
7.5 11.6 15.3 2.6 11.6 4.8

能否表明臭氧分布为正态分布？利用 Kolmogorov 和 Lilliefors 方法来检验。

8. 将 30 个毕业生的随机样本依据学院和宗教信仰分类如表，4－40 所示，学院和宗教信仰有关系吗？

表 4－40

艺术和科学学院	商学院	工学院	其他学院
天主教	新教	天主教	新教
天主教	天主教	新教	天主教
犹太教	犹太教	新教	天主教
天主教	犹太教	新教	其他
新教	新教	其他	天主教
新教	新教	其他	
其他	其他	天主教	
新教	犹太教		
其他	其他		

9. 随机地将 100 名入伍新兵分配给海军训练新兵营的 4 位军士来训练，训练将结束时，84 名新兵留了下来，他们障碍课程的成绩如表 4－41 所示。

表 4 - 41

军士	新兵数	成绩超过中位数的士兵人数
Adams	20	11
Baker	22	8
Callahan	20	8
Davis	22	15

4 位军士的训练结果是否有显著差异?

10. 关于儿童在医院喜欢何种衣着和性别的医务人员，不同性别的 99 名儿童作了选择，结果列在表 4 - 42 中。

表 4 - 42

	女护士		男护士	
	花衣	白衣	花衣	白衣
女童	36	12	25	1
男童	8	4	13	0

检验三个变量之间哪些是独立的。

11. 某家电企业为出口产品而用不同的语言为各地顾客提供说明书。它为葡萄牙和巴西顾客用葡萄牙文，为德国和瑞士顾客用德文，为英国和美国顾客用英文。但是人们认为巴西的葡萄牙文和葡萄牙本土的语言习惯不尽相同，美国英语和英国英语也很有区别，瑞士人学的是德国德语但口语大不一样。到底是否应对这些讲“同样”语言的国家用不同的说明书呢？该公司进行了问卷调查，对其说明书的评价按国别列于表 4 - 43 中。

表 4 - 43

顾客所属国家	对说明书的评价		
	很好	可以	很不好
葡萄牙	20	35	23
巴西	34	40	5
德国	21	34	10
瑞士	27	25	13
英国	45	34	30
美国	17	38	20

对评价和国别的独立性进行检验。并对说“同样”语言的国家的评价的 3 个 2×3 列联表分别作检验。你的结论是什么？在对 2×3 列联表作检验时，比较 χ^2 卡方检验和 Fisher 精确检验的结果。

5 Kolmogorov-Smirnov 型统计量与分布检验

在第一章中，我们介绍了经验分布函数，它是基于随机样本的函数，并且是可用来估计总体的分布函数。如果我们想看两组或多组样本是否来自同一未知分布，很自然，可以比较它们的经验分布函数，看它们是否有相似之处。确切地说，需要一个衡量两个或多个分布间差异的度量。Kolmogorov 和 Smirnov 提出和发展了用函数间的最大垂直距离作为分布相似性的一种度量的统计方法。

5.1 Kolmogorov 单样本分布检验

本章中我们先讲述 Kolmogorov（1933）提出的一种拟合优度检验。这个检验可能是本章中最有用的检验，一部分原因是，它提供给我们一种替代对名义变量型数据所使用的拟合优度检验的方法，使它可以用于顺序类型的数据。另一部分原因是，Kolmogorov 检验统计量使我们能够构造一个对于未知分布函数的"置信界"，这一点我们将在本节中解释。

检验拟合优度通常是考察一个来自某个未知分布的随机样本，检验其未知分布函数是否符合零假设为某个已知而具体的分布。即零假设具体指明了某个分布，$F^*(x)$可能是如图 5－1 所示的分布函数，也可能是一个可以画出其图象的数学函数。通过某种方式将一组来自某个总体的随机样本 X_1，X_2，…，X_n 与 $F^*(x)$作比较，以判断 $F^*(x)$为这组样本的真实分布是否合理。

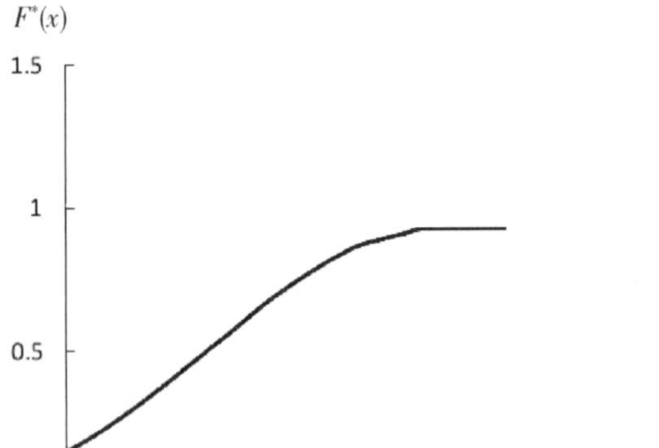

图 5－1 假设的分布函数

一个符合逻辑的办法就是，把随机样本的经验分布函数 $S(x)$与 $F^*(x)$作比较。由经验分布函数的定义可知，对任一 $x(-\infty<x<\infty)$，经验分布函数是 $X_i(i=1, 2, \cdots, n)$中小于或等于 x 的比例。我们知道，经验分布函数 $S(x)$是 X_i 的未知分布的一个很有用的估计，所以我们可以把 $S(x)$与所假设的分布函数 $F^*(x)$作比较，看它们是否吻合，如果

它们不能很好地吻合，我们可以拒绝零假设，并得出结论：此未知真实的分布函数 $F(x)$，不是由零假设 $F^*(x)$ 给定的。

但是，我们能使用什么类型的检验统计量作为 $S(x)$ 与 $F^*(x)$ 之间差异的度量呢？可想而知，一个简单的度量就是用 $S(x)$ 与 $F^*(x)$ 在垂直方向上的最大距离，这是由 Kolmogorov(1933)提出的统计量。比如，一组容量为 5 的样本抽自某个总体，把它的经验分布函数与 $F^*(x)$ 画在一起，如图 5－2 所示。若 $S(x)$ 与 $F^*(x)$ 给定，那么两者之间的最大垂直距离出现在 $S(x)$ 的第三阶以前。这个距离在图 5－2 中大约为 0.5，因此，在这种情况下，Kolmogorov 统计量 T 就等于 0.5。若 T 值超过正态分布表 3 中所给出的值，则表明拒绝 $F^*(x)$ 作为未知真实分布 $F(x)$ 的合理逼近。

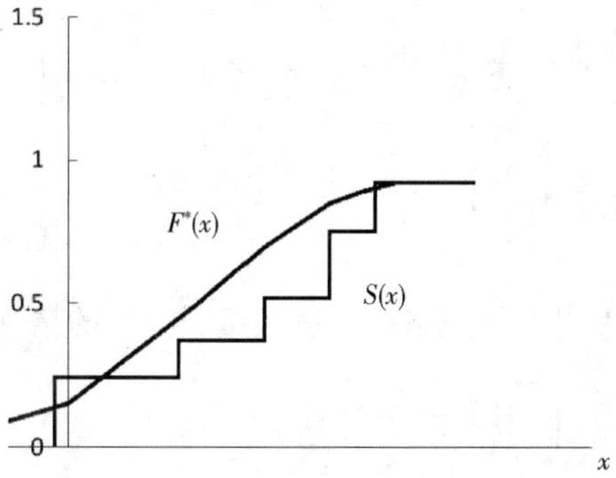

图 5－2　假设的分布函数 $F^*(x)$、经验分布函数以及 Kolmogorov 统计量

在小样本情形下，我们更愿意用 Kolmogorov 检验替代 χ^2 检验来拟合优度，即使在小样本情形下，Kolmogorov 检验也是精确的，而 χ^2 检验则假设样本容量足够大，使得 χ^2 分布是检验统计量分布的一个比较好的近似。哪一种检验更有效通常存在争论，但是在多数情形下，包括顺序型数据，Kolmogorov 检验要优于 χ^2 检验。想了解更多这方面的比较，可参看 Slakter（1965）。

我们把 $S(x)$ 与 $F^*(x)$ 的最大垂直距离函数的统计量称为 Kolmogorov 型统计量，把两个经验分布函数最大垂直距离函数的统计量称为 Smirnov 型统计量。本章仅考虑有分布函数间的垂直方向距离函数的统计量，其分布函数既可以是经验分布函数，也可以是假设的分布函数。

5.1.1　Kolmogorov 拟合优度检验

1. 数据

数据包含容量为 n 的随机样本 X_1，X_2，…，X_n，它来自某个未知分布 $F(x)$。

2. 假定条件

样本是随机样本。

3. 检验统计量

令 $S(x)$ 是基于随机样本 X_1，X_2，…，X_n 的经验分布函数，$F^*(x)$ 是完全已知的假设分布函数。对于下列 3 个不同的检验，检验统计量的定义也有所不同。

（1）双边检验：

设检验统计量 T 为 $S(x)$ 与 $F^*(x)$ 的最大（记为“sup”）垂直距离，用式子表达如下：

$$T=\sup_x |F^*(x)-S(x)| \tag{5-1}$$

它读为“T 等于 $F^*(x)-S(x)$ 的绝对值对所有实数 x 的上确界”。

(2) 单边检验：

记这个检验统计量为 T^+，它等于 $F^*(x)$ 位于 $S(x)$ 上方那部分的最大垂直距离，也就是：

$$T^+=\sup_x [F^*(x)-S(x)] \tag{5-2}$$

这与 T 类似，但要注意的是，这里我们只考虑 $F^*(x)$ 位于 $S(x)$ 上方那部分的最大垂直距离。

(3) 单边检验：

记这个检验统计量为 T^-，它定义为 $S(x)$ 位于 $F^*(x)$ 上方那部分的最大垂直距离，也就是：

$$T^-=\sup_x [S(x)-F^*(x)] \tag{5-3}$$

4. 零分布

设 $F(x)$ 是连续的且零假设是正确的，那么 T^+ 与 T^- 的精确分布为：

$$G(x)=1-x\sum_{j=0}^{[n(1-x)]}\binom{n}{j}\left(1-x-\frac{j}{n}\right)^{n-j}\left(x+\frac{j}{n}\right)^{j-1} \tag{5-4}$$

其中，$[n(1-x)]$ 是小于或等于 $n(1-x)$ 的最大整数，且 T^+ 与 T^- 的分布相同。$\sqrt{n}T^+$ 与 $\sqrt{n}T^-$ 的渐近分布为（当 $n\to\infty$ 时），

$$P(\sqrt{n}T<x)\ \to k(x) \tag{5-5}$$

这里的分布函数 $k(x)$ 有表达式

$$k(x)=\begin{cases}0, & x<0\\ \sum_{j=-\infty}^{+\infty}(-1)^j\exp(-2j^2x^2), & x>0\end{cases} \tag{5-6}$$

当 $n\leqslant 40$ 时，双边检验中 T 精确的分位数以及单边检验中 T^+，T^- 近似的分位数在 Kolmogorov 检验统计量的分位数表中给出。近似的估计用于 $n>40$ 的情况。注意，所有的这些检验都只是右边的。“单边”或“双边”的假设根据个人的研究兴趣而定，检验统计量可以重新定义，使得所有这三种检验都是右边的。

当 $F(x)$ 连续时，Kolmogorov 检验统计量的分位数表是精确的，否则，所有这些分位数导致一个保守的检验（Noether，1967a）。当 $F(x)$ 为离散时，例 5.1 将描述一种用来找精确零分布的方法。

5. 假设

(1) 双边检验：

H_0：$F^*(x)=F(x)$　　对所有 $x\in(-\infty,+\infty)$

H_1：$F^*(x)\neq F(x)$　　至少对某个 x

如果 T 值超过了 Kolmogorov 检验统计量的分位数表中给出的双边检验的 $1-\alpha$ 分位数，则我们以显著水平 α 拒绝 H_0。近似 p 值可通过在 Kolmogorov 检验统计量的分位数表中插值得到，或者利用 2 倍的单边检验的 p 值：

$$单边 p 值 = t\sum_{j=0}^{[n(1-t)]}\binom{n}{j}\left(1-t-\frac{j}{n}\right)^{n-j}\left(t+\frac{j}{n}\right)^{j-1} \quad (5-7)$$

这里的 t 是检验统计量的观测值，且 $[n(1-x)]$ 是小于等于 $n(1-x)$ 的最大整数。

（2）单边检验：

H_0：$F^*(x) \geqslant F(x)$　　对所有 $x \in (-\infty, +\infty)$

H_1：$F^*(x) < F(x)$　　至少对某个 x

如果 T^+ 值超过了 Kolmogorov 检验统计量的分位数表中给出的单边检验的 $1-\alpha$ 分位数，则我们以显著水平 α 拒绝 H_0。近似 p 值可通过在 Kolmogorov 检验统计量的分位数表中插值得到。精确的 p 值可以通过（5－7）式算出。

（3）单边检验：

H_0：$F^*(x) \leqslant F(x)$　　对所有 $x \in (-\infty, +\infty)$

H_1：$F^*(x) > F(x)$　　至少对某个 x

如果 T^- 值超过了 Kolmogorov 检验统计量的分位数表中给出的单边检验的 $1-\alpha$ 分位数，则我们以显著水平 α 拒绝 H_0。近似 p 值可通过在 Kolmogorov 检验统计量的分位数表中插值得到。精确的 p 值可以通过（5－7）式算出。

6. 计算机辅助

用软件 R 语言中的 ks. test( ) 函数计算 Kolmogorov 拟合优度检验。

【例 5. 1】一组容量为 10 的样本如下：

$X_1 = 0.621$，$X_2 = 0.503$，$X_3 = 0.203$，$X_4 = 0.477$，$X_5 = 0.710$，$X_6 = 0.581$，$X_7 = 0.329$，$X_8 = 0.480$，$X_9 = 0.554$，$X_{10} = 0.382$

零假设是样本服从分布函数为均匀分布函数，它的图象如图 5－3 所示。假设的均匀分布函数的数学表达式为：

$$F^*(x)\begin{cases} =0 & 若\ x<0 \\ =x & 若\ 0 \leqslant x < 1 \\ =1 & 若\ x \geqslant 1 \end{cases} \quad (5-8)$$

形式上，假设检验给出如下：

H_0：$F^*(x) = F(x)$　　对所有 $x \in (-\infty, +\infty)$

H_1：$F^*(x) \neq F(x)$　　至少对某个 x

这里，$F(x)$ 是 X_i 的未知分布函数，$F^*(x)$ 由（5－8）式给出。

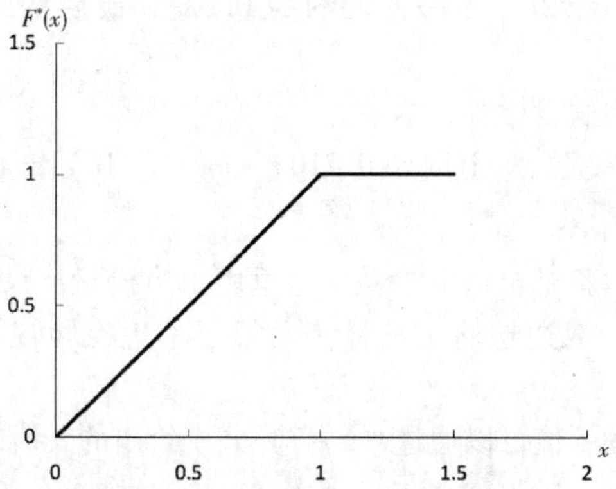

图 5－3　假设的分布函数

用双边 Kolmogorov 拟合优度检验。水平为 $\alpha=0.05$ 的临界域对应着 T 值大于 0.95 分位数 0.409（由不等样本容量 n，m 的两样本 Smirnov 检验统计量的分位数表当 $n=10$ 获得）。由画出的经验分布函数 $S(x)$ 图可知，如图 5－4 所示，T 值在 $S(x)$ 的最高处（即 $x=0.710$ 处）取得的最大垂直距离为 0.290，其中，$S(0.710)=1.000$，$F^*(0.710)=0.710$，也就是

$$T=\sup_x|F^*(x)-S(x)|=|F^*(0.710)-S(0.710)|=0.290$$

因为 $T=0.290$，它小于 0.409，所以接受零假设。从 Kolmogorov 检验统计量的分位数表可看出，p 值大于 0.20。

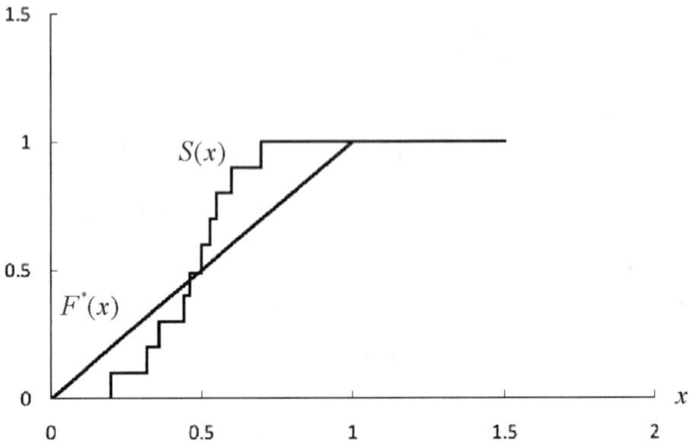

图 5－4　带有 T 值的 $F^*(x)$ 与 $S(x)$ 的图

如果我们想检验零假设

$$H_0:\ F^*(x)\geqslant F(x)\qquad 对所有\ x\in(-\infty,\ +\infty)$$

对单边备择假设

$$H_1:\ F^*(x)<F(x)\qquad 对某个\ x$$

对此，我们用检验统计量 T^+，判断法则为：对于单边检验，如果 T^+ 超过了 0.95 分位数 0.369（由 Kolmogorov 检验统计量的分位数表当 $n=10$ 获得），则我们以 $\alpha=0.05$ 的置信水平拒绝 H_0。在这种情况下，可以计算 T^+ 的值，它在 $S(x)$ 左边的第 2 个跳跃点处取得。

$$T^+=\sup_x[F^*(x)-S(x)]=[F^*(0.3289)-S(0.3289)]=0.3289-0.100=0.2289$$

更确切地说，$T^+=0.228\ 999\cdots$，大约为 0.229，最后的结果是相同的，p 值大于 0.10。

对另一个方向的单边假设检验，结果为

$$T^-=\sup_x[S(x)-F^*(x)]=[S(0.710)-F^*(0.710)]=1.000-0.710=0.290$$

p 值大于 0.10。

对这种情形，双边检验是合适的检验，这里用单边检验，只是为了说明如何来估算检验统计量。一般来说，双边检验统计量 T 总等于单边检验统计量 T^+ 和 T^- 中较大的一个。

双边检验中更精确的 p 值可以通过（5－7）式中给出的 p 值的 2 倍来计算。

$$p\ 值=2(0.29)\sum_{j=0}^{7}\binom{10}{j}\left(0.71-\frac{j}{10}\right)^{10-j}\left(0.2+\frac{j}{10}\right)^{j-1}$$

$=2(0.29)(0.112+0.117+0.101+0.081+0.061+0.040+0.017+0.001)$
$=2(0.29)(0.530)=0.3074$

5.1.2 $F^*(x)$为离散时，一种计算精确p值的方法

如果所假设的分布$F^*(x)$为离散的，且从 Kolmogorov 检验统计量的分位数表中得到的p值不令人满意，那么精确的p值可以通过一个特殊的检验统计量观测值获得。若样本量少于等于5，计算过程可以用手算来完成。若样本量较大，我们推荐用计算机程序，如 StatXact 来计算。对于离散型分布，p值通常是由 Kolmogorov 检验统计量的分位数表所得到近似p值的1/3。

1. 双边检验，设t为检验统计量T的观测值

在接下来的单边检验中，用t代替t^+和t^-也一样可以计算$P(T^+\geqslant t)$和$P(T^-\geqslant t)$。那么，

$$P(T\geqslant t)=P(T^+\geqslant t)+P(T^-\geqslant t) \tag{5-9}$$

在大部分情况下，它是非常接近于真实p值的一个近似，除非当t值很小时，它的值可能比真实的p值大。

2. 单边检验，设t^+为T^+的观测值

第1步：通过直接在$F^*(x)$的图象上画一条纵坐标为$1-t^+-j/n$的水平线来计算概率f_j $[0\leqslant j\leqslant n\ (1-t^+)]$，则有$f_j=1-t^+-j/n$，除非这条水平线与$F^*(x)$的一个跳跃相交，在这种相交的情况下，$f_j$等于相交处$F^*(x)$阶梯底部的高度值。

第2步：通过递归关系$e_0=1$，且

$$e_k=1-\sum_{j=0}^{k-1}\binom{k}{j}f_j^{k-j}e_j \quad k\geqslant 1 \tag{5-10}$$

来计算e_1，e_2，…，对于所有k，使得第1步中的$f_k>0$，这些数有如下形式：

$$e_0=1$$
$$e_1=1-f_0$$
$$e_2=1-f_0^2-2f_1e_1$$
$$e_3=1-f_0^3-3f_1^2e_1-3f_2e_2$$
$$e_4=1-f_0^4-f_1^3e_1-6f_2^2e_2-4f_3e_3$$
$$e_5=1-f_0^5-f_1^4e_1-10f_2^3e_2-10f_3^2e_3-5f_4e_4$$

第3步：计算精确的单边p值

$$P(T^+\geqslant t^+)=\sum_{j=0}^{[n(1-t^+)]}\binom{n}{j}f_j^{n-j}e_j \tag{5-11}$$

其中，f_j，e_j由第1、第2步得到。

3. 单边检验，设t^-为T^-的观测值

第1步：计算概率$c_j[0\leqslant j\leqslant n(1-t^-)]$。在$F^*(x)$的图象上画一条纵坐标为$t^-+j/n$的水平线，则有$c_j=1-t^--j/n$。除非这条水平线与$F^*(x)$的一个跳跃相交，在这种相交的情况下，$c_j$等于1减去相交处$F^*(x)$阶梯顶部的高度值。

第2步：通过递归关系$b_0=1$，且

$$b_k=1-\sum_{j=0}^{k-1}\binom{k}{j}c_j^{k-j}b_j \quad k\geqslant 1 \tag{5-12}$$

来计算 b_1，b_2，…，对于所有 k，使得第 1 步中的 $c_k>0$。这些常数与第 2 部分的 e_k 有相同的形式，只需用 c_j 代替 f_j 即可。

第 3 步：计算精确的单边 p 值

$$P(T^- \geqslant t^-) = \sum_{j=0}^{[n(1-t^-)]} \binom{n}{j} c_j^{n-j} b_j \tag{5-13}$$

其中，c_j，b_j 由第 1、第 2 步得到。

下面的例子将说明，当 $F^*(x)$ 为离散时，如何用这种方法来计算精确的 p 值。

【例 5.2】令 $F^*(x)$ 为离散的均匀分布，当 $x=1$，2，3，4，5 时，有相同的概率 1/5。设有一组样本容量为 10 的抽自某个总体的随机样本（排序如下）：1，1，1，2，2，2，3，3，3，3。零假设 $F^*(x)$ 就是这个总体的分布函数，而 $F^*(x)$ 与 $S(x)$ 的最大距离出现在 $x=3$ 处（如图 5-5 所示），那么双边 Kolmogorov 检验统计量为

$$T = \sup_x |F^*(x) - S(x)| = 0.4 = t \tag{5-14}$$

为了计算 $t=0.4$ 时的 p 值，我们首先计算 $P(T^+ \geqslant 0.4)$ 的概率。

第 1 步：因为 $n(1-t)=10(0.6)=6$，所以需要计算 $f_0 \sim f_5$。纵坐标为 $(1-t)=0.6$ 的水平线与 $F^*(x)$ 在跳跃点 $x=3$ 处相交，所以 f_0 等于水平线的纵坐标，$f_0=0.6$ 对于 $j=1$，水平线 $1-t-0.1=0.5$ 与 $F^*(x)$ 的一个跳跃相交，所以 f_1 等于相交处 $F^*(x)$ 阶梯底部的高度值，即 $f_1=0.4$，同样地，$f_2=0.4$，$f_3=0.2$，$f_4=0.2$，$f_5=0$。

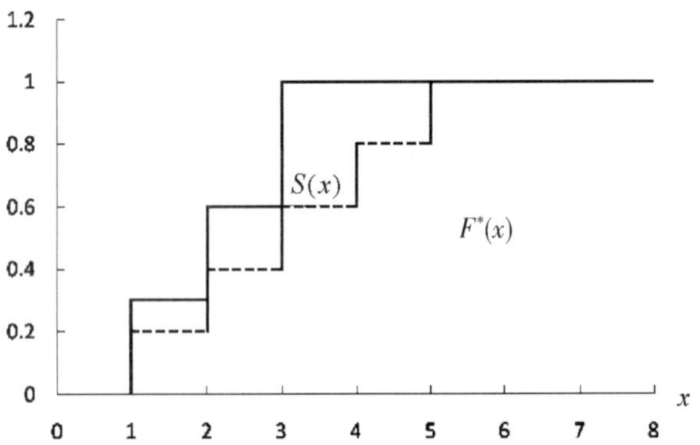

图 5-5 带有 T 值的 $F^*(x)$ 与 $S(x)$ 的图

第 2 步：由（5-10）式可递归计算 $e_0 \sim e_4$：

$$e_0 = 1$$

$$e_1 = 1 - 0.6 = 0.4$$

$$e_2 = 1-(0.6)^2 - 2(0.6)(0.4) = 0.32$$

$$e_3 = 1-(0.6)^3 - 3(0.4)^2(0.4) - 3(0.4)(0.32) = 0.208$$

$$e_4 = 1-(0.6)^4 - 4(0.4)^3(0.4) - 6(0.4)^2(0.32) - 4(0.4)(0.208) = 0.2944$$

第 3 步：利用（5-11）式，计算单边 p 值 $P(T^+ \geqslant t)$

$$P(T^+ \geqslant t) = f_0^{10} + \binom{10}{1} f_1^9 e_2 + \binom{10}{2} f_2^8 e_2 + \binom{10}{3} f_3^7 e_3 + \binom{10}{4} f_4^6 e_4 = 0.021$$

因为 $F^*(x)$ 是对称的，计算另一边的单边 p 值 $P(T^- \geqslant 0.4)$ 与前面的过程相同。所以 $P(T^- \geqslant 0.4) = 0.21$，且双边 p 值近似为：

$$P(T \geqslant 0.4) = 2(0.021) = 0.042$$

该 p 值表明在 $\alpha = 0.05$ 的水平下，错误地接受 $F^*(x)$ 为正确的分布函数。

4. 评注

Kolmogorov 双边检验一个最有用的特征是，它的 $1-\alpha$ 分位数 $\omega_{1-\alpha}$ 可以用来为真实未知的分布函数构造一个置信界。回忆一下，我们在为某个未知参数寻找置信区间时，首先抽出一组随机样本，然后从这组随机样本中计算一个上界值 U 和一个下界值 L，使得它以 $1-\alpha$ 的概率包含这个未知参数，并把 $1-\alpha$ 称为置信系数。这里一个方便的做法是，如果我们能够对完全未知的分布函数做同样的事情来获得一个置信界，使得完全未知的分布函数以 $1-\alpha$ 的概率落在这一置信界内，然后我们可以从某个完全未知的分布总体中抽取样本，并且能为其图象设定一个界，说明这个未知的分布函数以 $1-\alpha$ 的概率正确地落在这个界内。

5.1.3 总体分布函数的置信界

1. 数据

数据包含容量为 n 的，且来自某个总体的随机样本 X_1，X_2，…，X_n，总体的位置分布函数为 $F(x)$。

2. 假定条件

（1）样本是随机样本。

（2）为了确保置信系数的精确性，随机变量应当是连续的。如果随机变量是离散的，那么这个置信界是保守的，也就是说未知真实的置信系数大于我们所给的。

3. 方法

画一个随机样本的经验分布函数 $S(x)$ 图。为了构造置信系数为 $1-\alpha$ 的置信界，我们可以从正态分布表 3 中查到双边检验（如果想要构造双边置信界），以及合适的样本容量为 n 时 Kolmogorov 检验统计量的 $1-\alpha$ 分位数，用 $\omega_{1-\alpha}$ 记此分位数。在 $S(x)$ 的上方距离为 $\omega_{1-\alpha}$ 处画一图象，称为 $U(x)$，在 $S(x)$ 的下方距离为 $\omega_{1-\alpha}$ 处画第 2 个图象，称为 $L(x)$。于是，$U(x)$ 与 $L(x)$ 就分别形成了上、下界，使得完全未知的分布函数 $F(x)$ 以 $1-\alpha$ 的置信水平落在这个界内。

注意：$U(x)$ 的图象不能超过 1.0，即使 $S(x)+\omega_{1-\alpha}$ 可能超过 1.0，因为我们知道分布函数的值不可能超过 1.0，同样的原因，$L(x)$ 的值不可能低于横轴的值。$U(x)$ 与 $L(x)$ 的数学表达式如下：

$$U(x) = \begin{cases} S(x) + \omega_{1-\alpha}, & S(x) + \omega_{1-\alpha} \leqslant 1 \\ 1.0, & S(x) - \omega_{1-\alpha} > 1 \end{cases} \tag{5-15}$$

$$L(x) = \begin{cases} S(x) - \omega_{1-\alpha}, & S(x) - \omega_{1-\alpha} \geqslant 0 \\ 0, & S(x) + \omega_{1-\alpha} < 0 \end{cases} \tag{5-16}$$

用概率的语言表达为：

$$P[L(X) \leqslant F(x) \leqslant U(x)，\text{对所有的 } x] \geqslant 1-\alpha \tag{5-17}$$

双边检验统计量 T 的渐近分布是由 Kolmogorov（1933）发现的，并由 Smirnov

(1948) 制成表格形式。单边检验统计量 T^+ 和 T^- 的渐近分布是由 Smirnov (1939) 获得的。对于有限（小）样本的检验统计量的精确分布，Wald 和 Wolfowitz (1939) 进行过研究，并由 Massey (1950a) 制成表格。T^- 的有限样本分布函数由 Birnbaum 和 Tingey (1951) 推导出，并把从他们的精确分布获得的精确分位数与 Smirnov (1939，1948) 给出的渐近分位数作了比较，发现用渐近的分位数将导致保守的检验。

只要 $F(x)$ 与 $F^*(x)$ 有差异，双边 Kolmogorov 检验就有一致拒绝的良好性质，其中 $F(x)$ 为真实的分布，$F^*(x)$ 为假设分布。然而，对于有限样本来说，它是有偏的。Massey (1950b) 还给出了双边检验功效的一个下确界，而在某些特定的备择假设下，Birnbaun (1953) 给出了功效的下确界，在另一类不同的备择假设下，Lee (1966) 给出了功效的另一个下确界。

Van der Waerden (1953)，Suzuki (1968)，Shapiro，Wilk 和 Chen (1968) 以及 Knott (1970) 对功效作了其他的比较。关于 Kolmogorov 检验及类似的拟合优度检验问题的文章可见 Finkelstein 和 Schafer (1971)，Maag 和 Dicaire (1971)，Carnalhe Riedwyl (1972) 以及 Stephens (1974)。Barr 和 Davidson (1973)，Pettitt 和 Stephens (1976) 在对截尾数据的情况下，对检验提出了修改，而 Barr 和 Shudde (1973) 讨论了对圆周上观测数据检验的修改。Govindarajulu 和 Klotz (1973) 对渐近分布作了注解。关于以估计与检验对称分布为主题的文章参见 Schuster 和 Narvarte (1973)，Schuster (1973) 以及 Sirnivasan 和 Godio (1974)。

对于在离散型分布情况下的修正则由 Conover (1972) 与 Coberly 和 Lewis (1973) 独立提出。对此情形更深入的分析，可参见 Horn 和 Pyne (1976)，Horn (1977)，Bartels，Horn，Liebetrau 和 Harris (1977) 与 Pettitt 和 Stephens (1977) 的文章，同时他们还制作了一些表格。Maag，Streit 和 Drouilly (1973) 讨论了分组数据的拟合优度检验。Wood 和 Altavela (1978) 建议对大样本采用模拟的方法。

另外一种拟合优度检验就是 Cramér-von Mises 检验，由 Cramér (1928)，Van Mises (1931) 与 Simrnov (1936) 发展起来。尽管与 Kolmogorov 检验相比，对于许多人来说它更有直观性，但是这两种检验并没有太大的区别，我们这里不做详细讨论。有兴趣的读者，可以参看 Anderson 和 Darling (1952) 给出的 Cramér-von Mises 检验的渐近分布。Stephens 和 Maag (1968) 给出了有限样本的精确表格。较早地对这种检验与 Kolmogorov 检验进行研究的有 Stephens (1964，1965a)，Tiku (1965)，Suzuki (1967)，Cronholm (1968)，Noé 和 Vanderwiele (1968)。Walsh (1960，1963) 讨论了这两种检验的离散效应。Thompson (1966) 考查了 Cramér-von Mises 检验的偏差与功效。Gelzer 和 Pyke (1965)，Quade (1965) 以及 Abrahamson (1967) 研究了 Kolmogorov 检验的相对效率。

关于样本密度的拟合优度检验问题，Woodroofe (1967) 提出并进行了讨论，Stephens (1967) 对圆周上观测的情况进行了讨论，Riedwyl (1967) 对一般情况进行了讨论。Durbin (1968) 介绍了一种不同类型的分布函数的置信区间。

5.2 分布族的拟合优度检验

上节中讲述的 Kolmogorov 拟合优度检验，是用来检查一个样本是否符合某个特定分布的一种很好的检验方法。Kolmogorov 检验只有在假设的分布完全已知的时候才适用，也就是说，假设的分布不包含需要从样本里估计的未知参数，否则，检验就变得保守了。而χ^2拟合优度检验则比较灵活，允许分布中包含需要从数据中待估的未知参数。正如前面所描述的，用“最小χ^2估计”估计每一个参数，则自由度需要减去一个。然而，χ^2检验要求数据必须分组，而这种分组又通常是随意的。另外，检验统计量的分布只是近似的，且有时χ^2检验的功效也不高。由于这些原因，我们想寻找别的拟合优度检验，特别是对一些经常需要检验的分布。

Kolmogorov 检验适当修改后也能适合许多包含待估参数的情况。实际上，检验统计量并未改变，只是用到的临界值表有变化。对于所有的分布，这些表不再是用同样一些表。它随着不同的假设分布而变化。这种检验仍然是非参数的，因为这个检验的有效性（α 水平）不依赖关于总体分布未检验的具体假设条件，而依赖检验是总体的分布形式假设。

Kolmogorov 检验最先的修改用于检验复合正态分布的假设。也就是说，零假设只是说明总体来自正态分布族，但是未指明正态分布的均值与方差，Lilliefors（1967）最早提出了这种检验。这种检验有意思的一点是，为了获得检验统计量精确分布的真实分位数的精确估计，一个最早的方法就是采用计算机生成随机数。

5.2.1 Lilliefors 正态性检验

1. *数据*

数据包含来自某个未知分布的 n 个随机变量 X_1，X_2，⋯，X_n，未知分布的分布函数为 $F(x)$。计算样本均值

$$\bar{X}=\frac{1}{n}\sum_{i=1}^{n}X_i \tag{5-18}$$

作为μ 的一个估计；计算

$$s=\sqrt{\frac{1}{n-1}\sum_{i=1}^{n}(X_i-\bar{X})^2} \tag{5-19}$$

作为σ 的一个估计；然后计算“标准化”后的样本值 Z_i，把它定义为

$$Z_i=\frac{X_i-\bar{X}}{s},\ i=1,\ 2,\ \cdots,\ n \tag{5-20}$$

检验统计量是在原检验统计量中用 Z_i 替代原始随机样本而得到的。

2. *假定条件*

样本是随机样本。

3. *检验统计量*

通常情况下，检验统计量是双边 Kolmogorov 检验统计量，定义为 X_i 的经验分布函数与均值为 $\bar{X}$，标准差为 s 的正态分布的最大垂直距离。其中，$\bar{X}$ 和 s 分别由（5-18）式和（5-19）式给定。然而，下面检验统计量的方法稍微容易一些，且与上面我们提到的方法是等价的。画一个标准正态分布函数的图象，记为 $F^*(x)$。实际上，我们只需要 $F^*(x)$在观测点 Z 处的值，这时正态分布表可能起到作用。同样我们画一个“标准化”样本 Z_i 的经验分布函数的图象，Z_i 的定义见（5-20）式，记 $S(x)$为其经验分布函数，与 $F^*(x)$用同一个坐标系，找出 $F^*(x)$与 $S(x)$的最大垂直距离，这个距离就是检验统计量。也就是说，Lilliefors 检验统计量 T_1 定义如下：

$$T_1=\sup_x|F^*(x)-S(x)| \tag{5-21}$$

T_1 与 Kolmogorov 检验统计量的不同之处在于（5－21）式中用的经验分布函数是由标准化的样本得来的，而 Kolmogorov 检验则是基于原始观测样本。

4. 零分布

在计算机上产生几千个伪随机数来近似获得零分布，并且通过数千个检验统计量的值作出的经验分布函数来估计分位数。Lilliefors 正态性检验统计量的分位数表给出了这些分位数的估计，精确的分位数及精确的零分布的数学形式仍然未知。

5. 假设

H_0：样本来自于一未知均值和标准差的正态分布总体

H_1：X_i 的分布函数不是正态分布 p

如果 T_1 超过了 Lilliefors 正态性检验统计量的分位数表给出的 $1-\alpha$ 分位数，则我们以近似置信水平 α 拒绝 H_0。p 值可以通过 Lilliefors 正态性检验统计量的分位数表中的分位数近似求得。

6. 计算机辅助

Lilliefors 正态性检验可以调用 R 语言中的 ks. test(x,"pnorm", . , .)函数进行计算。

7. 理论

我们讨论 Lilliefors 检验的一个主要原因就是为了说明如何得到 Lilliefors 正态性检验统计量的分位数表中的分位数。寻求 T_1 的分布使得 Kolmogorov 检验可以用来检验均值方差未知的复合正态性假设是很困难的问题，它没有解析表达式。因此，Lilliefors 用计算机和随机数找到了近似解。下面描述的方法同样可以为大多数的统计推断问题找到近似解。

回忆一下，为了作统计假设检验，首先必须找到一个合理的检验统计量，作为表明零假设正确与否的敏感标识，T_1 就满足这种要求。其次，还必须选定某个特定的区域作为对应的临界域，也就是若 H_0 是正确的，临界域中的值不太可能出现。但若 H_0 是错误的，那么临界域中的值出现的可能性较大，较大的 T_1 值满足这个要求。最后，寻求 p 值（即当 H_0 为真时，点出现在临界域中的概率）是比较困难的。为了找到 p 值，Lilliefors 在高速计算机上产生随机正态离差，它是一些看似独立标准正态随机变量观测值的随机数。

把这些随机数分组，样本容量为 n，n 可以是随意的。比如，$n=8$，即从一个标准正态分布中产生一个容量为 8 的样本，由于是计算机产生的，所以认为 H_0 是正确的。计算样本均值 $\overline{X}$，并把它减去，结果再除以由（5－19）式算出的 s，最后得到 Z_i 的值。将基于这些 Z_i 的经验分布函数与标准正态分布函数进行比较，并记录下它们之间的最大垂直距离 T_1。对于另外一组 8 个数据重复上述过程，得到另一个 T_1 的值。最后，在 H_0 为真的情况下，得到超过 1 000 组（每组样本容量为 8）的样本以及超过 1 000 个的 T_1 值。基于这 1 000 个或更多的 T_1 值得到经验分布函数，可以作为 T_1 未知实际分布的一个近似。从这个经验分布函数中，我们得到如 Lilliefors 正态性检验统计量的分位数表中 $n=8$ 时所给的分位数。这样，对于某些 α，就能得到近似水平为 α 的临界域。

对于 $n=4$ 到 $n=30$，我们可以重复上述过程。为了得到 $n\geqslant 30$ 时 Lilliefors 所提出的近似，譬如 $n=40$，分位数还是由上面的数给出，并乘以 $\sqrt{40}$ 后得到表中的数据。这个方法是基于一个未被证明的猜想（在当时）：T_1 趋于它的渐近分布的速度与 Kolmogorov 统计量趋于其极限分布的速度一致，即$\sqrt{n}$的速度。

后来，为了得到更准确的分位数估计，Mason 和 Bell（1986）用 $n=2\ 000$ 进行了模拟，结果列在 Lilliefors 正态性检验统计量的分位数表中。

Lilliefors（1967）还比较了他的检验功效与 χ^2 检验的功效，发现在一些非正态的情况下，他的检验功效更高。

Srinivasan 和 Wharton（1973）得到了参数形式下的正态分布的一个参数置信界。其他相关的论文有 Srinivasan（1972）及 Dyer（1974）。Teichroew（1965）给出了模拟及其模拟的时间的一般讨论。

Lilliefors 对 Kolmogorov 检验的另一个改进是在 1969 年，它用来检验母分布函数是否为指数分布，即 $F(x)=1-e^{-x/t}$ $(x>0)$，其中 t 是未知的需要用数据来估计的参数（e = 2.718 是一个熟知的常数）。尽管 Lilliefors 利用上述的随机数模拟得到了近似的临界值，但是其检验统计量的精确分布随后由 Durbin（1975），Margolin 和 Maurer（1976）推导出。由于他们使用的方法超出了本书的范围，所以在这里不作介绍。

一般理论表明，指数分布通常是用来描述一系列随机事件随时间发生时，中间间隔的时间长度，因此检验指数分布实际上主要用来检验随机性。这个检验的另一个应用是，在产品的寿命内，检测产品的失效率是否为常数，这也是指数分布的一个特性。

5.2.2 指数分布的 Lilliefors 检验

1. 数据

数据包含来自某个未知分布的 n 个随机变量 X_1，X_2，…，X_n，未知分布的分布函数记为 $F(x)$。计算样本均值作为未知参数的一个估计，对每个 X_i，有：

$$Z_i = X_i/\overline{X} \tag{5-22}$$

它将用于检验统计量的计算中。

2. 假定条件

样本是随机样本。

3. 检验统计量

先画一个基于 Z_1，Z_2，…，Z_n 的经验分布函数图象 $S(x)$，并在同一个图象上画出 $F^*(x)=1-e^{-x}$ $(x>0)$ 的图象。实际上，只需要确定 n 个点上的值即可，即 $x=Z_1$，$x=Z_2$ 等。可以用查表或计算器计算 e^{-x}。两个函数间的最大垂直距离

$$T_2=\sup_x |F^*(x)-S(x)| \tag{5-23}$$

就是检验统计量。

尽管这只是一个双边检验，但是 Durbin（1975）给出了单边检验及其计算临界值所用的表。

4. 零分布

刚开始零分布的分位数由计算机模拟产生的随机数来估计，随后的研究成功地给出了其精确的分布。

5. 假设检验

H_0：随机样本服从指数分布

$$F(x)=\begin{cases}1-e^{-x/t}, & x>0\\ 0, & x<0\end{cases} \tag{5-24}$$

其中 t 为未知参数；

H_1：X 的分布不是指数分布

检验法则为：如果 T_2 超过了 Lilliefors 指数分布检验统计量的分位数表中的 $1-\alpha$ 分位数，则我们以显著性水平 α 拒绝 H_0。近似 p 值由 Lilliefors 指数分布检验统计量计算得到。

6. 计算机辅助

调用 R 语言中的 ks.test(x,"pexp",.,.)函数可以作 Lilliefors 指数分布检验。

【例 5.3】一般认为长途电话通过电话总机接通的过程是一个随机过程，其间打进电话的时间间隔服从指数分布。某个星期一下午 1：00 以后最先打进的 10 个电话发生在 1：06，1：08，1：16，1：22，1：23，1：34，1：44，1：47，1：51，1：57。第一个电话时间间隔，即从 1：00 到 1：06 为 6（分钟），后面的时间间隔（分钟）分别为 2，8，6，1，11，10，3，4，6，算得其样本均值为 $\overline{X}=5.7$，这样就得到了 Z_i，$1-e^{-Z_i}$ 以及 $F^*(x)$ 与 $S(x)$ 之间的距离，如表 5－1 所示。为方便起见，我们把数据 X 按从小到大排列。

表 5－1

i	X_i	$Z_i=X_i/\overline{X}$	$1-e^{-Z_i}$	$i/10-1+e^{-Z_i}$	$1-e^{-Z_i}-(i-1)/10$
1	1	0.175 4	0.160 9	−0.060 9	0.160 9
2	2	0.350 8	0.295 9	−0.095 9	0.195 9
3	3	0.526 3	0.409 2	−0.109 2	0.209 2
4	4	0.701 8	0.504 3	−0.104 3	0.204 3
5	6	1.052 6	0.651 0	−0.151 0	0.251 0[b]
6	6	1.052 6	0.651 0	−0.051 0	0.151 0
7	6	1.052 6	0.651 0	0.049 0	0.051 0
8	8	1.403 5	0.754 3	0.045 7	0.054 3
9	10	1.754 4	0.827 0	0.073 0	0.027 0
10	11	1.929 8	0.854 8	0.145 2[a]	−0.045 2

注：上标 a 表示 $S(x)-F^*(x)$ 的最大距离；上标 b 表示 $F^*(X)-S(x)$ 的最大距离。

$F^*(x)$ 与 $S(x)$ 的最大垂直距离为 0.251 0，在 $\alpha=0.05$ 的水平下，如果 T_4 超过 0.324 4（从 Lilliefors 指数分布检验统计量的分位数表中获得，$n=10$，$1-\alpha=0.95$），我们将拒绝指数分布作为零假设。因为 $T_2=0.251\ 0$，所以接受零假设。通过在 Lilliefors 指数分布检验统计量的分位数表中插值，可得 p 值为 0.554 9，长途电话等待时间因此可认为是一个随机过程。

Lilliefors（1973）与 Schneider 和 Clickner（1976）把 Kolmogorov 检验推广到了带有待估参数的 Gamma 分布情形，同样类型的 Cramér-von Mises 检验由 Pettitt 于 1978 年给出，Green 和 Hegazy（1976）讨论了类似的其他检验。

在这一节的最后，我们介绍一个著名的正态性拟合优度检验，它在很多情况下（如果愿意的话）可用来代替 Lilliefors 检验。一些经验研究表明，在检验复合正态性假设时，许多情况下这种检验比其他检验，包括 Lilliefors 检验和χ^2 检验，有更高的功效［见 Shapiro，Wilk 和 Chen（1968）；La Brecque（1977）］。尽管这种检验不是 Kolmogorov 型检验，但由于它的作用，我们仍在此讲述。

5.2.3 Shapiro-Wilk 正态性检验

1. 数据

数据包含来自某个未知分布的 n 个随机变量 X_1，X_2，…，X_n，未知分布的分布函数记为 $F(x)$。

2. 假定条件

样本是随机样本。

3. 检验统计量

首先计算检验统计量的分母 D：

$$D = \sum_{i=1}^{n}(X_i - \overline{X})^2 \tag{5-25}$$

其中，$\overline{X}$ 是样本均值。然后将样本从小到大排序：

$$X^{(1)} \leqslant X^{(2)} \leqslant \cdots \leqslant X^{(n)}$$

且记 X^i 为第 i 个次序统计量，对 n 个样本观测值，由 pnorm( ) 函数可得到系数 a_1，a_2，…，a_k，其中 k 大约为 $n/2$。

检验统计量 T_3 如下给出：

$$T_3 = \frac{1}{D}\left[\sum_{i=1}^{k} a_i\left(X^{(n-i+1)} - X^{(i)}\right)\right]^2 \tag{5-26}$$

注意，这个检验统计量常记为 W，这个检验一般称为 W 检验。

4. 零分布

检验统计量 T_3 是相关系数的平方，这里计算的相关系数是次序统计量 $X^{(i)}$ 与得分 a_i 之间的 Pearson 相关系数。其中 a_i 代表的是当总体为正态分布时，次序统计量会有什么样的得分值。因此如果 T_3 接近 1.0，那么样本近似于服从正态分布。如果 T_3 太小，也就是远小于 1.0，那么样本非正态。Shapiro-Wilk 检验统计量的分位数表中给出了 T_3 的分位数。

5. 假设

H_0：$F(x)$是均值和标准差未知的正态分布

H_1：$F(x)$不是正态分布

如果 T_3 超过了 Shapiro-Wilk 检验统计量的分位数表给出的 α 分位数，则我们以 α 水平拒绝 H_0。如果我们对 T_3 的一个观测值想要更精确的 p 值，由变换 Shapiro-Wilk 统计量到近似正态分布的方法表，我们可以把 T_3 转化为近似正态的随机变量，然后通过正态分布表与正态变量分位数比较而获得近似的 p 值。

6. 计算机辅助

用 R 语言可以作 Shapiro-Wilk 检验类似的近似检验。

【例 5.4】当一个近海油气井开始招标时，通常会有许多石油公司参与投标，以争取这个区域的石油开采权。每个油气井的投标商的数量服从对数指数分布，也就是投标商数量的对数服从正态分布。然而不同的油气井之间服从的分布的均值与方差各不相同。同时，任何一口油气井的投标商通常太少以致不能确定其对数正态假设是否合理。为了检验假设：

H_0：投标商的数量服从对数正态分布

对备择假设：它们不是服从对数正态分布。我们以 16 口不同油气井的投标商数量为样本，对每口油气井的投标商数的对数做 Shapiro-Wilk 检验，结果在 $\alpha=0.05$ 的水平下，16 口油气井中有 4 口拒绝零假设。然而，有些显然与零假设十分吻合，其 p 值大于 0.50，因此，为了综合 16 个检验的结果，我们采取以下步骤：

（1）把每个 T_3 值按正态分布表 8 转化为 G 值。

（2）把 16 个 G 值加在一起。

（3）用上面的结果除以$\sqrt{n}$，得到 Z，它的分布在零假设成立的情形下为近似标准正态。

（4）如果 Z 的值小于正态分布表的 α 分位数，那么我们以水平 α 拒绝零假设。

对这口油气井的计算结果如表 5－2 所示：

表 5－2

油气井	投标商数	T_3	G
1	14	0.924 3	－0.655 0
2	14	0.975 7	1.355 9
3	14	0.971 7	1.093 9
4	14	0.877 2	－1.584 8
5	14	0.953 7	0.234 5
6	15	0.913 5	－1.009 3
7	15	0.862 9[a]	－1.932 1
8	15	0.878 6[a]	－1.680 6
9	15	0.851 5[a]	－2.101 1
10	15	0.922 6	－0.796 6
11	15	0.958 1	0.335 4
12	15	0.962 5	0.534 4
13	16	0.917 8	－1.015 1
14	16	0.859 6[a]	－2.101 1
15	16	0.960 3	0.432 3
16	16	0.966 9	0.679 5
		Total	－8.209 9

注：α 在 $\alpha=0.05$ 水平下显著。

$$Z=\frac{-8.2099}{\sqrt{16}}=-2.0525$$

Z 的值小于从正态分布分位数得到的 －1.644 9，所以在水平 $\alpha=0.05$ 下拒绝 H_0。从正态分布 pnorm( ) 中可以看出 p 值等于 0.020。因此，对数正态的假设未被证实。

有一点必须指出，如果观测的数据太大，几乎所有的拟合优度检验都将拒绝零假设。也就是说，现实中的数据并不总是服从任意已知的分布。然而，这些已知的分布总是在合理的精度范围内与数据“足够地接近”，因此我们能够假设这些数据服从假设的分布。

拟合优度检验是一种探索数据与假设分布的吻合是否足够接近的方法。

5.3 两组独立样本的检验

当两组样本抽自可能不同的总体时，试验者想知道这两个总体分布是否相同。这一节中我们将要描述在这种情形下十分有用的一些检验。当然，其他的一些检验，譬如中位数检验，Mann-Whitney 检验，或者参数 t 检验也是合适的，它们对于两个总体的中位数或均值差异非常敏感，但它们可能不能检测出其他类别的差异，譬如方差的差异。本节要讲述的两个双边检验的一个优点在于，对两个分布函数间的各种类型的差异，它们是相合的（即能检测出差异）。

首先要讲的检验是 Smirnov 检验（Smirnov，1939），Smirnov 检验有双边和单边的情形。另一个要讲的双边检验是 Cramér-von Mises 检验，它比 Smirnov 检验稍微难计算一些，但有许多人喜欢用它，因为它似乎能更有效地利用数据。实际上，这两种检验在攻效上差异很小。

5.3.1 Smirnov 检验

1. 数据

数据包含两种独立的样本，一组容量为 n，X_1，X_2，…，X_n，另一组容量为 m，Y_1，Y_2，…，Y_m。用 $F(x)$ 与 $G(x)$ 分别代表它们未知的分布函数。

2. 假定条件

（1）样本是随机样本。

（2）两组样本是相互独立的。

（3）度量尺度至少是顺序的。

（4）为使这个检验成为精确的检验，假设所用到的随机变量是精确的。

如果随机变量是离散的，检验依然是正确的，但是变得保守（见 Noether，1967a）。

3. 检验统计量

记 $S_1(x)$ 为基于样本 X_1，X_2，…，X_n 的经验分布函数，$S_2(x)$ 为基于样本 Y_1，Y_2，…，Y_m 的经验分布函数。对于不同的假设集 A，B，C，相应的检验统计量定义如下：

（1）双边检验：

记检验统计量 T_1 为两个经验分布函数的最大垂直距离，有

$$T_1 = \sup_x |S_1(x) - S_2(x)| \tag{5-27}$$

（2）单边检验：

记检验统计量 T_1^+ 为 $S_1(x)$ 与 $S_2(x)$ 的最大垂直距离，有

$$T_1^+ = \sup_x [S_1(x) - S_2(x)] \tag{5-28}$$

（3）单边检验：

记检验统计量 T_1^- 为 $S_2(x)$ 与 $S_1(x)$ 的最大垂直距离，有

$$T_1^- = \sup_x [S_2(x) - S_1(x)] \tag{5-29}$$

4. 零分布

为了求得 T_1，T_1^+，T_1^- 的精确零分布，我们考虑在零假设成立时，X 与 Y 的每种排

序是等可能的。正如 Mann-Whitney 检验一样，对某一种排序，计算 T_1，T_1^+，T_1^-。等样本容量 n 的两样本 Simrnov 检验统计量的分位数表与不等样本容量 m，n 的两样本 Simrnov 检验统计量的分位数表分别给出了零分布在 $m=n$ 与 $m\neq n$ 的两种情形下的分位数。

在等样本容量的情形下，即当 $m=n$ 时，T_1^+ 与 T_1^- 的精确分布为

$$F(x)=1-\frac{\binom{2n}{n+c}}{\binom{2n}{n}} \tag{5-30}$$

其中，c 是小于 $x\cdot n$ 的最大整数。

5. 假设

(1) 双边检验：

H_0：$F(x)=G(x)$，对所有 $x\in(-\infty,\ +\infty)$

H_1：$F(x)\neq G(x)$，至少对于某个 x

如果 T_1 值超过了双边检验情形下的 $1-\alpha$ 分位数，则我们以水平 α 拒绝 H_0，等样本容量 n 的两样本 Simrnov 检验统计量的分位数表与不等样本容量 m，n 的两样本 Simrnov 检验统计量的分位数表分别给出了 $m=n$ 与 $m\neq n$ 的情形下的 $1-\alpha$ 分位数。对于大样本情形，虽然表中未给出，但表的最后采用了近似的方法。近似 p 值可以通过用合适的表进行插值得到。若 $1-\alpha$，更精确的 p 值为精确的单边 p 值的 2 倍。

$$\text{单边 } p \text{ 值}=\frac{\binom{2n}{n+nt}}{\binom{2n}{n}} \tag{5-31}$$

这里的 t 是检验统计量的观测值。

(2) 单边检验：

H_0：$F(x)\leqslant G(x)$，对所有 $x\in(-\infty,\ +\infty)$

H_1：$F(x)>G(x)$，至少对于某个 x

备择假设有时表述为“X 倾向于小于 Y”，这比位置备择假设“X 与 Y 只有位置参数（均值或中位数）不同”的表述更一般。

如果 T_1^- 值超过了单边检验情形下的 $1-\alpha$ 分位数，则我们以水平 α 拒绝 H_0，等样本容量 n 的两样本 Simrnov 检验统计量的分位数表与不等样本容量 m，n 的两样本 Simrnov 检验统计量的分位数表分别给出了 $m=n$ 与 $m\neq n$ 的情形下的 $1-\alpha$ 分位数。近似 p 值可以通过用合适的表进行插值得到。若 $m=n$，更精确的 p 值可以通过（5-31）式得到。

(3) 单边检验：

H_0：$F(x)\geqslant G(x)$，对所有 $x\in(-\infty,\ +\infty)$

H_1：$F(x)<G(x)$，至少对于某个 x

如果我们怀疑 X 漂移到了 Y 的右边（也就是 X 比 Y 大），那么我们就采用这个单边检验。

关于 T_1 在零假设下的大样本近似公式：

$$P\left(\sqrt{\frac{mn}{m+n}}T_1<x\right)=\begin{cases}0, & x\leqslant 0\\ \sum\limits_{j=-\infty}^{+\infty}(-1)^j\exp(-2j^2x^2), & x>0\end{cases}$$

近似 p 值可以通过用合适的 y 计算得到。若 $m=n$，更精确的 p 值可以通过（5－28）式得到。

6. 计算机辅助

R 语言中 ks.test(x, y)函数可作这种检验，在软件里称它为 Kolmogorov-Smirnov 两样本检验，并且只要有可能，就可以计算精确的 p 值。

【例 5.5】从某个总体中抽出一组容量为 9 的随机样本 X_1，X_2，…，X_9 分别为 7.6，8.4，8.6，8.7，9.3，9.9，10.1，10.6，11.2，从另一个总体中抽出另一组容量为 15 的随机样本 Y_1，Y_2，…，Y_{15} 分别为 5.2，5.7，5.9，6.5，6.8，8.2，9.1，9.8，10.8，11.3，11.5，12.3，12.5，13.4，14.6。它们的经验分布函数如图 5－6 所示。零假设是这两个总体有相同的分布函数。如果记它们的分布函数分别为 $F(x)$，$G(x)$，那么零假设可写为：

$$H_0: F(x)=G(x)，对所有 x\in(-\infty, +\infty)$$

相应的备择假设为

$$H_1: F(x)\neq G(x)，至少对于某个 x$$

为方便起见，我们要把样本从小到大排序。它们的值以及它们的经验分布函数的有关信息如表 5－3 所示。

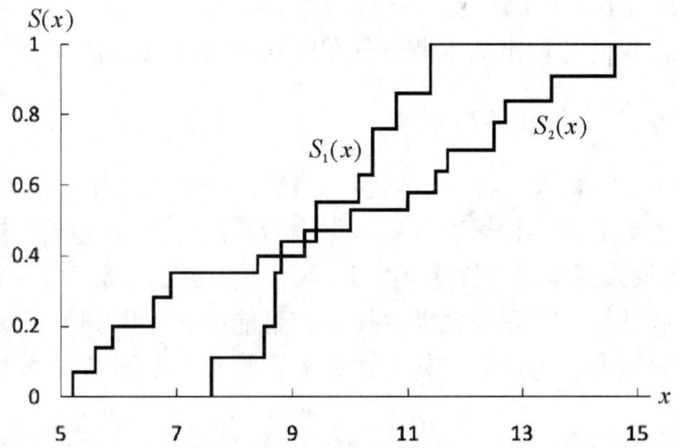

图 5－6　X 的经验分布函数 $S_1(x)$，Y 的经验分布函数 $S_2(x)$，以及它们的最大垂直距离

表 5－3

X_i	Y_i	$S_1(x)-S_2(x)$	X_i	Y_i	$S_1(x)-S_2(x)$
	5.2	0－1/15＝－1/15		9.8	5/9－8/15＝1/45
	5.7	0－2/15＝－2/15	9.9		6/9－8/15＝2/15
	5.9	0－3/15＝－1/5	10.1		7/9－8/15＝11/45
	6.5	0－4/15＝－4/15	10.6		8/9－8/15＝16/45
	6.8	0－5/15＝－1/3		10.8	8/9－9/15＝13/45
7.6		1/9－5/15＝－2/9	11.2		1－9/15＝2/5
	8.2	1/9－6/15＝－13/45		11.3	1－10/15＝1/3

（续上表）

X_i	Y_i	$S_1(x)-S_2(x)$	X_i	Y_i	$S_1(x)-S_2(x)$
8.4		$2/9-6/15=-8/45$		11.5	$1-11/15=4/15$
8.6		$3/9-6/15=-1/45$		12.3	$1-12/15=1/5$
8.7		$4/9-6/15=2/4$		12.5	$1-13/15=2/15$
	9.1	$4/9-7/15=-1/15$		13.4	$1-14/15=1/15$
9.3		$5/9-7/15=4/45$		14.6	$1-1=0$

双边检验的检验统计量由（5－27）式给出：

$$T_1=\sup_x|S_1(x)-S_2(x)|=\frac{2}{5}=0.400$$

它是 $S_1(x)$ 与 $S_2(x)$ 的最大绝对距离，出现在 $x=11.2$ 和 $x=11.3$ 之间。从图5－6中可以看出，T_1 的值等于0.400，而且容易看出，$S_1(x)$ 与 $S_2(x)$ 的距离只有在观测点 $x=X_i$ 或 $x=Y_i$ 时发生变化。这就是为什么我们只需要计算 $S_i(x)-S_2(x)$ 在观测点处的值的原因。

对于双边检验及 $n=9=N_1$，$m=15=N_2$，我们可以运用 R 语言得到 Simirnov 检验统计量的 0.95 分位数为 $\omega_{0.95}=8/15$。对于这组数据，$T_1=0.400$，因此在 0.05 的水平上，我们接受 H_0。从中我们可以计算出 p 值稍微大于 0.20。

为了便于比较，我们计算出基于渐近分布的 0.95 分位数为

$$\omega_{0.95}\cong 1.36\sqrt{\frac{m+n}{m}}=0.573$$

它比精确值 $8/15=0.533$ 稍大一些，这表明利用渐近分布来近似容易产生保守的检验。

注意：这个例子里的许多计算可以省略，因为我们可以通过数据或 $S_1(x)$ 与 $S_2(x)$ 在图 5－6 中的大致图象来观察，在许多 X_i，Y_j 上不可能得到 $|S_1(x)-S_2(x)|$ 的最大值，因此可以省去这部分计算，而只考虑那些比较有可能的 X_i，Y_j 进行计算即可。

如果用单边检验适合，可用它代替双边检验，那么根据前面的数据表，对于假设 2，检验统计量为

$$T_1^+=\sup_x[S_1(x)-S_2(x)]=\frac{2}{5}=0.400$$

对于假设 3，检验统计量为

$$T_1^-=\sup_x[S_2(x)-S_1(x)]=\frac{1}{3}=0.333$$

从不等样本容量 m，n 的两样本 Simirnov 检验统计量的分位数可以看出，两种单边假设的 p 值都大于 0.10。

7. 理论

尽管初看上去不显然，但是统计量 T_1，T_1^+，T_1^- 仅取决于 X 与 Y 在联合次序样本中的排序，而不需要知道观测的确切值。举个例子，假设有 3 个 X 样本和 2 个 Y 样本，那么在联合样本中有 $\binom{5}{2}=10$ 种不同的排序。对于这些排序，分别计算出 T_1，T^+，T_1^- 的值，如表 5－4 所示：

表 5-4

排序	T_1	T_1^+	T_1^-	排序	T_1	T_1^+	T_1^-
$X<X<X<Y<Y$	1	1	0	$X<Y<X<Y<X$	1/3	1/3	1/3
$X<X<Y<X<Y$	2/3	2/3	0	$Y<X<X<Y<X$	1/2	1/6	1/2
$X<Y<X<X<Y$	1/2	1/2	1/6	$X<Y<Y<X<X$	2/3	1/3	2/3
$Y<X<X<X<Y$	1/2	1/2	1/2	$Y<X<Y<X<X$	2/3	0	2/3
$X<X<Y<Y<X$	2/3	2/3	1/3	$Y<Y<X<X<X$	1	0	1

如果双边检验中的零假设成立，也就是两个分布函数相同，并且在连续随机变量的假设条件下，每种排序都是等可能的。因此在双边检验中，每一种排序的概率为：

$$\frac{1}{\binom{m+n}{n}}=\frac{1}{\binom{5}{2}}=\frac{1}{10} \tag{5-32}$$

而且可以推得如下的概率分布：

$$P(T_1=\frac{1}{3})=1/10,\ P(T_1^+=0)=1/5,\quad P(T_1^-=0)=1/5$$

$$P(T_1=\frac{1}{2})=3/10,\ P(T_1^+=\frac{1}{6})=1/10,\ P(T_1^-=\frac{1}{6})=1/10$$

$$P(T_1=\frac{1}{3})=2/5,\quad P(T_1^+=\frac{1}{3})=1/5,\quad P(T_1^-=\frac{1}{3})=1/5$$

$$P(T_1=1)=1/5,\quad P(T_1^+=\frac{1}{2})=1/5,\quad P(T_1^-=\frac{1}{2})=1/5$$

$$P(T_1^+=\frac{2}{3})=1/5,\quad P(T_1^-=\frac{2}{3})=1/5$$

$$P(T_1^+=1)=1/10,\quad P(T_1^-=1)=1/10$$

在 $n=3$，$m=2$ 时，T_1^+ 与 T_1^- 有相同的分布，这并非偶然。事实上，对于任意的 n，m，它们都有相同的分布。为了节约篇幅，当 α 很小时，等样本容量 n 的两样本 Simirnov 检验统计量的分位数表与不等样本容量 m，n 的两样本 Simirnov 检验统计量的分位数表利用了双边检验 T_1 的 $1-\alpha$ 分位数等于单边检验 T_1^+ 的 $1-\alpha/2$ 分位数这一性质。例如，在上面的例子中，$P(T_1\geqslant 1)$ 等于 2 倍的 $P(T_1^+\geqslant 1)$，$P(T_1\geqslant 2/3)$ 等于 2 倍的 $P(T_1^+\geqslant 2/3)$，但是 $P(T_1\geqslant 1/2)$ 并不等于 2 倍的 $P(T_1^+\geqslant 1)$。

单边检验中的零分布（即 H_0 真时，统计量的分布）也是通过上述方法得到的，因为在单边零假设下，当 $F(x)$ 与 $G(x)$ 相等时，临界域的水平是最大的。如果两组样本有相同的样本容量，就没有必要通过上述方法来获得上侧分位数，因为 Gnedenko 和 Korolyuk（1951）推导出了 T_1，T_1^+，T_1^- 分布，且分布是样本容量 n 的函数。这些分布函数的推导很有趣，而且在读者所学的数学知识范围内，但由于篇幅的原因我们不在此写出，读者可以参考 Fisz（1963）来得到一个通俗易懂的推导。

对不等样本容量的例子，寻找分位数的方法也是非常基本的。然而，许多人利用路径计数法简化了上述“记流水账”的方法，使得有更多的表格能存在（Harter 和 Owen，1970）。关于 Smirnov 检验的更一般的讨论可以参考 Steck（1969）。在没有精确的分位数可用时，我们可以利用 Kim（1969）给出的更接近精确分位数的近似。

Tsao（1954）建议对 Smirnov 检验进行修改，使它能用到截尾数据上。所谓截尾数据，就是在 X 与 Y 中，只有小于 $X^{(r)}$ 的 X，Y 能被观测到，这在生存分析试验中时有发生。Tsao（1954）借助迭代办法得到的表，把 Smirnov 检验用到了截尾样本上。Conover（1967a）推导出了 Tsao 统计量分布的解析表达式。Birnbaum 和 Hall（1960）把 Smirnov 检验推广到 3 组以及更多样本的情形，并对 3 组具有相同样本容量的情形给出了表格。Conover（1967b）介绍了单边多组样本的 Smirnov 检验，同时 Conover（1980）给出了直到 10 组等样本容量情形的表格。

下面要讲的一个检验是 Cramér-von Mises 两样本检验，这种检验只有双边的情形，且计算起来比 Smirnov 检验稍微复杂些。

5.3.2 Cramér-von Mises 两样本检验

1. 数据

数据包含两组独立的样本 X_1，X_2，…，X_n 与 Y_1，Y_2，…，Y_m，用 $F(x)$ 与 $G(x)$ 分别代表它们未知的分布函数。

2. 假定条件

（1）样本是随机样本且相互独立。

（2）度量尺度至少是顺序的。

（3）随机变量是连续的，如果随机变量是离散的，那么检验可能变得保守。

3. 检验统计量

记 $S_1(x)$，$S_2(x)$ 分别为两组样本的经验分布函数。检验统计量 T_2 定义为

$$T_2 = \frac{mn}{(m+n)^2} \sum_{\substack{x=X_i \\ x=Y_j}} [S_1(x) - S_2(x)]^2 \tag{5-33}$$

其中，差平方必须在每个 X_i 与 Y_j 处求和。显然可以把这个检验统计量写为

$$T_2 = \frac{mn}{(m+n)^2} \left\{ \sum_{i=1}^{n} [S_1(X_i) - S_2(X_i)]^2 + \sum_{j=1}^{m} [S_1(Y_j) - S_2(Y_j)]^2 \right\} \tag{5-34}$$

4. 零分布

与 Smirnov 检验和 Mann-Whitney 检验一样，为了求检验统计量的精确零分布，我们考虑在零假设成立时，对 X，Y 联合样本的每种排序都是等可能的，并对每一种排序计算 T_2。我们将利用渐近分布（n，$m\to\infty$ 时）来近似所有样本容量情形下的分布。

5. 假设

H_0：$F(x)=G(x)$，对所有 $x\in(-\infty, +\infty)$

H_1：$F(x)\neq G(x)$，至少对于某个 x

如果 T_2 值超过了下面给出的 $1-\alpha$ 分位数 $\omega_{1-\alpha}$，则我们以水平 α 拒绝 H_0，这些分位数建立在渐近分布的基础上，对于 n，m 很大的情形是对的，而且即使对于小样本的情形也是相当精确的（见 Burr，1964）。

$\omega_{0.10}=0.046$　$\omega_{0.50}=0.119$　$\omega_{0.90}=0.347$

$\omega_{0.20}=0.062$　$\omega_{0.60}=0.147$　$\omega_{0.95}=0.461$

$\omega_{0.30}=0.079$　$\omega_{0.70}=0.184$　$\omega_{0.99}=0.743$

$\omega_{0.40}=0.097$　$\omega_{0.80}=0.241$　$\omega_{0.999}=1.168$

这些值取自 Anderson 和 Darling（1952）。当 $n+m\leqslant 7$ 时，Burr（1964）给出了精确的分位数。近似的 p 值可以通过近似分位数插值得到。

【例 5.6】对于【例 5.5】的数据，为了计算检验统计量 T_2，我们首先计算

$$\sum_{i=1}^{9}[S_1(X_i)-S_2(X_i)]^2=0.459$$

$$\sum_{j=1}^{15}[S_1(Y_j)-S_2(Y_j)]^2=0.657$$

通过（5－34）式，可算得

$$\begin{aligned}T_2&=\frac{mn}{(m+n)^2}\{\textstyle\sum_{i=1}^{n}[S_1(X_i)-S_2(X_i)]^2+\sum_{j=1}^{m}[S_1(Y_j)-S_2(Y_j)]^2\}\\&=\frac{(15)(9)}{(24)^2}(0.459+0.657)=0.262\end{aligned}$$

则在 $\alpha=0.05$ 的水平上，我们接受分布相同的零假设，因为 $T_2=0.262$，它小于 $\omega_{0.95}=0.461$（前面已给出）。p 值大约为 0.18，这稍微小于 Smirnov 检验对这组数据推算出的 p 值。

6. 理论

Cramér-von Mises 两样本检验统计量的精确分布可以用和 Smirnov 检验统计量一样的方法得到。在零假设成立的情况下，不同的排序在 X，Y 联合样本中的出现是等可能的。统计量 T_2 可以通过有序的联合样本来计算。对于小样本情形，Anderson（1962）和 Burr（1963，1964）利用我们刚才讲述的方法和一些计算技巧，得到了 T_2 的精确分位数。

Fisz（1960）简单地介绍了统计量 T_2，他认为统计量 T_2 是由 Lehmann（1951）得到的，且其渐近分布是由 Rosenblatt（1952）得到的。但 Lehmann 和 Rosenblatt 所研究出的统计量为

$$T_3=\frac{m}{2(m+n)}\sum_{i=1}^{n}\left[\frac{R(X^{(i)})}{m}-i\,\frac{m+n}{mn}\right]^2+\frac{n}{2(m+n)}\sum_{j=1}^{m}\left[\frac{R(X^{(j)})}{n}-j\,\frac{m+n}{mn}\right]^2 \quad (5-35)$$

这与 Fisz 统计量 T_2 不同，除非 $n=m$。Fisz 证明了 T_2 与 T_3 有相同的渐近分布。其中，Rosenblatt 证明了 T_3 与 Cramér-von Mises 拟合优度检验统计量有相同的渐近分布。因此，实际上，T_2 的渐近分布是由 Anderson 和 Darling（1952）从 Cramér-von Mises 拟合优度检验统计量的论文中得到的。这就是把 T_2 称为 Cramér-von Mises 两样本检验统计量的原因。

关于圆周上点的观测所设计的两样本检验，可参看 Stephens（1965b），Maag（1966），以及 Maag 和 Stephens（1968）。Bickel（1969）描述了多元 Smirnov 检验，Fine（1966）考虑了 Cramér-von Mises 统计量，Csörgö（1965）与 Percus（1970）讨论了 Smirnov 检验的变异。关于 Smirnov 检验渐近效率的论文可参见 Capon（1965），Ramachandramurty（1966），Andel（1967）以及 Klotz（1967）。

Rothman 和 Woodroofe（1972），Rao，Schuster 和 Littell（1975）把这些检验用来检验分布的对称性。Gail 和 Green（1976a）为单边检验提供了更多表格，并在另一篇论文（Gail 和 Green，1976a）中讨论了一个检验的很有趣的应用。更多理论方面的讨论可以参看 Takacs（1971）与 Kalish 和 Mikulski（1971）的论文。

思考题

1. 用文中对 $n=3$，$m=2$ 所得出的 T_1 的精确分布，求出 0.80，0.90，0.95 分位数。

2. 对 $n=3$，$m=3$，求 T_1，T_1^+，T_1^-，T_2 的精确分布。

3. 对 $n=m=30$，$n=m=10$，试比较精确的 0.95 分位数与基于渐近分布的近似分位数。

4. 证明（5－17）式中的置信界是有效的，即证明：如果 $\omega_{1-\alpha}$ 是 Kolmogorov 统计量的分位数，则（5－17）式成立。

复习题

1. 下面的数据是随机抽取的 20 只股票 12 个月的投资收益：

9.1	5.0	7.3	7.4	5.5
8.6	7.0	4.3	4.7	8.0
4.0	8.5	6.4	6.1	5.8
9.5	5.2	6.7	8.3	9.2

用 Lilliefors 检验来检验其正态性假设。

2. 15 名新生的入学考试成绩如下：

481	620	642	515	740
562	395	615	596	618
525	584	540	580	598

用 Lilliefors 检验来检验其正态性假设。

3. 对习题 1 中的假设检验问题用 Shapiro-Wilk 检验。

4. 对习题 2 中的假设检验问题用 Shapiro-Wilk 检验。

5. 某商店经理想检验顾客随机到达商店的假设，因此，一天早上，她记录的连续到达的顾客间的间隔时间如下：

3.6	6.2	12.7
14.2	38.0	3.8
10.8	6.1	10.1
22.1	4.2	4.6
1.4	3.3	8.2

试检验零假设：这些间隔时间服从指数分布。

6. 一段省际高速公路间的特殊路段一个月发生了 20 次事故，下面是事故发生地之间的 19 个距离（公里）：

0.3	6.1	4.3	3.3	1.9
4.8	0.3	1.2	0.8	10.3
1.2	0.1	10.0	1.6	27.6
12.0	14.2	19.7	15.5	

这些事故是随机发生在这段公路上的吗？

7. 通常情况下，我们假设水流量（流经某河段的水量）数据服从对数指数分布。为了验证这个假设，收集了大小不同的 8 条河流的水流量数据。数据包括每星期测量一次每条河流的流量（立方英尺/秒），且对每条河流测量的周数并不相同。用 Shapiro-Wilk 检验来检验测量数据对数的正态性，结果如下：

表 5 – 5

河流号	测量的周数	T_3 的值
1	8	0.972
2	10	0.858
3	6	0.875
4	14	0.840
5	9	0.966
6	10	0.924
7	14	0.881
8	12	0.868

综合以上结果，是否表明流量数据服从对数正态分布？

8. 奥运会跳水比赛要用 10 次跳水来评定成绩，其 10 次成绩为：1.7，5.3，7.6，8.9，9.0，9.1，9.3，9.6，9.9，9.9。检验其是否服从如下的分布 $F(x)$，其中

$$F(x)=\begin{cases}0, & x<0\\ \dfrac{x^2}{100}, & 0\leqslant x\leqslant 10\\ 1, & x>10\end{cases}$$

9. 从一个社区随机抽取 5 名六年级学生，对他们进行读写能力的测试，最后得分为 82，74，87，86，75；再从另外一个社区抽取 8 名六年级学生，对他们进行同样的测试，最后得分为 88，77，91，88，94，93，83，94。从测试来看，这两组六年级学生的读写成绩有差别吗？（用 Smirnov 检验）

10. 对于复习题 2 中的数据，用 Cramér-von Mises 检验，并把得到的结果与用 Smirnov 检验得到的结果进行比较。

11. 从一些自愿参加测试的高血压患者中随机抽取一部分采用 A 治疗方案，这是一种采用药物治疗的办法；另一部分采用 B 治疗方案，这是方法包括低盐的饮食和有规律的运动。看 6 个月后患者血压的变化，这两种治疗方法的疗效有区别吗？

表 5 – 6　疗法舒张血压的变化

A	−14，−62，−38，−19，−21，−28，−32，−40
B	−51，−31，+14，−12，−27，−38，−10，+6

12. 20 位家庭业主参加了一个节约能源的学习，将他们中的一部分随机分配到项目 A，通过日常生活慢慢地灌输节约能源的习惯，另一部分分配到项目 B，就是在他们的楼顶铺一层 6 英寸厚的绝热材料。下面是他们 12 个月节约能源情况的数据：

表 5 -7

家庭业主	项目	能源节约（美元）	家庭业主	项目	能源节约（美元）
1	A	143	11	B	175
2	A	106	12	B	142
3	B	182	13	B	111
4	B	158	14	A	82
5	B	161	15	A	12
6	A	108	16	A	58
7	B	131	17	A	42
8	A	138	18	B	96
9	A	101	19	B	90
10	A	83	20	B	144

这两个项目的效果有区别吗?

6　非参数回归

非参数估计并不是用一两句话就可以完整地概括出来的，它包含两个方面；

1. 非参数密度估计

数理统计中有一半的参数估计就是如何根据已知的估计函数$f(x, \theta)$估计其中的未知参数θ，这些都是所谓的参数估计。如果预先不假定随机变量服从的分布，仅仅给出概率密度函数存在的条件，即$x_1, \cdots, x_n \sim f(x)$，这里$f(x)$是一未知密度函数，此时所对应的模型就是非参数的，非参数所要解决的是对未知密度函数$f(x)$的估计，由于并没有假设$f(x)$的具体形式，因此称为非参数密度估计。

2. 非参数回归估计

它是回归模型的一个延伸。考察随机被解释变量Y，解释变量$X=(x_1, \cdots, x_n)$，其中各变量可以是随机的，也可以是确定的。在$E|Y|<\infty$时，Y对X的回归函数存在，表示为$m(x)=E(Y|X=x)$，该模型可以通过观测到的（X，Y）来估计。这种不涉及回归函数具体数学形式的回归估计，统称为非参数回归估计。

因此，当我们提到非参数估计的时候，涵盖了非参数密度估计和非参数回归估计两部分，6.1介绍了非参数密度估计的理论、方法和基本性质，并分别介绍了非参数核密度估计和K近邻密度估计的原理和应用。6.2介绍了非参数回归估计的基本内容，包括主要的非参数函数方法，如核光滑回归、K近邻光滑回归等。6.3介绍了其他的非参数回归方法。

6.1　非参数密度估计

现实生活中，由于研究对象的复杂性、对事物认识的不断加深以及随机抽样的时间性，要使某些随机变量满足某种给定的密度函数已经变得越来越难以实现。这就需要人们能够通过从随机变量中抽取样本来研究随机变量的密度分布形态。

非参数密度估计，是随机变量x服从一未知的概率密度函数$f(x)$，$f(x)$在这里只是一个记号，并没有任何具体的形式，要利用从x中抽取的简单样本$x_1, \cdots, x_n$，对函数$f(x)$进行估计，其之所以被称为“非参数”，是因为它不能通过设定有限个参数来确定。以下主要讨论了三种非参数密度估计的方法：直方图、核密度估计、K近邻估计。

6.1.1　直方图

直方图是人们最熟悉和常用的一种简单、初等的非参数密度估计方法。由概率论知识可知，随机变量x在直线区间$[a, b]$上的概率为$P(a \leqslant x \leqslant b)=\int_a^b f(x)\mathrm{d}x$，$f(x)$为$x$的密度函数，如记样本$X_i$，$i=1, \cdots, n$，落入区间$[a, b]$的点的个数为$\#\{i: 1 \leqslant i \leqslant n, a \leqslant X_i \leqslant b\}$，则有大数定律

$$P(a \leqslant x \leqslant b) \approx \#\{i: 1 \leqslant i \leqslant n,\ a \leqslant X_i \leqslant b\}/n \tag{6-1}$$

因此可得到

$$\frac{1}{b-a}\int_a^b f(x)\,\mathrm{d}x = \frac{P(a \leqslant x \leqslant b)}{b-a} \approx \frac{\#\{i: 1 \leqslant i \leqslant n,\ a \leqslant X_i \leqslant b\}}{n(b-a)} \tag{6-2}$$

当 $b-a$ 充分小时，$\frac{1}{b-a}\int_a^b f(x)\,\mathrm{d}x$ 可近似代表 $f(x)$ 在 $[a,\ b]$ 上的一个估计值，这就是传统的直方图法。随后在 1955 年，Rosenblatt 对直方图方法提出了一个简单的改进，可视为非参数密度的雏形。他选择一个正数 $h_n > 0$，I_x 为以 x 为中心，长为 h_n 的区间，即 $I_x = \left(x - \frac{h_n}{2},\ x + \frac{h_n}{2}\right)$，这样可以得到一个新的表达式

$$f_n(x) = \frac{1}{nh_n}\#\{i: 1 \leqslant i \leqslant n,\ X_i \in I_x\} \tag{6-3}$$

其中 h_n 为一个需要选择的常数，其定义与样本 n 有关。

其中一个非常著名的例子就是对黄石公园一个间歇式温泉——俗称“老忠实”的描述。图 6－1 描述了其喷发持续时间（eruptions）和间隔时间（waiting）的散点图（单位为分钟，共 272 个点）。

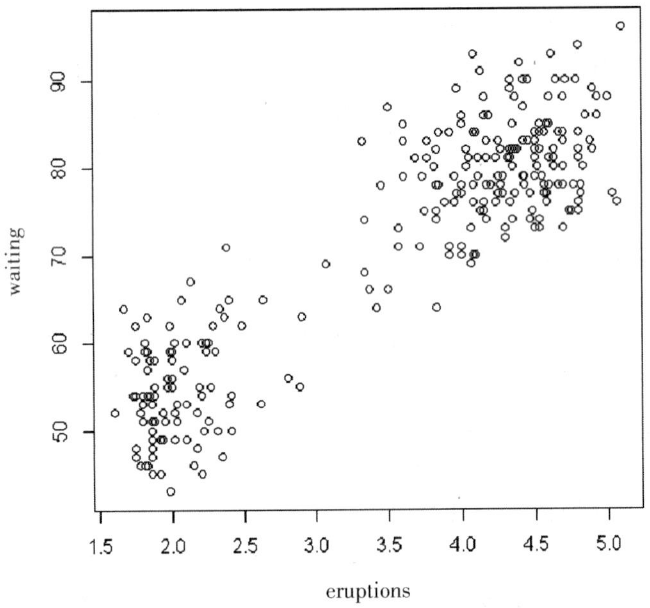

图 6－1　“老忠实”温泉的喷发持续时间和间隔时间散点图

人们想知道间隔时间的密度函数，看起来该密度应该有两个峰，正如前面提到的，最简单的方法是用直方图（见图 6－2）。

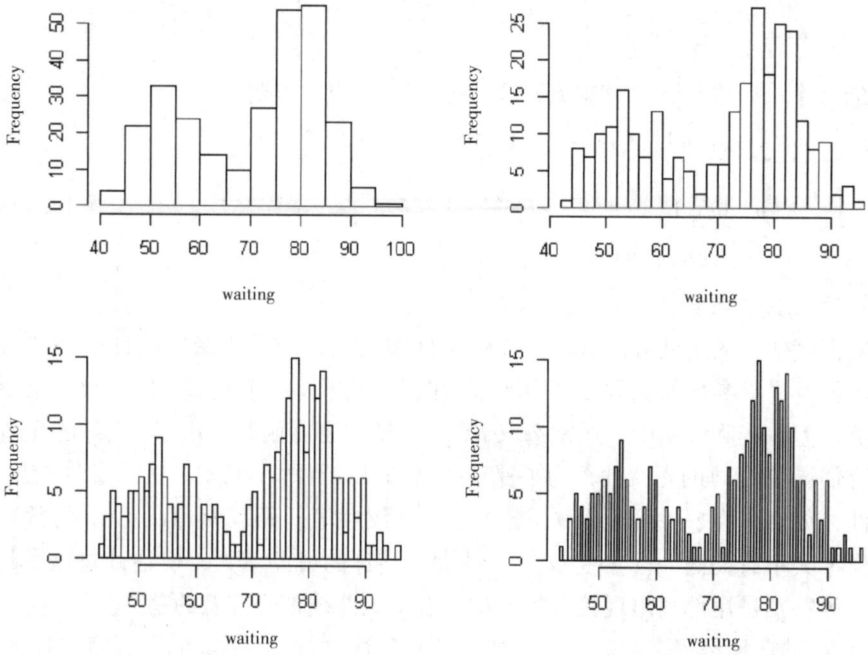

图 6－2 “老忠实”温泉喷发间隔时间直方图

从图 6－2 中容易看出，当区间变细时，这些直方图看起来的确像个密度。然而，如果数据不够多，分割区间太多会使得个别点太突出而看不出总体形状。因此，选择区间的数目和大小是画好直方图的关键，一般的软件都有对此的缺省值。

直方图密度估计的优点：

（1）概念简单，易于使用。

（2）不需要保留采样点。

（3）在样本容量较大、窗宽较小的情况下，所得的图象可以显示密度的基本特征。

直方图密度估计的缺点：

（1）直方图密度估计在高维空间很少有实效。

（2）直方图密度估计的结果是不连续的。

（3）直方图在双变量或者三变量数据的图形化表达方面存在很大的困难。

虽然直方图记录了在每个区间中点的个数或频率，使得图中的矩形条的高度随着数值个数的多少而变化，但是直方图很难给出较为精确的密度估计。这就引发了对密度估计的继续探讨。

6.1.2 核密度估计

核密度估计的原理和直方图有些类似，它也是计算某一点周围的点的个数，只不过是对于近处的点的考虑多一点，对于远处的点的考虑少一些（甚至不考虑）。下面给出非参数核密度估计的正式定义：

设 $K(g)$ 为 R 上的一个给定的概率密度函数，$h_n>0$ 是一个与 n 有关的常数，满足 $n\to\infty$，$h_n\to 0$，则称

$$f_n(x)=\frac{1}{nh_n}\sum_{i=1}^{n}K\left(\frac{x-X_i}{h_n}\right) \tag{6-4}$$

为$f(x)$的一个核密度估计，其中$f(g)$为一已知核密度，满足

$$\sup_{-\infty<\mu<+\infty}|K(u)|<+\infty,\ K(u)=K(-u) \tag{6-5}$$

$$\int_{-\infty}^{+\infty}K(u)\mathrm{d}u=1 \tag{6-6}$$

$$\lim_{|\mu|\to+\infty}|uK(u)|=0 \tag{6-7}$$

h_n 称为窗宽或光滑参数。

从核密度估计的定义可以看出，在给定样本之后，一个核密度估计的性能好坏，取决于核函数及光滑参数的选取。其中 $K(g)$在理论上不是一个概率密度函数，也不一定要求它为负，但在实际应用中，通常选取 $K(g)$为概率密度函数。由于 $K(g)$的光滑性将直接影响待估函数$f(x)$的光滑性，为了保证估计精度并且缩小偏差，就需要对 $K(g)$施加一定的条件，如对称性、一阶距为 0、有界性、连续性等。而且 h_n 为一特殊的常数，实质上是与样本大小有关的一个参变数。h_n 过大，估计的偏差就大，使估计过度平均化，h_n 过小，估计特别是尾部则出现较大的干扰，有增大曲线拟合方差的趋势。

对于 h_n 的选择有很多种方法，比如交叉验证法（cross-validation），直接插入法（direct plug-in），在各个局部用不同的带宽，或者估计出一个光滑的带宽函数 $h_n(x)$等。此时，我们仍将讨论"老忠实"温泉在不同的带宽下的核密度估计（见图 6－3）。

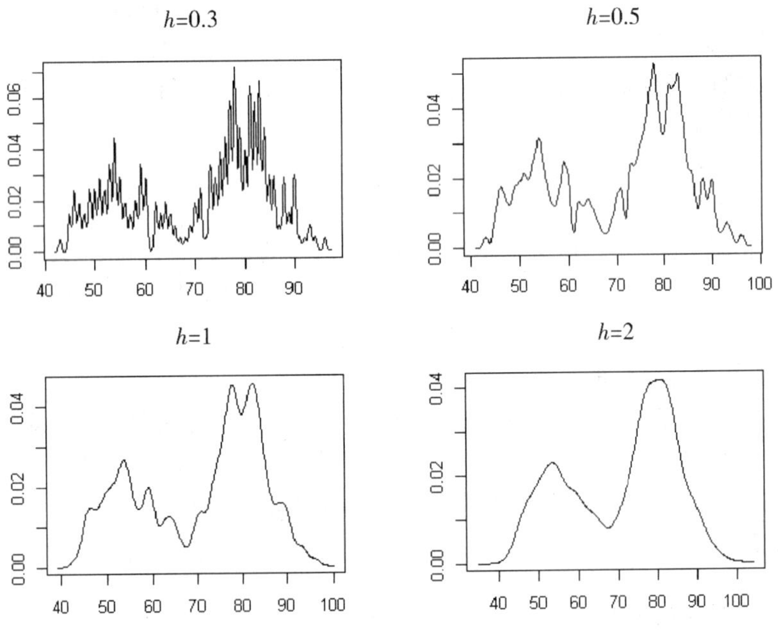

图 6－3　用不同带宽对"老忠实"温泉喷发间隔时间所作的核密度估计

图 6－3 为对"老忠实"温泉的间隔时间所作的核估计，其中 h 取了四个不同的值：0.3，0.5，1 和 2。从图中可以清楚地看出带宽对图形的影响。从图中还可以看出 h 过大、过小的估计都存在一定的问题，显然当 $h=1$ 时的核密度估计是最优的。

对于核函数的选择，下面将列举几种常见的核函数：

（1）均匀（Uniform）核：

$$K_U(u)=\frac{1}{2}\mathrm{I}(|u|\leqslant 1) \tag{6-8}$$

（2）正态（Gauss）核：

$$K_G(u)=(\sqrt{2\pi})^{-1}\exp\left(-\frac{u^2}{2}\right),\ u\in(-\infty,\ +\infty) \tag{6-9}$$

（3）Epanechnikov 核：

$$K_E(u)=\begin{cases}\dfrac{3}{4\sqrt{5}}\left(1-\dfrac{1}{5}u^2\right), & -\sqrt{5}\leqslant u\leqslant\sqrt{5}\\ 0, & 其他\end{cases} \tag{6-10}$$

一般简记为 $K_E(u)=0.75(1-u^2)\mathrm{I}(|u|\leqslant 1)$，或 $K_E(u)=0.75(1-u^2)_+$

（4）三角（Triangle）核：

$$K_T=(1-|u|)\mathrm{I}(|u|\leqslant 1) \tag{6-11}$$

（5）双角（Biweight \ Quartic）核：

$$K_Q=\frac{15}{16}(1-u^2)^2\mathrm{I}(|u|\leqslant 1) \tag{6-12}$$

图 6－4 给出了上述五种核密度函数示意图。

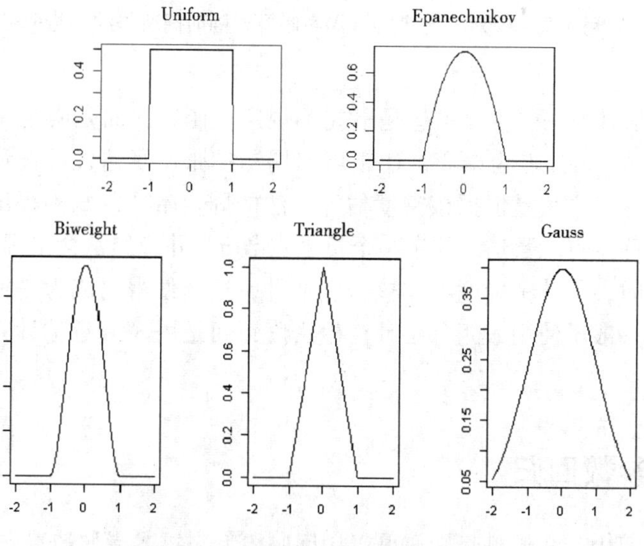

图 6－4　不同核密度函数示意图

6.1.3　K 近邻估计

K 近邻估计是无论欧氏距离多少，只要是 *x* 点的最近的 *k* 个点之一就可以参与加权。一种具体的 *K* 近邻估计（*K*-nearest neighbor estimation）为

$$\tilde{f}(x)=\frac{k-1}{2nd_k(x)} \tag{6-13}$$

令 $d_1(x)\leqslant d_2(x)\leqslant\cdots\leqslant d_n(x)$ 表示按升幂排列的 x 到所有 n 个样本点的欧氏距离。

显然，k 的取值决定了估计密度曲线的光滑程度（见图 6－5）。k 越大则越光滑，还可以与核估计结合起来定义广义 K 近邻估计。

$$\tilde{f}(x)=\frac{1}{nd_k(X)}\sum_{i=1}^{n}K\left(\frac{x-x_i}{d_k(x)}\right) \tag{6-14}$$

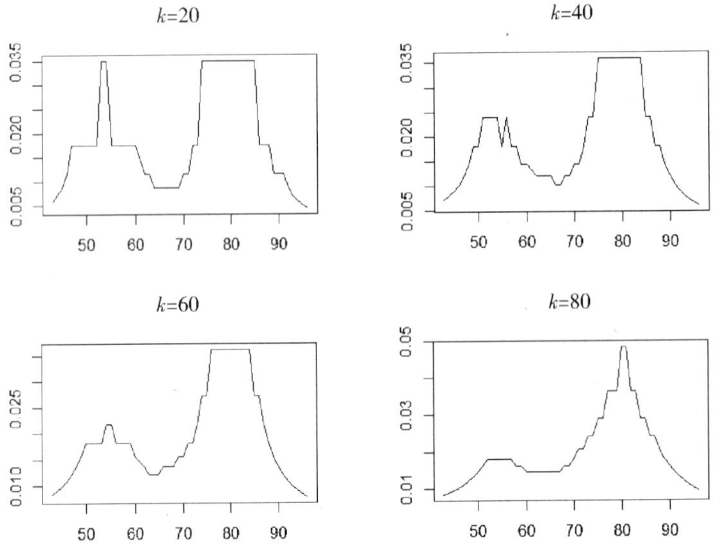

图 6－5　用不同 k 值对“老忠实”温泉喷发间隔时间所作的 K 近邻密度估计

K 近邻密度估计方法的主要思想是事先不规定核函数，而是固定对被估计的点贡献的样本点数 n，以被估计点为中心，让领域向周围扩张反复迭代，直到扩大的领域中含有 n 个点为止，这一方法是根据核密度估计方法的固定带宽的缺陷提出来的。它的缺点是必须事先根据样本点总数估计规定一个贡献点数 n，并且经常会出现不连续的梯度点，当带宽取得较大时，估计精确度不如核密度估计，这样使得它成为一种不被看好的密度估计。许多学者一般不使用 K 近邻估计产生密度，而是用 K 邻近估计方法来对数据进行分类。

6.2　非参数回归

在以往的学习中，我们已经知道可以用回归模型来描述诸如消费支出与可支配收入、国内生产总值与出口总额等之间存在的相关关系，无论是线性回归还是可化为线性回归的非线性回归，都是在已知回归函数形式的基础上进行分析预测的，我们把这类回归称为参数回归。参数回归的最大优点是回归结果可以外延，而且在小样本情况下可以对模型作进一步的统计检验、预测、模型诊断等。然而，其缺点也显而易见，由于回归模型为事先假定，如果这种假定与事实不符，就会对推断和预测造成较大的偏差，拟合效果也会很差，这就需要我们引入非参数回归。设 Y 为被解释变量，X 为解释变量。对给定的样本数据，非参数回归与参数回归正好相反，它的回归函数形式是未经设定的，回归函数的形式约束较少，解释变量和被解释变量的分布也很少受限制，因此它具有较小的模型偏差、良好的稳健性、广泛的适用性等特点。由于在现实生活中，大量的社会现象都是预先无法确认的，因此引入非参数回归模型是非常有必要的。

设 Y 为被解释变量，X 为解释变量。对给定的样本数据 $(X_i, Y_i)(i=1, \cdots, n)$，假定 $\{Y_i\}(i=1, \cdots, n)$ 独立同分布，建立非参数回归模型

$$Y_i = m(X_i) + \varepsilon_i, \ i=1, \cdots, n \tag{6-15}$$

其中 $m(\cdot)$ 是未知回归函数，ε_i 为随机误差项。

将条件期望作为回归函数，即称 $m(X) = E(Y/X)$ 为 Y 对 X 的回归函数，这里的 $m(X)$ 是关于 X 的一切函数类，如果限定 $m(\cdot)$ 为线性函数类，那么 $m(X)$ 就是线性函数了。

设 $(X, Y) \in R^k \times R$ 上的随机变量，$(X_i, Y_i)(i=1, 2, \cdots, n)$ 为 (X, Y) 的 n 次观测值。实际应用中，$\{X_i\}^n$ 为非随机的，Y_1，Y_2，$\cdots$，Y_n 依条件独立。在理论上，非参数回归中的 $\{X_i\}^n$ 既可以是非随机的，也可以是随机的。而在参数回归分析中，我们总是假定 $\{X_i\}^n$ 为非随机的。

根据 $\{X_i\}^n$ 的不同，非参数回归有两种模式。

1. $\{X_i\}^n$ 为随机时的非参数回归模型

设 $(X, Y) \in R^k \times R$，$E|Y| < +\infty$，$(X_i, Y_i)(i=1, 2, \cdots, n)$ 为 (X, Y) 的随机样本。存在未知的实值函数 $g(\cdot)$，使得

$$E(Y_i \mid X_i = x) = g(x) \quad i=1, 2, \cdots, n \tag{6-16}$$

一般记为 $Y = E(Y \mid X = x)$

$$E(Y \mid X = x) = \int y f(y \mid x)\mathrm{d}y = \int y \frac{f(x, y)}{f(x)}\mathrm{d}y = \frac{\int y f(x, y)\mathrm{d}y}{\int f(x, y)\mathrm{d}y} = \frac{r(x)}{f_X(x)} \tag{6-17}$$

其中，$f_X(x) \neq 0$，如果 $f_X(x) = 0$，则 $m(x) = E(Y \mid X = x) = 0$

2. $\{X_i\}^n$ 为非随机时的非参数回归模型

由于在实际中，研究者或试验者一般可以控制 X 或预先指定 X，这时 X 可能不再是随机变量，例如年龄与收入之间的关系中年龄为固定时，收入的分布是已知的，不存在 X 为随机变量时，估计 $f_X(x)$ 的问题。

设 $(X, Y) \in R^k \times R$，$E|Y| < +\infty$，$(X_i, Y_i)(i=1, 2, \cdots, n)$ 为 (X, Y) 的随机样本，则

$$Y_i = g(X_i) + e_i (i=1, 2, \cdots, n) \tag{6-18}$$

e_1，e_2，$\cdots$，$e_n \sim idd$，$E(e_i) = 0$，$\mathrm{Var}(e_i) = \sigma^2 < +\infty$。

非参数回归分析方法有很多种，主要有：以核回归分析、局部多项式回归分析、近邻回归分析、稳健回归分析为代表的非参数局部回归分析；以光滑样条回归分析、B 样条回归分析为代表的非参数样条回归分析；以正交级数光滑回归分析、Fourier 级数光滑回归分析、Wavelet 光滑回归分析为代表的非参数正交回归分析；以多元局部回归、薄片样条、可加模型、投影寻踪、回归树、张量积为代表的处理高维的非参数回归分析。

介绍非参数回归之前，我们首先看一个非常著名的例子——摩托车发生碰撞的模拟实验数据。其散点图如图 6-6 所示。

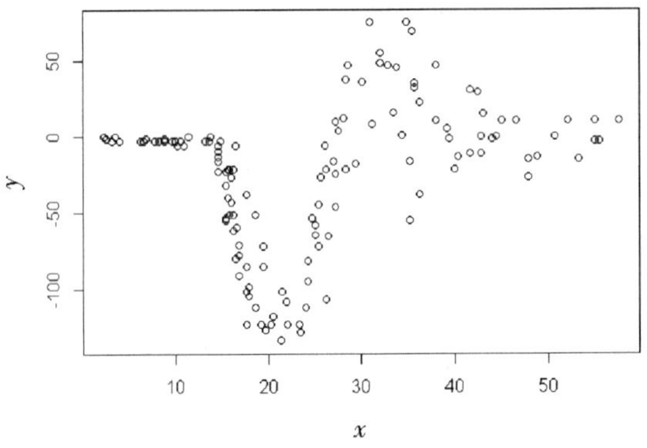

图 6-6　碰撞时间和加速度之间的散点图

其中变量 times(x)为模拟实验中和摩托车相撞之后的时间（单位为百万分之一秒）。而变量 accel(y)是头部的加速度（单位为重力加速度 g）。由图 6-6 可知，y 和 x 之间有某种函数关系，但是很难用参数方法进行回归。

对于图 6-6 显示的图象相信大家会想到一个最容易也是最简单的方法，即滑动平均。最初等的平滑是大家熟知的三点滑动平均，也就是把每一点的值用该点和邻近两点的平均代替，当然也可以作更多点的平均。图 6-7 中的四个小图分别为对摩托车碰撞模拟数据的 3，5，7，9 点滑动平均图。平均的点数越多，就越光滑。

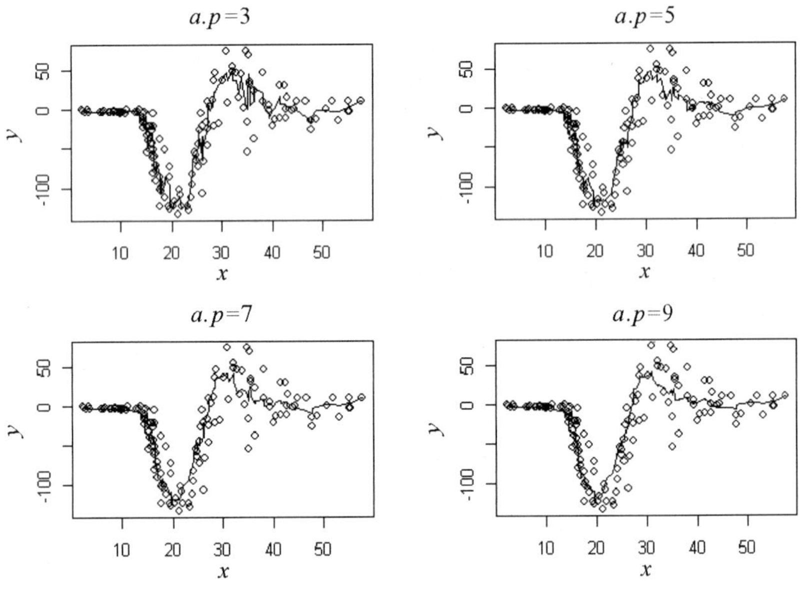

图 6-7　碰撞时间和加速度之间的滑动平均图

由于这种方法十分初级，且非常容易操作，所以这里就不作进一步的分析，本节主要围绕核估计和 K 近邻估计来介绍非参数回归。

6.2.1 核估计回归

核估计回归的基本思路和三点平均是类似的，只不过平均时是按照核函数进行加权平均，估计的公式和密度估计有相似之处。主要的核估计方式有两种：一是 Nadaraya-Watson 形式的核估计；二是 Gausser-Miiller 核估计。

考察模型 I 中的未知条件均值回归函数：

$$m(x)=E(Y\mid X=x)=\frac{\int yf(x,\ y)\mathrm{d}y}{f_X(x)}=\frac{r(x)}{f_X(x)} \tag{6-19}$$

其中，分子中包含未知二元密度函数 $f(x,\ y)$、分母为解释变量 x 的未知边际密度函数 $f_X(x)$，应用分参数密度估计方法，分别考虑对分子 $r(x)$、分母 $f_X(x)$ 的估计。最终可得到分子、分母的核密度估计分别为：

$$\text{分子}=\hat{r}(x)=\int yf(x,\ y)\mathrm{d}y=\frac{1}{nh_x}\sum_{i=1}^{n}K\left(\frac{X_i-x}{h_x}\right)Y_i \tag{6-20}$$

$$\text{分母}=\hat{f}_X(x)=\frac{1}{nh_x}\sum_{i=1}^{n}K\left(\frac{X_i-x}{h_x}\right) \tag{6-21}$$

记 $h_x\triangleq h_n$，可以得到 $m(x)$ 的非参数回归估计

$$\hat{m}_n(x)=\sum_{i=1}^{n}\left(\frac{K\left(\frac{X_i-x}{h_n}\right)}{\sum_{i=1}^{n}K\left(\frac{X_i-x}{h_n}\right)}\right)Y_i=\sum_{i=1}^{n}W_{ni}(x)Y_i \tag{6-22}$$

其中，$W_{ni}(x)=\dfrac{K\left(\frac{X_i-x}{h_n}\right)}{\sum_{i=1}^{n}K\left(\frac{X_i-x}{h_n}\right)}$为概率权函数，$K(\cdot)$为核函数，$h_n$ 为光滑参数。

由于美国的 G. Watson 和苏联的 E. A. Nadaraya 于 1964 年各自独立发表了这种被称为核函数估计的统计方法，所以后来就以 Nadaraya-Watson 来命名这种非参数回归的核估计方法，简记为 N-W 估计。

当 X_i 为固定或设计变量时，X_i 可按大小排列，Gasser，Muller 于 1979 年提出的另一种形式的加权估计，后来被称为 G-M 估计，定义为：

$$\hat{m}(x)=\sum_{i=1}^{n}\left[\int_{s_{i-1}}^{s_i}K\left(\frac{x-u}{h_n}\right)\mathrm{d}u\right]Y_i=\sum_{i=1}^{n}W_{ni}(x)Y_i \tag{6-23}$$

其中，权函数表示为

$$W_{ni}(x)=\int_{s_{i-1}}^{s_i}K\left(\frac{x-u}{h_n}\right)\mathrm{d}u,\ X_{i-1}\leqslant s_{i-1}\leqslant X_i,\ i=1,\ \cdots,\ n \tag{6-24}$$

$$s_i=(x_i+x_{i+1})/2,\ x_0=-\infty,\ x_{n+1}=+\infty \tag{6-25}$$

G-M 估计通常也被称为卷积加权估计（CWE），在一定条件下，G-M 估计满足渐近一致性。下表分别列出了 N-W 估计和 G-M 估计的渐近偏差和渐近方差。

N-W 与 G-M 的比较

估计方法	渐近偏差	渐近方差
N-W	$\frac{h_n^2}{2}\left(m''(x)+\frac{2m'(x)f'(x)}{f(x)}\right)u_2(K)$	V_n
G-M	$\frac{h_n^2}{2}m''(x)u_2(K)$	$1.5V_n$

其中，$V_n=\frac{\sigma^2(x)}{nh_nf(x)}\|K\|_2^2$，从上表可以看到 N-W 估计渐近偏差较大，G-M 估计渐近方差较大，这说明 N-W 估计和 G-M 估计各具优点。

由于在上述渐近偏差和方差的估计中，含有要估计的泛函数 $m(x)$，$m'(x)$ 及 $m''(x)$ 及 $f(x)$，$f'(x)$，因此要找到合适的光滑参数，在实际应用时，应根据实际问题的具体背景来考虑构建合适的模型，决定是否需要分别考虑模型 I 或者模型 II。

图 6－8 给出了摩托车模拟碰撞一例的 Nadaraya-Watson 核回归光滑，为了说明 h 的作用，这里 h 分别取 1，2，3 和 5。

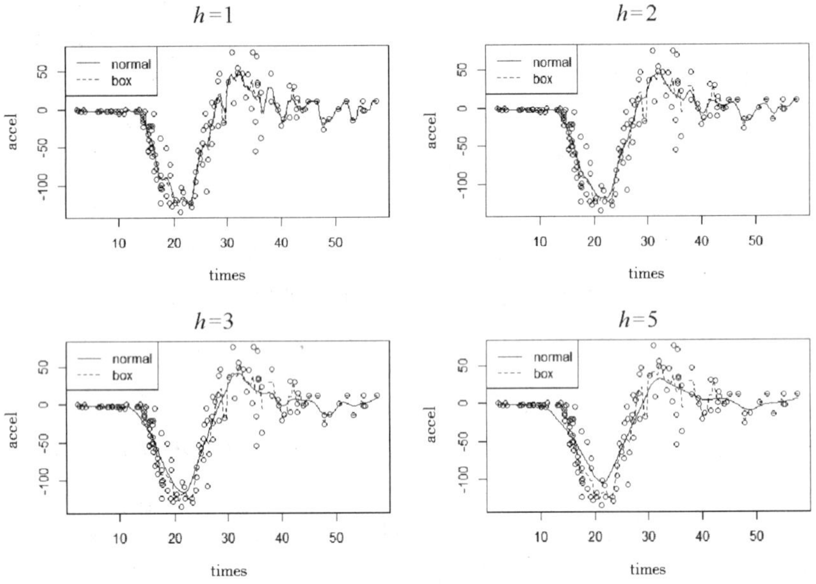

图 6－8　碰撞时间和加速度之间的 N-W 核回归

从图 6－8 中可以看出：第一，随着带宽 h 的增加，拟合曲线变得越来越光滑，但是太光滑会造成拟合效果不好，拟合偏差增大，也就是说拟合的好坏受到带宽 h 的影响；第二，图中使用了 Normal 核和 Boxcar 核不同的核函数，用 N-W 估计方法进行非参数核回归分析时拟合效果非常接近，也就是说通常取定合适的带宽 h 后，核函数的选取并不是很重要的。

6.2.2　*K* 近邻权回归

K 近邻权回归不同于核回归，核回归是在 x 的某固定领域内所对应的解释变量的局

部加权平均，估计的好坏主要在于核函数及光滑参数的选取。而 K 近邻回归是用靠最近 x 的 k 个观察值所对应的 k 个解释变量的加权平均值，根据选择的核函数不同，分为 K 近邻均匀权估计和 K 近邻核权估计。

1. K 近邻均匀权估计

非参数模型 $Y_i = E(Y_i \mid X = X_i) + e_i = m(X_i) + e_i$，$i = 1, \cdots, n$ 的 K 近邻均匀权估计可以表示为：

$$m_n(x, k) = \sum_{i=1}^{n} W_{ni}(x) Y_i \tag{6-26}$$

其中

$$W_{ni}(x) = \begin{cases} \dfrac{1}{k}, & i \in J_{xk} \\ 0, & \text{其他} \end{cases} \tag{6-27}$$

令 $1 < k < n$，且为正整数，$j_{xk} = \{i: X_i \text{ 离 } x \text{ 最近的 } k \text{ 个观测值之一}\}$，$k$ 显然决定了权的大小及参加平均的 Y_i 的多少，k 实际上类似于 N-W 估计中的光滑参数 h_n，k 较大时，会提高 k 的近邻均匀权估计的光滑度。

2. K 近邻核权估计

如果对（6－26）式中的 $m_n(x, k) = \sum_{i=1}^{n} W_{ni}(x) Y_i$ 选取非均匀核函数，则可如下定义 K 近邻核权估计，通常记为非参数回归模型的 K-NN 权函数估计：

$$m_n(x, k) = \frac{\sum_{i=1}^{n} K\left(\dfrac{X_i - x}{R(x, k)}\right) Y_i}{\sum_{i=1}^{n} K\left(\dfrac{X_i - x}{R(x, k)}\right)} \tag{6-28}$$

其中

$$R(x, k) = \max\{\, |X_i - x| : i \in J_{xk}\}, \ 1 < k < n, \text{ 且为正整数}$$

$$J_{xk} = \{i: X_i \text{ 为离 } x \text{ 最近的 } k \text{ 个观测值之一}\}$$

由于在 6.1.3 节介绍的 K 近邻密度估计中存在明显的缺陷，这种缺陷同样在 K 近邻回归中存在，即存在较多的不连续的点，虽然在带宽较大的时候会比较光滑，但是一般来说拟合的效果不如核回归，本章就不再对其进行相应的编程画图说明了，有兴趣的同学可以根据 6.1.3 节中相应的程序进行分析。

6.3 其他非参数回归方法简介

本节将主要介绍非参数回归部分的其他估计方法，这里仅列出主要结果。

6.3.1 局部多项式估计

局部多项式估计（local polynominal estimation，LPE）与前面介绍的 N-W 核估计类似，都利用了 Y_i 的核加权函数来局部地估计均值函数，但局部多项式估计中使用的是局部广义最小二乘的思想，而不是前面 N-W 核估计中的加权平均。LPE 不是靠描点来光滑曲线，而是利用局部多项式逼近。

由 $m(x)$ 的泰勒（Taylor）展开可知，如果 $m(x)$ 在 $X=t$ 处的 $p+1$ 阶导数存在，则 x 在 t 领域内的任一点都有

$$m(x) \approx m(t) + m'(t)(x-t) + \cdots + \frac{m^{(p)}(t)}{p!}(x-t)^p \tag{6-29}$$

由于 $m(t)$，$m't$，…，$m^{(p)}(t)$ 为待估参数，若令 $m^{(j)}(t) \triangleq j!\ \beta_j (j=0, 1, \cdots, p)$，则局部多项式估计可以表示为：

$$m(x) \approx \beta_0 + \beta_1(X_i - t) + \cdots + \beta_p(X_i - t)^p \tag{6-30}$$

该式为多项式回归，由熟悉的广义最小二乘估计可解出 $\hat{\beta}_j(j=0, 1, \cdots, p)$。

LPE 估计的主要优点为：

（1）可同时用于模型 I 中的 X 随机和模型 II 中 X 固定或设计的形式，并同时给出 $m(\cdot)$ 所有 r 阶导函数 $m^{(r)}(\cdot)$ 的估计 $\hat{m}^{(r)}(\cdot)$，而且不必修正边界。在这其中不难发现 N-W 核回归估计为 $p=0$ 局部多项式估计的特例。

（2）由 LPE($p=1$) 的渐近偏差$(\hat{m}_{1n}(x)) = \frac{h_n^2}{2} m^n(x) u_2(K)$，渐近方差$(\hat{m}_{1n}(x)) = \frac{\sigma^2(x)}{nh_n f(x)} \| K \|_2^2$，其中 $u_2(K) = \int t^2 K(t)\,dt$，$\| K \|_2^2 = \int K^2(t)\,dt$，可知，LPE 估计的渐近偏差计算中不涉及 $f(x)$、$f'(x)$，渐近地优于 N-W 估计；LPE 估计的渐近方差小于或者等于 G-M 估计和 N-W 估计。

（3）LPE 估计方法有很多不同的形式和改进。在带宽上也有很多选择，其中包括使用局部带宽，以及使用光滑的带宽函数。

图 6-9 显示多项式的阶数的选择在一定程度上影响着拟合曲线的优异，其中不存在阶数越大越好或者阶数越小越好的理论，这需要对实际情况进行综合考虑。

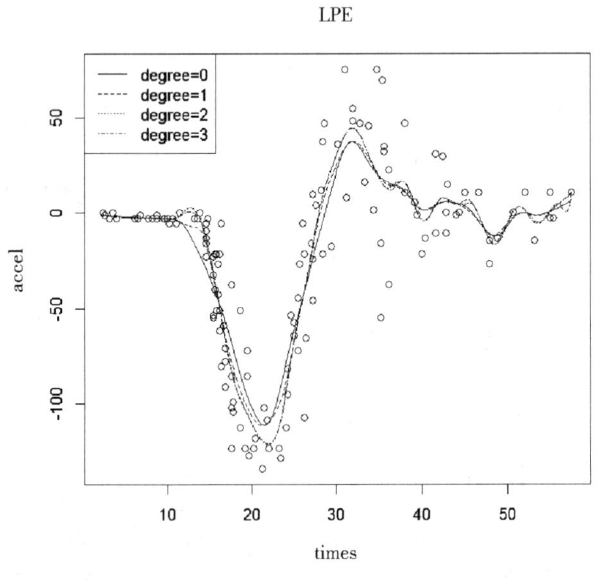

图 6-9　碰撞时间和加速度之间的局部多项式回归

6.3.2 局部加权描点光滑

局部加权描点光滑（locally weighted scatter plot smoothing，LOWESS）由 Cleveland 于 1979 年提出，其基本思想是在给定阶数 p 之下，对未知参数 $\beta=(\beta_0,\ \beta_1,\ \cdots,\ \beta_p)^T$ 求局部最小二乘加权回归函数，即求

$$\sum_{i=1}^{n}[Y_i-\sum_{j=1}^{p}\beta_j(X_i-X_k)^j]^2\frac{1}{h_k}K_i\left(\frac{X_i-X_k}{h_k}\right)$$

的最小值，该权函数为 $\frac{1}{h_k}K_i\left(\frac{X_i-X_k}{h_k}\right)$，其中光滑参数 h_k 是 $|X_k-X_j|$，$j=1,\ 2,\ \cdots,\ n$ 中第 r 个最小的数。使 r 满足 $r=[nd]$ 为 nd 取整运算，$o<d\leqslant 1$，可得到 Y_k 的拟合值 $\hat{Y}_k=\hat{\beta}_0$，残差 $R_k=Y_k-\hat{Y}_k$，$k=1,\ 2,\ \cdots,\ n$，记 $|R_1|$，$|R_2|$，$\cdots$，$|R_n|$ 的中位数为 $M=med\{|R_1|,\ |R_2|,\ \cdots,\ |R_n|\}$，则该权函数可定义为

$$\delta_i=B\frac{R_i}{6M},\ i=1,\ 2,\ \cdots,\ n \tag{6-31}$$

其中，$B(u)$ 为二次核函数

$$B(u)=(1-u^2)^2\mathrm{I}(|u|\leqslant 1) \tag{6-32}$$

由新的权函数可以得到 Y_k 新的拟合值 $\tilde{Y}_k$，重复上面步骤，最后第 N 步得到的拟合值产生函数的拟合曲线。

图 6-10 显示了碰撞时间和加速度之间的 LOWESS 回归，随着 f(smoother span)值的增加，曲线就越平滑，所以 f 值的选择不宜过小，也不宜过大。

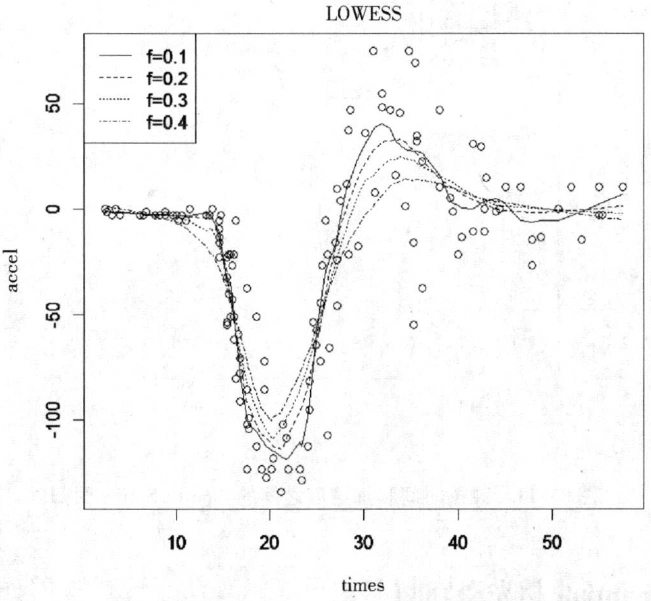

图 6-10 碰撞时间和加速度之间的 LOWESS 回归

6.3.3 样条光滑回归

样条光滑回归（spline smooth regression）基于对分散的数据点进行分段多项式拟合，从而对未知函数进行估计，该方法主要是寻找一个光滑函数使得残差平方和 $RSS = \sum_{i=1}^{T}(Y_i - \sum_{i=1}^{p}\alpha_i B_i(x))^2$（$p$ 为样条基底的个数）最小，这是光滑样条估计的基本思想，一般利用 $\|m''\|_2^2 = \int(m''(x))^2\mathrm{d}x$，$m \in W_2^k(0,\ 1)$ [$W_2^k(0,\ 1)$通常称为 k 阶 Sobolev 空间]来修正或控制光滑程度，这样样条光滑估计可表示为：

$$\hat{m}_{SS} = \arg\min_{m}\left(\sum_{1}^{n}(Y_1 - m(X_i))^2 + \lambda\|m''\|_2^2\right) \tag{6-33}$$

其中，$\lambda > 0$ 为需要选择的光滑参数，也称为拉格朗日乘子，显然，当 λ（>0）很大时，二阶导数要很小才行。这样就使得拟合很光滑，但是第一项代表的偏差就可能很大。如果 λ 很小，效果正相反，即拟合很好，光滑度则不好。这也要用交叉证法来确定到底 λ 取什么值合适。可以证明上述极小值问题的解 $\hat{m}_{SS}$存在且在一定条件下唯一，而且 $\hat{m}_{SS}$作为 x 的函数是 $2k$ 阶自然样条函数，所有可能的节点就是数据点 $\{X_1,\ \cdots,\ X_T\}$，实际上从模型的推导过程中可以看出 $s=0$ 时，上述过程可考虑与 LPE 估计等价。因此样条光滑估计可以看作 LPE 的一种补充，特别是假设多项式估计与实际情形有偏差时，多项式回归可以视为样条光滑估计的一个特例。

图 6-11 显示了碰撞时间和加速度之间的 Smooth Spline 回归，spar（平滑参数）的选择不同，所得的图象不同：平滑参数越大，图象越光滑，拟合度越低；平滑参数越小，图象越粗糙，然而拟合度较高。

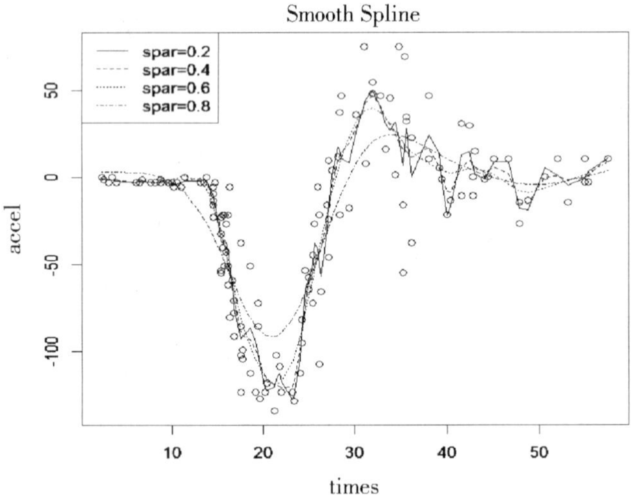

图 6-11 碰撞时间和加速度之间的 Smooth Spline 回归

6.3.4 Friedman 超光滑回归

Friedman 超光滑回归（super smoother regression）会使带宽随着 x 变化，对每个点有三个带宽来自动选择，这依该点每边的领域中的点数而定（由交叉验证来确定），它不用迭代。该方法是斯坦福大学的 Friedman（1984）用 FORTRAN 程序来实现的，这是一个非常自动的方法。R 语言中自带实现 Friedman 超光滑回归的函数 Supsmu（见图 6－12）。

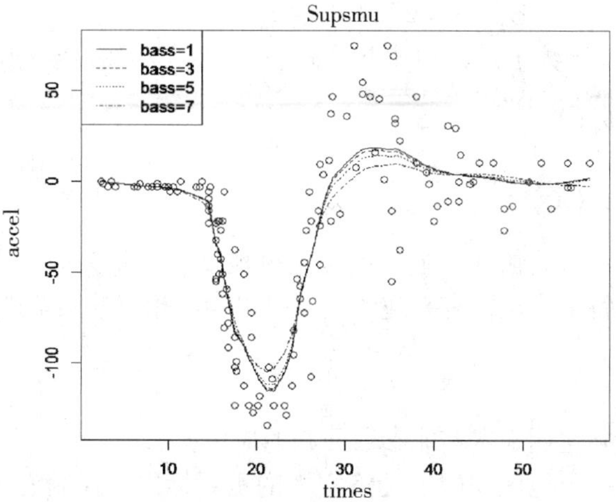

图 6－12　碰撞时间和加速度之间的 Supsmu 回归

6.3.5　傅里叶级数光滑估计

傅里叶（Fourier）级数光滑属于正交级数逼近的方法，用于函数的渐近表示、数据分解和曲线拟合估计。简单地说，它是函数的一种频率分解式。

记 $m(x)$ 的傅里叶变换为 $m(x) \approx \frac{a_0}{2} + \sum_{i=1}^{\infty}(a_i\cos(2\pi jx) + \beta_i\sin(2\pi jx))$，如果找到一个合适的 $\lambda(n)$，则可视 $m_F(x) \approx \frac{a_0}{2} + \sum_{i=1}^{\lambda(n)}(a_i\cos(2\pi jx) + \beta_i\sin(2\pi jx))$ 为 $m(x)$ 的一个逼近。对于非参数回归模型 $Y_i = m_F(X_i) + \varepsilon_i$，$i = 1, \cdots, n$，根据最小二乘原理，通过求 $\sum_{i=1}^{n}(Y_i - m_F(X_i))^2$ 的最小值，可以得到未知参数 a_0，a_i，β_i，$i = 1, \cdots, \lambda(n)$ 的估计量，从而可以得到 $m(x)$ 的傅里叶估计 $\hat{m}_F(x) \approx \frac{\hat{a}_0}{2} + \sum_{i=1}^{\lambda(n)}(\hat{\alpha}_i\cos(2\pi jx) + \hat{\beta}_i\sin(2\pi jx))$，其中傅里叶系数

$$a_i = 2\int_0^1 m(s)\cos(2\pi js)\,\mathrm{d}s \tag{6-34}$$

$$\beta_i = 2\int_0^1 m(s)\sin(2\pi js)\,\mathrm{d}s \tag{6-35}$$

6.3.6　小波估计

小波估计的思想与傅里叶估计很相似，小波分析可以从时—频两个方面反应局部特征，非常适合分析信号的非平稳过程。与前面几种非参数估计回归分析相比，小波估计的最大优点是可以同时考察 $m(x)$ 时—频两方面的变化。$m(x)$ 的小波变化形式可以表示为

$$m(x) = \sum_k \alpha_k \phi_{0k}(x) + \sum_{j>0}^{\infty}\sum_k \beta_{jk}\varphi_{jk}(x) \tag{6-36}$$

其中

$$\alpha_k = \int m(x)\phi_{0k}(x)\,\mathrm{d}x$$

$$\beta_{jk} = \int m(x)\varphi_{jk}(x)\,\mathrm{d}x$$

$\phi_{0k}(x)$为尺度函数，是平方可积函数集的一个正交基。

$\varphi_{jk}(x)$为基小波，一般 $\varphi_{jk}(x) = 2^{\frac{j}{2}}\varphi(2^{j}x - k)$。

因此在给定了尺度函数 $\phi_{0k}(x)$和基小波 $\varphi_{jk}(x)$之后，小波系数的估计可以表示为

$$\hat{\alpha}_k = \frac{1}{n}\sum_{i=1}^{n} Y_i \phi_{jk}(X_i)$$

$$\hat{\beta}_{jk} = \frac{1}{n}\sum_{i=1}^{n} Y_i \varphi_{jk}(X_i)$$

对于傅里叶估计和小波估计，笔者只是简单地介绍了相关的原理，其在非参数统计学的教学中运用不是特别广泛，有兴趣的读者可以参考相应的文章进行研究。

案例分析

下面我们将用实际案例来考察非参数回归的应用：

财政收入是衡量一个地区和国家经济实力的重要标志，控制着国民经济的命脉，对财政收入进行定量分析并对其作出比较准确的预测可以为相关部门或者企业制订发展规划提供可靠的依据。科学合理的财政收入预测可以避免财政支出的随意性和盲目性，能够保障财政收支平衡，保证经济稳定健康地发展。

本案例选取了我国 1990 年 1 月到 2012 年 12 月的财政收入数据，并分别采用了最小二乘法、N-W 回归、光滑样条、LOWESS 方法对数据进行拟合，如图 6－13 所示：

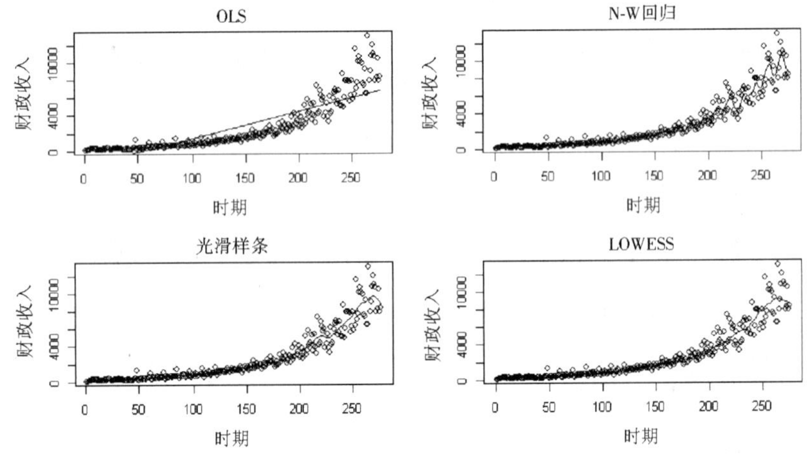

图 6－13　财政收入的拟合回归图

从图 6－13 可以发现由最小二乘法得到的直线与实际数据在后期差异较大，而各种非参数回归则拟合得较好。这充分说明对于某些数据，我们不能够人为地设定该数据符合某种分布，这也正是本章所介绍的非参数密度估计以及非参数回归之所以重要的原因。为了进一步考察各种模型的优劣程度，需要考察模型的误差分布。图 6－14 分别给出了上述四种回归方法的拟合残差。直观上，非参数回归的结果要更好一些，因为从图中的数据点的分布可以发现最小二乘回归的拟合残差显示出一定的相依性。

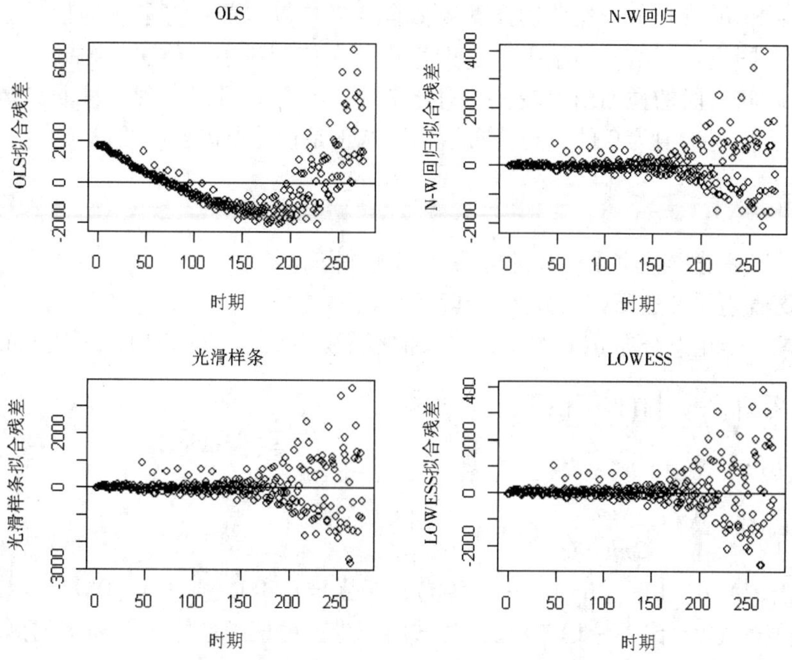

图 6-14　财政收入的拟合残差图

由图 6-14 可以看出最小二乘法的残差分布不规则，偏离直线 $h=0$ 较远，而非参数回归的点的分布较规则，在前期基本处于 $h=0$ 线上，后期存在一定的偏离，但整体的均值仍然是在 $h=0$ 处，这充分显示了非参数的方法在对此类数据处理过程中的优越性。除了这种直观的显示外这里还将用本章第一节介绍的非参数密度估计，对上述所得的四种回归的残差进行误差密度函数的估计，图 6-15 为各种回归的正态核密度估计的拟合结果。

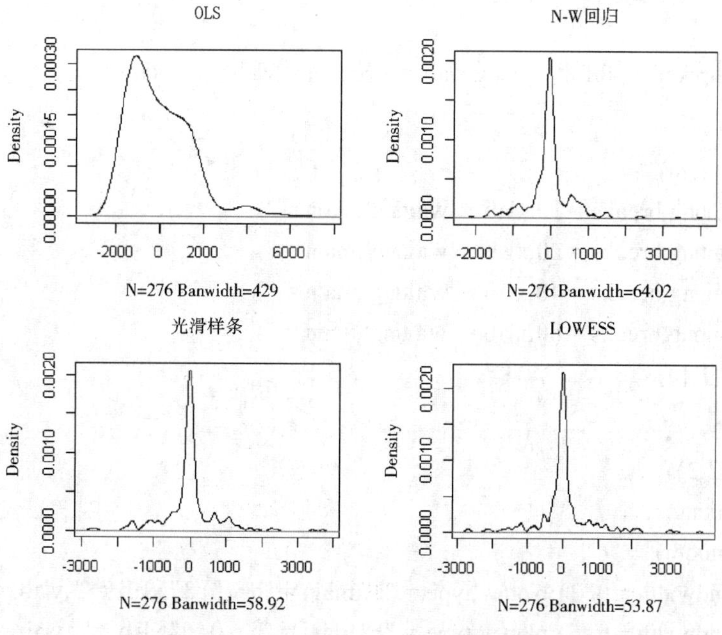

图 6-15　财政收入拟合残差正态概率密度图

由图 6－15 可以看出非参数估计下的拟合结果较好，最小二乘法的估计方法使其残差的概率密度图出现了右偏的结果，这也意味着在使用最小二乘法对财政收入进行预测时，在高财政收入段的预测结果较差。对比最小二乘法，可以发现三种非参数方法的残差概率密度图呈现均值为 0 的正态分布结构，这正是预测所需要的假设。

复习题

1. 简要概述非参数密度估计的方法及其优缺点。
2. 简要概述非参数回归的方法及其优缺点。
3. 考虑一个正态分布 $p(x)N(\mu, \sigma^2)$ 和核函数 $K(x) \sim N(0, 1)$。证明 Parzen 窗估计 $p_n(x) = \frac{1}{nh_n}\sum_{i=1}^{n} K\left(\frac{x - x_i}{h_n}\right)$ 有如下性质：

（1）$\bar{p}_n(x) \sim N(\mu, \sigma^2 + h_n^2)$。

（2）$\mathrm{Var}[p_n(x)] \approx \frac{1}{2nh_n\sqrt{\pi}} p(x)$。

4. 令 $\mu_i \sim N(0, 1)$，$(i = 1, \cdots, 500)$，令 $X_i = i/500$，则 $X_i \in [0, 1]$，模拟产生如下数据：$Y_i = \cos(2\exp(X_i + 1)) + \mu_i$，尝试用至少三种核函数估计 X 和 Y 的函数曲线。
5. 令 $\mu_i \sim N(0, 1)$，$X_i \sim N(0, 9u_i^2)$，$(i = 1, \cdots, 500)$ 为相互独立的变量，模拟产生如下数据：$Y_i = \sin(2\exp(X_i + 1)) + u_i$，用局部多项式、样条光滑和傅里叶级数估计 X 和 Y 的函数曲线。
6. 收集广东省居民消费价格指数和商品进出口额，分别运用本章所介绍的非参数方法进行消费价格指数与商品进出口额非参数估计，并画出相应的图形。

附录（本章代码）

图 6－1 程序

```
data(faithful)
plot(faithful$eruptions,faithful$waiting,xlab = 'eruptions',ylab = 'waiting')
```

图 6－2 程序

```
par(mfrow = c(2,2))
hist(faithful$waiting,breaks = 10,xlab = 'waiting',main = '')
hist(faithful$waiting,breaks = 20,xlab = 'waiting',main = '')
hist(faithful$waiting,breaks = 40,xlab = 'waiting',main = '')
hist(faithful$waiting,breaks = 80,xlab = 'waiting',main = '')
par(mfrow = c(1,1))
```

图 6－3 程序

```
par(mfow = c(2,2));
x = faithful$waiting;
library(KernSmooth)
w = bkde(x,bandwidth = 0. 3);plot(w,type = "1",main = "h = 0. 3",xlab = "",ylab = "")
w = bkde(x,bandwidth = 0. 5);plot(w,type = "1",main = "h = 0. 5",xlab = "",ylab = "")
w = bkde(x,bandwidth = 1);plot(w,type = "1",main = "h = 1",xlab = "",ylab = "")
```

```
w = bkde(x,bandwidth = 2);plot(w,type = "1",main = "h = 2",xlab = "",ylab = "")
```

图 6－4 程序

```
u = seq( - 2,2,0. 01)
n = length(u)
Uniform.kernel = matrix(,n)
Epanechnikov.kernel = matrix(,n)
Biweight.kernel = matrix(,n)
Triangle.kernel = matrix(,n)
Gauss.kernel = matrix(,n)
for(i in 1:n){
if((u[i] < = 1)&(u[i] > = - 1))
{
Uniform.kernel[i] < -0. 5
Epanechnikov.kernel[i] < -0. 75* (1 - u[i]^2)
Biweight.kernel[i] < -15* (1 - u[i]^2)^2/16
Triangle.kernel[i] < -1 - abs(u[i])
}
else
{
Uniform.kernel[i] < -0
Epanechnikov.kernel[i] < -0
Biweight.kernel[i] < -0
Triangle.kernel[i] < -0
}
Gauss.kernel[i] < -exp( - u[i]^2/2)/(sqrt(2* pi))
}
par(mfrow = c(1,2))
plot(u,Uniform.kernel,xlab = "",ylab = "",main = "Uniform",type = "l")
plot(u,Epanechnikov.kernel,xlab = "",ylab = "",main = "Epanechnikov",type = "l")
par(mfrow = c(1,3))
plot(u,Biweight.kernel,xlab = "",ylab = "",main = "Biweight",type = "l")
plot(u,Triangle.kernel,xlab = "",ylab = "",main = "Triangle",type = "l")
plot(u,Gauss.kernel,xlab = "",ylab = "",main = "Gauss",type = "l")
```

图 6－5 程序

```
data(faithful)
A = faithful
dk = function(A,x,k){
na = nrow(A)
or = 1:na
```

```
dis = NULL
for(i in 1:na)
{dis = c(dis,(abs(x - A[i,2])))}
disnew = sort(dis)
dk = disnew[k]
return(dk)
}
x = sort(A[,2])
knear = function(A,x,k){
knear = c ( )
for(i in 1:nrow(A)){
knear[i] = (k - 1)/(2* nrow(A)* dk(A,x[i],k))}
knear}
knear(A,x,10)
knear(A,x)
par(mfrow = c(2,2))
plot(x,knear(A,x,20),type = "l",xlab = '',ylab = '',main = 'k = 20')
plot(x,knear(A,x,40),type = "l",xlab = '',ylab = '',main = 'k = 40')
plot(x,knear(A,x,60),type = "l",xlab = '',ylab = '',main = 'k = 60')
plot(x,knear(A,x,80),type = "l",xlab = '',ylab = '',main = 'k = 80')
```

图 6－6 程序

```
library(MASS)
x = mcycle[,1];y = mcycle[,2]
plot(x,y)
```

图 6－7 程序

```
library(MASS)
x = mcycle[,1];y = mcycle[,2]
ymean = rep(0,133)
for(i in 1:131){ymean[i] = (y[i] + y[i+1] + y[i+2])/3}
ymean[132] = (y[132] + y[133])/2
ymean[133] = y[133]
ymean1 = rep(0,133)
for(i in 1:129){ymean1[i] = (y[i] + y[i+1] + y[i+2] + y[i+3] + y[i+4])/5}
ymean1[130] = (y[130] + y[131] + y[132] + y[133])/4
ymean1[131] = (y[131] + y[132] + y[133])/3
ymean1[132] = (y[132] + y[133])/2
ymean1[133] = y[133]
ymean2 = rep(0,133)
for(i in 1:127){ymean2[i] = (y[i] + y[i+1] + y[i+2] + y[i+3] + y[i+4] + y[i+5] + y[i+6])/
```

```
7}
ymean2[128] = (y[128] + y[129] + y[130] + y[131] + y[132] + y[133])/6
ymean2[129] = (y[129] + y[130] + y[131] + y[132] + y[133])/5
ymean2[130] = (y[130] + y[131] + y[132] + y[133])/4
ymean2[131] = (y[131] + y[132] + y[133])/3
ymean2[132] = (y[132] + y[133])/2
ymean2[133] = y[133]
ymean3 = rep(0,133)
for(i in 1:125)
{ymean3[i] = (y[i] + y[i+1] + y[i+2] + y[i+3] + y[i+4] + y[i+5] + y[i+6] + y[i+7] + y[i
+8])/9}
ymean3[126] = (y[126] + y[127] + y[128] + y[129] + y[130] + y[131] + y[132] + y[133])/8
ymean3[127] = (y[127] + y[128] + y[129] + y[130] + y[131] + y[132] + y[133])/7
ymean3[128] = (y[128] + y[129] + y[130] + y[131] + y[132] + y[133])/6
ymean3[129] = (y[129] + y[130] + y[131] + y[132] + y[133])/5
ymean3[130] = (y[130] + y[131] + y[132] + y[133])/4
ymean3[131] = (y[131] + y[132] + y[133])/3
ymean3[132] = (y[132] + y[133])/2
ymean3[133] = y[133]
par(mfrow = c(2,2))
plot(x,y,main = 'a.p = 3');lines(x,ymean,type = 'l')
plot(x,y,main = 'a.p = 5');lines(x,ymean1,type = 'l')
plot(x,y,main = 'a.p = 7');lines(x,ymean2,type = 'l')
plot(x,y,main = 'a.p = 9');lines(x,ymean3,type = 'l')
```

图 6－8 程序

```
library(MASS)
par(mfrow = c(2,2))
x = mcycle[,1];y = mcycle[,2]
plot(x,y,xlab = 'times',ylab = 'accel',main = "h = 1");lines(ksmooth(x,y,'normal',bandwidth = 1))
lines(ksmooth(x,y,'box',bandwidth = 1),lty = 2);legend('topleft',c('normal','box'),lty = 1:2)
plot(x,y,xlab = 'times',ylab = 'accel',main = "h = 2");lines(ksmooth(x,y,'normal',bandwidth = 2))
lines(ksmooth(x,y,'box',bandwidth = 1),lty = 2);legend('topleft',c('normal','box'),lty = 1:2)
plot(x,y,xlab = 'times',ylab = 'accel',main = "h = 3");lines(ksmooth(x,y,'normal',bandwidth = 3))
lines(ksmooth(x,y,'box',bandwidth = 1),lty = 2);legend('topleft',c('normal','box'),lty = 1:2)
plot(x,y,xlab = 'times',ylab = 'accel',main = "h = 5");lines(ksmooth(x,y,'normal',bandwidth = 5))
lines(ksmooth(x,y,'box',bandwidth = 1),lty = 2);legend('topleft',c('normal','box'),lty = 1:2)
```

图 6－9 程序

```
library(KernSmooth)
library(MASS)
```

```
data(mcycle)
x = mcycle[,1];y = mcycle[,2]
plot(y ~ x,xlab = 'times',ylab = 'accel',main = 'LPE')
bw = dpill(x,y)
lines(locpoly(x,y,degree = 0,bandwidth = bw),lty = 1,col = 1)
lines(locpoly(x,y,degree = 1,bandwidth = bw),lty = 2,col = 2)
lines(locpoly(x,y,degree = 2,bandwidth = bw),lty = 3,col = 3)
lines(locpoly(x,y,degree = 3,bandwidth = bw),lty = 4,col = 4)
legend('topleft',c('degree = 0','degree = 1','degree = 2','degree = 3'),lty = 1:4,col = 1:4)
```

图 6-10 程序

```
library(MASS)
data(mcycle)
x = mcycle[,1];y = mcycle[,2]
plot(y ~ x,xlab = 'times',ylab = 'accel',main = 'LOWESS')
lines(lowess(x,y,f = 0. 1),lty = 1,col = 1)
lines(lowess(x,y,f = 0. 2),lty = 2,col = 2)
lines(lowess(x,y,f = 0. 3),lty = 3,col = 3)
lines(lowess(x,y,f = 0. 4),lty = 4,col = 4)
legend('topleft',c('f = 0. 1','f = 0. 2','f = 0. 3','f = 0. 4'),lty = 1:4,col = 1:4)
```

图 6-11 程序

```
library(MASS)
data(mcycle)
x = mcycle[,1];y = mcycle[,2]
plot(y ~ x,xlab = 'times',ylab = 'accel',main = 'Smooth Spline')
lines(smooth.spline(x,y,spar = 0. 2),lty = 1,col = 1)
lines(smooth.spline(x,y,spar = 0. 4),lty = 2,col = 2)
lines(smooth.spline(x,y,spar = 0. 6),lty = 3,col = 3)
lines(smooth.spline(x,y,spar = 0. 8),lty = 4,col = 4)
legend('topleft',c('spar = 0. 2','spar = 0. 4','spar = 0. 6','spar = 0. 8'),lty = 1:4,col = 1:4)
```

图 6-12 程序

```
library(MASS)
data(mcycle)
x = mcycle[,1];y = mcycle[,2]
plot(y ~ x,xlab = 'times',ylab = 'accel',main = 'Supsmu')
lines(supsmu(x,y,bass = 1),lty = 1,col = 1)
lines(supsmu(x,y,bass = 3),lty = 2,col = 2)
lines(supsmu(x,y,bass = 5),lty = 3,col = 3)
lines(supsmu(x,y,bass = 7),lty = 4,col = 4)
```

```
legend('topleft',c('bass = 1','bass = 3','bass = 5','bass = 7'),lty = 1:4,col = 1:4)
```

图 6 - 13 程序

```
x = read.table('clipboard',header = T)
lm.1 = lm(x[,2] ~ x[,1])
summary(lm.1)
library(MASS)
par(mfrow = c(2,2))
plot(x[,1],x[,2],xlab = '时期',ylab = '财政收入',main = 'OLS')
lines(x[,1],fitted(lm.1))
plot(x[,1],x[,2],xlab = '时期',ylab = '财政收入',main = "N - W 回归")
lines(ksmooth(x[,1],x[,2],'normal',bandwidth = 5))
plot(x[,1],x[,2],xlab = '时期',ylab = '财政收入',main = "光滑样条")
lines(smooth.spline(x[,1],x[,2],spar = 0. 5))
plot(x[,1],x[,2],xlab = '时期',ylab = '财政收入',main = "LOWESS")
lines(lowess(x[,1],x[,2],f = 0. 1))
```

图 6 - 14 程序

```
x = read.table('clipboard',header = T)
ydlm = lm(x[,2] ~ x[,1])
yd1 = x[,2] - ydlm$fitted
ydks = ksmooth(x[,1],x[,2],'normal',bandwidth = 5)
yd2 = x[,2] - ydks$y
ydss = smooth.spline(x[,1],x[,2],spar = 0. 5)
yd3 = x[,2] - ydss$y
ydlow = lowess(x[,1],x[,2],f = 0. 1)
yd4 = x[,2] - ydlow$y
par(mfrow = c(2,2))
plot(x[,1],yd1,xlab = '时期',ylab = 'OLS 拟合残差');abline(h = 0)
plot(x[,1],yd2,xlab = '时期',ylab = 'N - W 回归拟合残差');abline(h = 0)
plot(x[,1],yd3,xlab = '时期',ylab = '光滑样条拟合残差');abline(h = 0)
plot(x[,1],yd4,xlab = '时期',ylab = 'LOWESS 拟合残差');abline(h = 0)
```

图 6 - 15 程序

```
par(mfrow = c(2,2))
plot(density(yd1),main = 'OLS')
plot(density(yd2),main = 'N - W 回归')
plot(density(yd3),main = '光滑样条')
plot(density(yd4),main = 'LOWESS')
```

7　R 语言

7.1　R 语言简介

R 语言是一种为统计计算和图形显示而设计的语言环境，是贝尔实验室（Bell Laboratories）的 Rick Becker，John Chambers 和 Allan Wilks 开发的 S 语言的一种实现，提供了一系列统计和图形显示工具。S 语言也是目前比较流行的统计软件 S-PLUS 的基础。

R 语言的创始人是 Ross Ihaka 和 Robert Gentleman，由于这两位“R 之父”的名字都是以 R 开头，所以就以“R”命名 R 语言。

R 语言是一组数据操作、计算和图形显示工具的整合包。与同类软件相比，其特色在于：

（1）它有有效的数据处理和保存机制。

（2）它拥有一整套数组和矩阵的操作运算符。

（3）它有一系列连贯而又完整的数据分析中间工具。

（4）它的图形统计可以对数据直接进行分析和显示，可用于多种图形设备。

（5）它是一种相当完善、简洁和高效的程序设计语言。它包括条件语句、循环语句、用户自定义的递归函数以及输入输出接口。

（6）它是彻底面向对象的统计编程语言。

（7）它和其他编程语言、数据库之间有很好的接口。

（8）它是自由软件，可免费使用，但其功能却不比任何其他同类软件差。

（9）它具有丰富的网上资源，更为重要的一点是它提供了非常丰富的程序包，除了推荐的标准包外，还有很多志愿者提供的贡献包，它直接利用这些包，可以大大提高工作效率。R 语言的官方网站是 http：//www. r-project. org，与 R 语言有关的网站还有 CRAN（镜像），其主站网址是：http//www. cran. r-project. org，相应的中国镜像网是：http：//www. lmbe. seu. edu. cn/CRAN/，在这些网站可以下载到很多程序包以及 R 语言的资料。

7.2　R 语言和统计

R 语言具有丰富的统计方法，大多数人使用 R 语言是因为其强大的统计功能。不过对 R 语言比较准确的认识是它是一个内部包含了许多经典统计技术的环境。部分统计功能整合在 R 环境的底层，但是大多数统计功能则以包的形式提供。大约有 25 个包和 R 同时发布，也被称为标准包。如果想得到更多的其他包，可以在 R 语言的中国镜像里找到，镜像里还提供了其他比如关于 R 语言使用的一些资料。大多数经典的统计方法和最新的技术都可以在 R 语言中直接得到，终端用户只需要花点时间去寻找就可以了。

R 语言的统计分析过程常常被分解成一系列步骤，并且所有的中间结果都被保存在对象（Object）中，以便使用 R 语言里面的函数作进一步的分析。虽然 SAS，SPSS 和 Minitab 也提供了丰富的屏幕输出内容，但其中间结果很难在后续分析结果中直接使用。

R 语言是一套完整的数据处理、计算和绘图软件系统。其功能主要包括：数据存储和处理系统；数组运算工具（其向量、矩阵运算方面的功能尤其强大）；完整连贯的统计分析工具；优秀的统计制图功能；简便而强大的编程语言可操纵数据的输入和输出，可实现分支、循环、用户自定义功能等。

与其说 R 语言是一种统计软件，还不如说 R 语言是一种统计计算的环境，因为 R 语言提供了大量的统计程序，使用者只需指定数据库和若干参数便可进行统计分析。R 语言的思想是：它可以提供一些集成的统计工具，但更重要的是它可以提供各种统计计算函数，从而使使用者能灵活地进行数据分析，甚至创造出符合需要的新的统计计算方法。

7.3 R 语言的启动和退出

R 语言的启动很简单，与其他程序相似，只要双击桌面图标或在开始菜单里的所有程序下打开。R 语言启动后将会出现有关版权、如何获得 R 语言帮助以及如何退出 R 语言的一些说明性文字。图 7 - 1 是 R 语言的控制台（R Console），R 语言的主要命令都在这里执行。

“ >” 是 R 语言的命令提示符，等待用户输入命令。

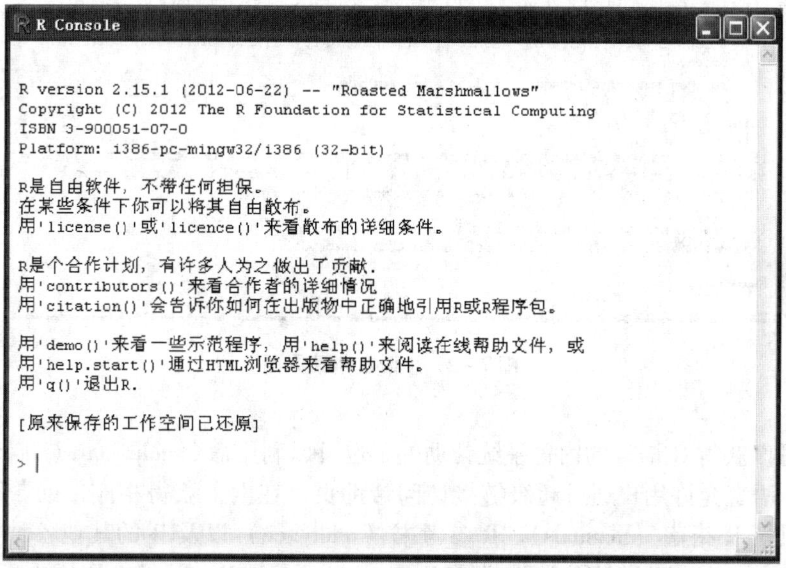

图 7 - 1 R 语言启动界面

R 语言的退出非常简单，可以直接关闭控制台窗口，或是用命令 q ()退出，当退出 R 语言时，会提示是否要保存工作环境。如果保存当前的工作环境，下次启动 R 时就会恢复上次的工作环境。

7.4 R 语言的帮助系统

R 语言提供了强大的内置帮助系统，为了得到 R 语言里任何特定名字的函数的帮助，例如想要知道 mean 函数的用法，可以使用如下命令：

```
> help(mean)
```

也可以使用：

```
> ? mean()
```

这两个命令是等价的，都会出现 R 帮助窗口，如图 7 - 2 所示。

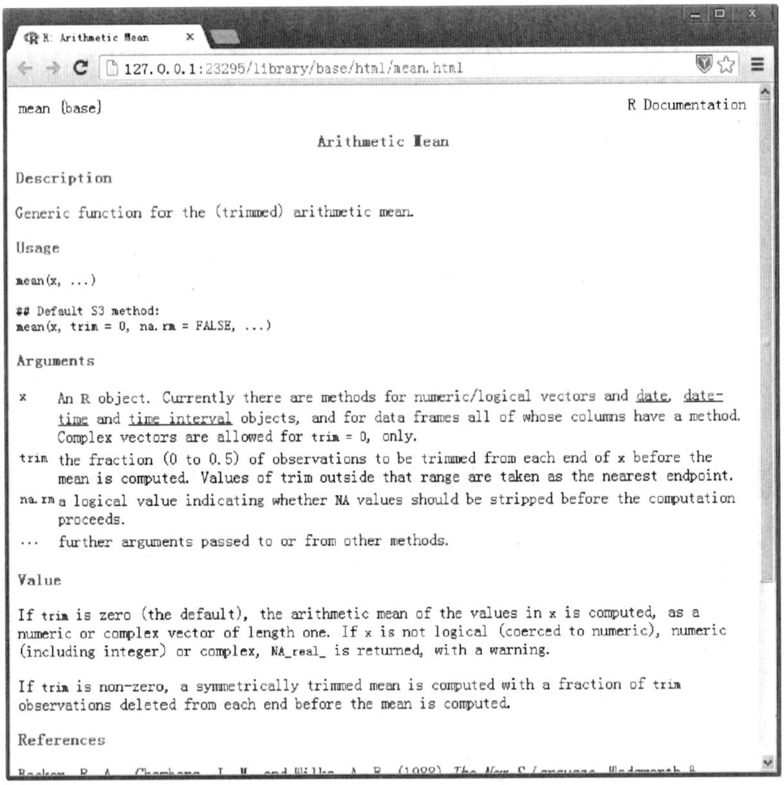

图 7 - 2　R 语言帮助界面

除了可以获得 R 语言的内置系统帮助外，也可以利用命令 help. start ( ) 启动一个网页浏览器，R 语言允许用户通过超级链接访问帮助页，在网上获得相应帮助。R 的网上帮助主要提供了 R 指南（manuals）、R 参考书（reference）以及 R 的其他各种资料（miscellaneous material）。R 指南主要提供了 An Introduction to R，Writing R Extensions，The R Language Definition，R Data Import/Export，R Installation and Administration 等的链接，其实这些指南在 R 的控制台帮助菜单下都可以获得（如图 7 - 3 所示）。R 参考书主要是有关各个包的介绍说明（packages）、搜索引擎和关键词（search engine & keywords）的链接，其中搜索引擎和关键词的链接特别有用，因为通过它搜索可以使用的函数来提供一个高层次的概念列表。这会让用户很快认清自己所处的位置并理解 R 语言提供函数能力的范围。

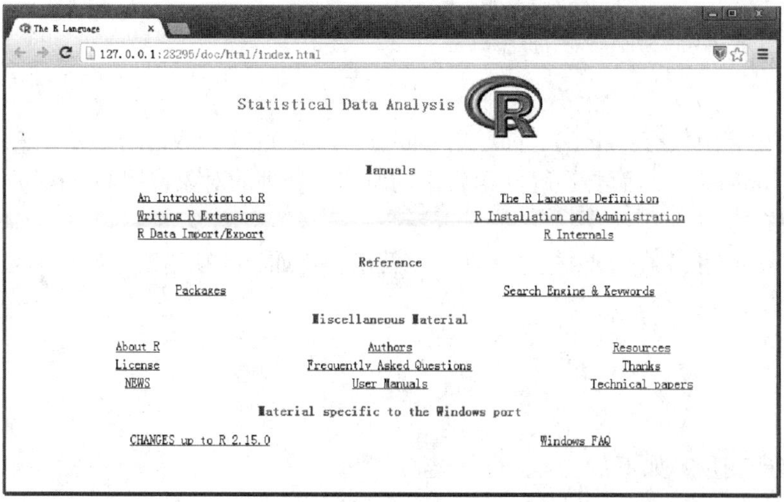

图 7-3 R语言在线帮助

有时我们需要知道关于某个函数的使用范例，例如我们想知道 mean ( ) 的范例，这时可以用命令：example(mean)

R 提供了如下范例：

mean > x < -c(0:10,50)

mean > xm < -mean(x)

mean > c(xm,mean(x,trim = 0. 1))

[1]8. 75 5. 50

mean > mean(USArrerts,trim = 0. 2)

Murder	Assault	Urbanpop	Rape
7. 42	167. 60	66. 20	20. 16

7.5 R 语言的算术运算

1. 算术运算

R 语言默认的命令提示符是“ > ”，如果用户在命令窗口下看到这个“ > ”，就可以用在其后进行运算。

(1) 计算 7 ×3，可执行如下命令：

\>7*3

\>21

(2) 计算 (7 +2) ×3，可执行如下命令：

\>(7 +2)*3

\>27

(3) 计算 $\log_2\left(\frac{12}{3}\right)$，可执行如下命令：

\>log(12/3 ,2)

\>2

(4) 计算幂 2×3^2，可执行如下命令：

```
>2*(3^2)
>18
```

常用的初等函数有：sin( )，cos( )，tan( )，exp( )；log(N，a) 表示 $\log_a^N$，查看内存中的对象用 objects( )。而要了解 R 语言中的所有可处理的对象，用 library( ) 命令。

2. 赋值

给变量赋值用“ < ”或“_ ”，两个字符串，比如将 3 赋给变量 x，修改变量 y 的取值为 4，可以使用命令：

```
>x<-3
```

或

```
>y_1+x
```

屏幕打印变量 x 如下：

```
>x
>3
```

或

```
>print(x*y)
>12
```

7.6 向量的基本操作

1. 连接命令

前一节，我们介绍的运算都是对单个标量数据的操作。然而，统计处理中最常见是对向量整体的操作和变换。比如，超市里某一品牌或某一类商品价格打 8 折，这是需要对这个品牌或类的所有商品价格进行乘 0.8 的运算。如果事先将这些价格输入一个向量，再对这个向量的每一个元素执行同样的操作，就可以提高运算效率。在 R 语言中，用于创建任意大小的数据向量的命令是 c（catenation 的缩写）语句，用户只需将组成向量的每个元素列出，并用 c 组合起来即可。基本运算如下：

【例 7.1】

```
>A.brand<-c(15,27,89)
>A. brand
  [1]  15  27  89
```

对整个向量处理的语法与标量的处理完全一致，如：

```
>A.brand*0. 8
  [1]  12. 0  21. 6  71. 2
```

上面的程序将向量中的每个元素乘 0. 8，其他运算完全类似。生成非数值类型的向量也可以使用 c 语句，如下所示：

```
>title.text<-c("This","is","for","sale")
>title.text
  [1]"This" "is" "for" "sale"
```

定义向量之后，可以用 ls( ) 查看新定义向量的名称。实际上，对向量的操作并不需要将数据集完全打开。此处我们重点介绍在程序脚本中如何对向量进行操作，这些操作主要包括查找数据、插入数据、更新数据、删除数据、向量与向量的合并、拆分向量等。在R语言中，这些操作符具有统一性的特点，这为用户学习带来极大的方便。

（1）向量 a 中的第 i 个位置的元素表示。

向量 a 中的第 i 个位置的元素表示为：$a[i]$，比如：

【例7.2】续【例7.1】

```
>A.brand[1]
 [1]  15
>A.brand[length(A.brand)]
 [1]  89
```

如果输入的位置超出向量的长度，则R输出 *NA*。*NA* 表示数据缺失，如下所示：

```
>A. brand[6]
 [1]  NA
```

提取向量 a 第 i_1，i_2，…，i_k 个位置上的元素的语法为：$a\{c(i_1, i_2, \cdots, i_k)\}$。

也可以用两步法定义一个新的向量表示要查找的位置，然后再提取这些数据，例如：

```
>position.a<-c(1,3,5)
>subset.a<-A.brand [position.a]
>subset.a
 [1]  15  89  NA
```

（2）在向量中插入新的数据。

在A. brand向量末尾添加两个新产品价格的书写方法是：

【例7.3】续【例7.1】

```
>add. A. brand<-c(A. brand,189,240)
>add. A. brand
 [1]  15  27  89  189  240
```

在向量的开头插入新数据的书写方法如下：

```
>addbegin. A. brand<-c(12,13,A. brand)
>addbegin. A. brand
 [1]  12  13  15  27  89
```

【思考题7.1】如何在向量的第 i 个位置后插入数据？

（3）向量与向量的合并。

将A. brand和B. brand两个向量合并为一个新向量的书写方法是：

```
>B. brand<-c(35,46,58)
>AB. brand<-c( A. brand,B. brand)
>AB. brand
 [1]  15  27  89  35  46  58
```

向量中元素的个数，成为向量的长度，查看向量中元素的个数，可以使用length命令，如下所示：

```
>length(add. A. brand)
 [1]  5
```

然而，值得注意的是，如果将非数值型向量和数值型向量合并，结果是所有数据类型被统一到R语言所默认的基本类型。

【例7.4】续【例7.1】

```
>a<-c(A.brand,title.text)
>a
 [1] "15" "27" "89" "35" "46" "58"
```

我们注意到，所有数据都统一为字符型，此时对 a 进行数值运算会发生错误：

```
>a*3
Error in a*3:Non-Numeric first operated
>a[1]*0.8
Error in a*3:Non-Numeric first operated
```

（4）在向量中删除数据。

在A.brand向量中删除起始位置的产品价格的方法是用减法，如下所示：

【例7.5】续【例7.1】

```
>delete.A.brand<-add.A.brand[-1]
>delete.A.brand
 [1] 27 89 189 240
```

删除A.brand向量末尾的产品价格的方法是：

```
>delete.A.brand<-add.A.brand[-length(add.A.brand)]
>delete.A.brand
 [1] 15 27 89 189
```

（5）更新向量中的数据。

【例7.6】续【例7.1】

将A.brand向量中第5个位置的产品价格改为22：

```
>A.brand[5]<-22
```

2. 序列命令seq

我们经常需要处理等差序列数据，比如，从1到100，处理时间从1900—2004年的每一年，比例从1.0，0.9，…，0.0递减，1 000以内7的倍数等。这些数据可以用seq命令处理，其语法结构如下所示：

```
seq(lower,upper,[increment],[length],…)
```

Lower表示序列起始的数据点，upper表示序列的终点，increment表示每次递增的步长。默认状态表示步长为1，length表示序列长度。

【例7.7】

```
>seq(1,10)
 [1] 1 2 3 4 5 6 7 8 9 10
>seq(1900,2000,6)
 [1]1900 1906 1912 1918 1924 1930 1936 1942 1948 1954
 [11]1960 1966 1972 1978 1984 1990 1996
>seq(1,0,-0.1)
 [1]1.0 0.9 0.8 0.7 0.6 0.5 0.4 0.3 0.2 0.1 0.0
```

使用默认值的序列还可用更简单的方式表示，比如：

```
>1:10      #seq(1,10)
```

如果我们知道序列终点可能的值，但不知道确切的终点，可以通过length控制得到序列：

\>seq(0,1,length =10)

上面这个序列起始于0，每次递增0.1，生成一个有10个数的数值型向量。用序列表示向量中的某些位置对于向量的插入和删除是相当方便的。

【例7.8】续【例7.7】

\>A. brand <-c(A. brand[1:5],123,34,A. brand[5:length(A. brand)])

其中A. brand[1:5]表示向量的前5个数据，A. brand[5:length (A. brand)]表示向量中从第5个到最后的数据。

\>A. brand <-A. brand[-c(1:5)]

上面的程序运行结果是将A. brand中的前5个数据删除。

3. 循环序列命令rep

循环序列也是我们经常需要处理的序列数据，也就是说，序列按照某种规律循环出现，比如，生成100个1，以及生成0，1循环出现的序列，这样的序列可以用rep命令快速生成，rep命令的语法结构如下所示：

rep(pattern,number of times,length)

其中，pattern表示序列的循环规律，number of times表示循环重复的次数。

【例7.9】

```
>rep(2,6)
 2 2 2 2 2 2
>rep(c(0,5),2)
 0 5 0 5
>rep(1:3,3)
 1 2 3 1 2 3 1 2 3
```

与seq类似，可以使用length命令控制序列的长度，比如：

```
>rep(c(1,4,6),length =5)
 1 4 6 1 4
```

【思考题7.2】猜测如下程序的输出结果：>rep(c(1,2,3),c(1,2,3))。

7.7 向量的运算

向量运算是对标量运算的扩展，将标量运算符用于数与向量的运算，相当于数与向量中每一个数的运算；将标量运算符用于向量与向量的运算，则相当于两个向量对应位置的每一对数的标量运算，结果将生成一个与原来两个向量长度相同的新向量。

【例7.10】

```
>a <-seq(0,20,3)
>2*a
 0 6 12 18 24 30 36
>a <-2*(02)
>b <-1:3
```

表7-1列出了a和b各种常用运算的执行结果。

表 7－1 两个向量的算术运算

a	b	$a+b$	$a-b$	$a*b$	a/b	a^b
0	1	1	－1	0	0	0
2	2	4	0	4	1	4
4	3	7	1	12	1.33	48

如果两个向量不等长，则运算仅进行函数计算，由此可以一次生成许多值，如下所示。

【例 7.11】计算

$$f(x, y)=\sqrt{\frac{2x^2+3y^3}{\tan(x)+\log(y)^2}}$$

我们可以对任意 n 个数据对（x，y），一次生成 n 个函数值，如下所示：

```
>x<-seq(2,10,2)
>y<-rep(1,5)
>f<-(2*x^2+3*y^3/(tan(x)+log(y))^2)^0.5
>f
 2.937406  5.851315  10.364631  11.316576  14.392239
```

最后，删除留驻于内存中向量的命令是：

```
>rm(a)
```

上面我们使用了两种括号，在 R 语言中，有 3 种括号：圆括号( )、方括号[ ]和花括号{ }，它们的使用方法如表 7－2 所示。

表 7－2 R 语言中不同括号的用法

括号	功能
()	在运算表达式中出现，表示运算优先级别，如：(a+b)*3
[ ]	指标的标志，如 a[3]
{}	出现在函数段中，表示一组命令，如：if {} else {}

7.8 向量的逻辑运算

R 语言中有两个逻辑值：TRUE 和 FALSE。它们用于对象的比较：

```
>3==4
F（这是电脑输出结果）
```

请注意，在比较两个数是否相等时，使用的是“==”号，而不是“=”号，常用的逻辑运算符如表 7－3 所示。

表7-3 R语言中不同逻辑运算符

符号	<	>	<=	>=	==	!=
功能	小于	大于	不大于	不小于	相等	不等于

【例7.12】假设price表示某一公司推出的所有产品价目表，将price中大于10的所有数据找出来：

```
>price<-c(2,3,10,11,15)
>large10<-price[price>10]
 [1]  11  15
```

【例7.13】续【例7.12】计算price中大于10的数据的平均值：

```
>mean(price[price>10])
 [1]  13
```

【思考题7.3】猜测计算sum(price>10)的输出结果。

7.9 复杂的数据结构

这一节将介绍四种不同的数据对象：矩阵、数组、数据框架和列表。其中矩阵是二维向量，它的每一个元素需用两个指标表示，第一个指标表示元素所在的行，第二个指标表示元素所在的列。同理，可以推广到一般的n维数组。数据框架在形式上与二维矩阵类似，都要求有固定的行和列。它最大的不同是可以允许不同的列采用不同的数据类型；列表数据框架的扩展，可以允许不同的列采用不同的数据类型；列表数据框架的扩展，可以允许不整齐的行和列，它是所有结构中最常用的，它在形式上不必是整齐的，可以由不同类型的数据混合而成。

7.9.1 矩阵的操作和运算

1. 定义矩阵

定义矩阵的语法是：

matrix(data, nrow, ncol, [byrow = F])

【例7.14】假定我们有国民经济数据data，其中显示了2003年中国、日本、韩国三个国家的GDP（单位：10^{12} US $）、年末人口（单位：亿）及通货膨胀率（单位：100%）：

```
>macroecno<-c(1.4,12.92,1.2,4.5,0.56,-0.8,0.4,0.5,1.7)
>asia.data<-matrix(macroecno,nrow=3,ncol=3,byrow=T)
>asia.data
      [,1]   [,2]    [,3]
[1,]  1.4    12.92   1.2
[2,]  4.5    0.56    -0.8
[3,]  0.4    0.5     1.7
```

单纯的数据矩阵不能表示每一行和每一列所表示的含义，给数据赋予行名和列名在处理数据中非常重要。

【例 7.15】给数据指定列名和行名：

```
>dimnames(asia.data)
  NULL
>dim(asia.data)
  3,3
>row.name<-c("China","Japan","Korea")
>col.name<-c("GDP","POP","INFLAT")
>dimnames(asia.data)<-list(row.name,NULL)
>asia.data
          [,1]    [,2]    [,3]
  China   1.4     12.92   1.2
  Japan   4.5     0.56    -0.8
  Korea   0.4     0.5     1.7
>dimnames(asia.data)<-list(NULL,col.name)
      GDP   POP    INFLAT
[1,]  1.4   12.92  1.2
[2,]  4.5   0.56   -0.8
[3,]  0.4   0.5    1.7
>dimnames(asia.data)<-list(row.name,col.name)
>asia.data
          GDP     POP     INFLAT
  China   1.4     12.92   1.2
  Japan   4.5     0.56    -0.8
  Korea   0.4     0.5     1.7
>dimnames(asia.data)
  [[1]]:
  [1]"China","Japan","Korea"
  [[2]]:
  [2]"GDP","POP","INFLAT"
```

第一行 dimnames 函数用于检查行或列的名称，第一行结果为 NULL，表示名称为空；第五行 dimnames 函数的作用是给矩阵赋予名称，行和列的名称用“,”隔开，NULL 表示取消相应的行或列名称。

2. 矩阵元素的表示

矩阵 a 中第 i, j 个位置的元素表示为：$a[i,j]$，比如：

```
>asia.data[2,1:2]
  GDP   POP
  4.5   0.56
```

矩阵中省略列标志，则表示取每一列，这种办法可以用来表示某行，同样的道理也适用于表示某列。比如取 a 中第 j 列元素表示为：$a[,j]$。

【例7.16】续【例7.14】

```
>asia.data[2,]
  GDP   POP   INFLAT
  4.5   0.56  -0.8
```

也可以用行名或列名直接提取行或列向量：

```
>asia.data["Japan","POP"]<-59
>asia.data["Japan","POP"]
  59
```

3. 矩阵的运算

矩阵中运算分为元素对元素的运算和矩阵的运算两类。元素对元素的加、减、乘、除法运算与向量的运算是类似的，在对矩阵进行元素对元素运算的时候，需要保证两个矩阵具有相同的行数和列数。如下所示：

```
>a<-matrix(c(1,2,3,4),2)
>b<-matrix(c(2,1,2,1),2)
>a/b
        [,1]   [,2]
  [1,]  0.5    1.5
  [2,]  2.0    4.0
```

一个数与矩阵的运算相当于数与矩阵的每一个元素的运算。$n \times s$ 阶矩阵左乘 $s \times m$ 阶矩阵用% * %表示：

```
>x<-c(2,1)
>a %* % x
        [,1]
  [1,]    5
  [2,]    8
```

一个矩阵和一个方阵的除法，相当于矩阵左乘方阵的逆运算，矩阵的逆运算用 solve 表示：

```
>a
        [,1]  [,2]
  [1,]    1     3
  [2,]    2     4
>solve(a)
        [,1]  [,2]
  [1,]   -2    1.5
  [2,]    1   -0.5
```

【思考题7.4】计算 asia.data 中的人均 GDP。

4. 矩阵的合并

增加若干列用 cbind 函数，增加若干行用 rbind 函数；求矩阵列数用 cnol 表示，求解矩阵行数用 rnol 表示：

```
>a
```

```
      [, 1] [, 2]
[1,]    1     3
[2,]    2     4
>addc <-c (5, 6)
>a <-cbind (a, addc)
>a
          addc
[1,]    1  3  5
[2,]    2  4  6
```

【思考题 7.5】在 asia.data 中插入 Australia 数据：GDP：0.53；POP：0.10；INFLAT：2.3。

7.9.2 数组

1. 数组的定义

矩阵是二维向量，数组则是多维矩阵，生成数组与生成矩阵类似：

```
>a <-array(1:24,c(3,4,2))
>a
, , 1
      [,1]  [,2]  [,3]  [,4]
[1,]    1     4     7    10
[2,]    2     5     8    11
[3,]    3     6     9    12
, , 2
      [,1]  [,2]  [,3]  [,4]
[1,]   13    16    19    22
[2,]   14    17    20    23
[3,]   15    18    21    24
```

2. 数组的行列计算函数

在 R 语言中，关于数组的行或列的统计函数有很多，其中有代表性的函数如下：colMeans（列求均值），colVars（列求方差），colSums（列求和），colStdevs（列求标准差）；rowMeans（行求均值），rowVars（行求方差），rowSums（行求和）；rowStdevs（行求标准差）。

除此之外，apply 函数可以对指定的数组和矩阵的行列应用 R 语言中所有用于向量计算的函数，它的语法是：

```
apply(data,dim,function,…)
```

data 表示待处理的矩阵或数组的名称；dim 表示指定的维，1 表示行，2 表示列；“…”表示对所有函数参数的设定。

【例 7.17】续【例 7.14】计算 asia.data 中 GDP，POP，INFLAT 的最小值：

```
>apply(asia.data,2,min)
 GDP   POP   INFLAT
```

```
0.4      0.5   -0.8
```

有时，我们不仅要计算出最小值，还要确定最小值所在的位置。

【例7.18】续【例7.14】求数组 asia. data 中的最小值所在的行和列：

```
> col(a)[ asia. data == min(asia. data)]
>3
> row(a)[ asia. data == min(asia. data)]
>2
```

上式中，col( )和 row( )函数分别输出矩阵每个元素所在的行和列。

【思考题7.6】请输出 asia. data 中 GDP 最小值所在的行和列。

7.9.3 数据框架

在 R 语言中最有用的存储数据的结构是数据框架。当矩阵中插入新的数据类型时，为避免不同的数据类型相互撞车，R 语言会将其中所有数据类型统一成默认类型。这时，原有的数据类型就发生改变，这不是我们所希望的。因此需要将矩阵格式转换成数据框架格式，请看下例。

【例7.19】续【例7.14】

```
> IS. AS < -c("AS","AS","AS")
> asia. data < -cbind(asia. data,IS. AS)
> apply(asia. data,2,max)
```

此时，R 语言会发出错误信息，表示数据类型不匹配。事实上，矩阵中的数据类型全部转换成字符串型，不符合 max 函数定义的数据类型。定义数据框架可以出现不同的数据类型，如下所示：

【例7.20】续【例7.14】定义数据框架：

```
> asia. frame < -data. frame(asia. frame,IS. AS)
> asia. frame
         GDP   POP    INFLAT   IS. AS
China    1.4   12.92   1.2      AS
Japan    4.5   0.56   -0.8      AS
Korea    0.4   0.5     1.7      AS
> apply(asia. data,2,max)
 GDP   POP   INFLAT
 4.5   12.92   1.7
```

可以像定义矩阵的行名和列名一样为数据框架定义名称。定义了名称的数据框架，可以只用列名或行名方便地处理列或行，但是之前需要用 attach ( )命令将所需处理的数据绑定，attach 用法如下：

```
> attach(asia. frame)
> GDP
 China    Japan   Korea
   1.4      4.5     0.4
```

解除绑定用 detach ( )函数命令。

7.9.4 列表

列表是比数据框架更为松散的数据结构，列表可以将不同类型、不同长度的数据打包，而数据框架中则要求被插入的数据长度和原来的长度一致。比如：

```
> IS. AS <-c("China","Japan","Korea")
> list(asia. frame,country)
  [[1]]:
            GDP    POP    INFLAT   IS. AS
  China     1. 4   12. 92  1. 2     AS
  Japan     4. 5   0. 56   -0. 8    AS
  Korea     0. 4   0. 5    1. 7     AS
  [[2]]:
  [1] "China","Japan","Korea"
```

7.10 数据处理

7.10.1 读入数据

1. 从键盘输入数据

【例 7.21】

```
> x <-scan()
  1:23   45   68   8
  5:34   7
  7:
> x
  [1] 34   45   68   8   34   7
```

2. 读入矩阵

【例 7.22】

```
> matrix(scan("c:\\data \\wh. txt"),3,3)
       V1      V2     V3
  1    0. 64   0. 32   0
  2    0. 28   0. 14   1
  3    0. 00   1. 23   0
```

3. 读入数据框架

read. table 将以文件或数据表格式保存的数据调入。

【例 7.23】

```
> a = read. table("c:\\data\\wh. txt",header = T)
       V1      V2     V3
  1  0. 64   0. 32   0
  2  0. 28   0. 14   1
```

3　0.00　　1.23　　0

7.10.2　编写函数

常用的函数控制命令及语法如下所示：

1．控制结构

(1) if(condition)语句。

(2) else 语句。

2．循环结构

(1) for(变量 in 序列)语句。

(2) while(condition)语句。

(3) repeat 语句。

3．跳出：break

【例 7.24】计算 1，2，…，数列的连乘积，直到积大于 10^5：

```
>n<-0  #iteration counter
>times.so.far <-1
 while(times.so.far< =10^5)
 {
 n<-n+1
 time.so.far<-time.so.far*n
 }
```

也可以使用 repeat 语句，如下所示：

```
>n<-0  #iteration counter
>times.so.far<-1
 repeat ()
 {
 n<-n+1
 time.so.far<-time.so.far*n
 if(time.so.far! <10^5)break
 }
```

【例 7.25】在数据表 7-4 中，每一行列位置只取一个英文字母，求每一行中同时出现 A 和 B 的行数。

表 7-4

ID	V1	V2	V3	V4	V5
1	A	A	D	B	A
2	A	B	A	C	B
3	E	A	E	A	A
			…		

```
>mydata<-read.table(mydata,header=T)
```

```
> rl < -nrow(mydata)
> n < -0   #iteration counter
  for(i in 1:rl)
  { if( ( sum( mydata[ i, ] == "A") > 0)
  &( sum( mydata[ i, ] == "B") > 0)
  n < -n + 1
  }
```

7.10.3 常用统计函数

在 R 语言中可以进行随机变量概率密度、累积概率和分位数的运算，所用的函数名称有统一的格式：在相应的概率分布名称前加入字符 d/p/q/r 即可。在 R 语言中可以产生各种单变量伪随机数，方法是在相应的概率分布名称前加入字符 r 即可。

【例 7.26】

（1） > dnorm(x)计算标准正态分布在点 x 处的密度值。

（2） > pnorm(x,2,1)计算均值为 2、标准差为 1 的正态分布在点 x 处的分布函数值 $P(X\leqslant x)$。

（3） > qnorm(x,3,2)计算均值为 3、标准差为 2 的正态分布 p 分位数。

（4） > rnorm(x)产生标准正态分布伪随机数 n。

R 语言中常用的概率密度函数如表 7 – 5 所示。

表 7 – 5 R 语言单变量概率分布的名称和参数设置

分布	R 语言中分布名称	参数设置	分布	R 语言中分布名称	参数设置
Beta	beta	形状，尺度	Logistic	logis	位置，尺度
Binomial	binom	试验次数，成功率	Negative-binomial	nbinom	试验次数，成功率
Cauchy	cauchy	位置，尺度	Normal	norm	均值，均值差
Chisquared	chisq	自由度	Normal range	nrange	Size
Exponential	exp	λ	Possion	pois	λ
F	f	自由度 1 和 2	Stabel	stab	索引，偏度
Gamma	gamma	形状	T	t	Df
Geometric	geom	成功率	Uniform	unif	区间端点
Hypergeometric	hyper	M，n，k	Weibull	weibull	形状
Log-normal	lnorm	Meanlog，sdlog	Wilcoxon	wilcox	M，n

7.11 R 语言的图形功能

7.11.1 基本命令

在作数据探索及分享分析结果时，强大的图形扮演着很关键的角色。当进行更深层的数据探索时，如果没有图形，分析人员很容易迷失在许多简要的统计数值及文字报表中，而不能及时发现隐藏在数据中的趋势及相关性。运用 R 语言的探索式图形技术，分析人员可以透视并展现隐藏在数据中的模式，从而获得意想不到的发现。

R 语言提供了非常丰富的 2D 和 3D 图形库，包括直方图、条形图和散点图等各种复杂的图形。R 语言的图形是面向对象的，用户可以修改其中每一个细节，调整图形的属性，包含线条、颜色、字形等，输出高品质和满足报表需求的图形。R 语言实现了数据与用户的互动，帮助分析人员找出异常值或选择相关的数据作图。

在 Windows 操作系统中，只要有两个向量 x 和 y，就可以制作简单的散点图：

```
>x<-1:20
>y<-x^3
>plot(x,y)
```

用类似于 plot 的作图命令同样也可以启动图形窗口（见图 7－4）。制作线形图的方法是，在 plot 函数的参数设置中增加 type = "l"：

```
>plot(x,y,type = "l")
```

【例 7.27】上机实践下列 R 语句：

```
>plot(x,y)
>points(rev(x),y)
>lines(x,5432 - 0. 5*y)
>points(x^0. 5,y,pch = 3)#add crosses
>points(x,8000 - y,pch = " $ ")#use a dollar symbol
>lines(x,y,lwd = 4)#thick line
>lines(rev(x),y,lty = 2)#dashed line
>plot(x,y,xlab = "X is Across",ylab = "Y is Up")
>title("Title are Tops")
>text(6,4000,"This goes anywhere")
```

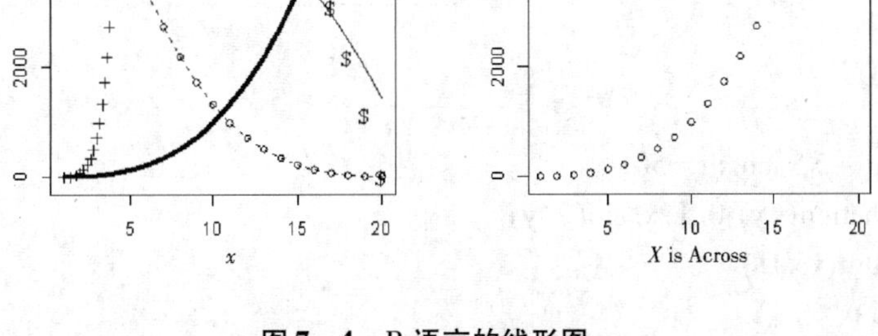

图 7－4　R 语言的线形图

上述程序语言中第 2 行、第 3 行在已有图形上增加点或线，第 4 行、第 5 行用 pch 改变点的形状，第 6 行用 lwd 改变线的宽度，第 7 行用 lty 改变线的虚实，第 8 行用 xlab 添加坐标轴标记，第 9 行最后在图上添加标题。图形显示如图 7 -4 所示。

plot 中常用设置如表 7 -6 所示。

表 7 -6　R 语言中不同逻辑运算符

参数	参数的设置	参数的功能
type	"p"	散点图
	"l"	线型图
	"b"	点线图
	"h"	竖线图
	"o"	点线合一图
	"n"	不描绘图形
axes	T	有坐标轴
	F	没有坐标轴
main	"标题内容"	标题
sub	"副标题内容"	副标题
xlab	"x 轴显示内容"	设置 x 轴显示
ylab	"y 轴显示内容"	设置 y 轴显示
xlim	c(x 最小，x 最大)	设置 x 轴最小、最大刻度
ylim	c(y 最小，y 最大)	设置 y 轴最小、最大刻度
pch	"数据点显示样式"	数据点显示样式
lwd	1 为默认设置，2 为两倍宽	设置线的宽度
lty	1 为实线，2 为虚线	设置线的类型
col	17 种颜色设置	颜色设置

7.11.2　多图显示

在一个图形界面中可以同时展示多个图形（见图 7 -5），方法是使用 par( )函数将图形显示区域拆分为几个部分。

【例 7.28】上机练习如下作图程序：

```
> a <-runif(500, -5,5)
> y <-0.1*a*sin(2*a)
> par(mfrow = c(2,3))
> plot(a,y)
> qqnorm(y)
> hist(y)
> x <-seq( -5,5,length =50)
> f1 <-function(x,y){0.1*x*sin(2*y)}
> z1 <-outer(x,x,f1)
> persp(z1)
> f2 <-function(x,y){sin(x) + cos(y)}
> z2 <-outer(x,x,f2)
```

```
>persp(z2)
>plot(sin(3*x),sin(6*x),type = "l")
```

上面第三行程序显示将区域均匀拆分成2行3列的矩形区域，可以在这些区域中依次排列显示6个图形。hist()函数用于绘制直方图，qqnorm()用于绘制正态得分图。

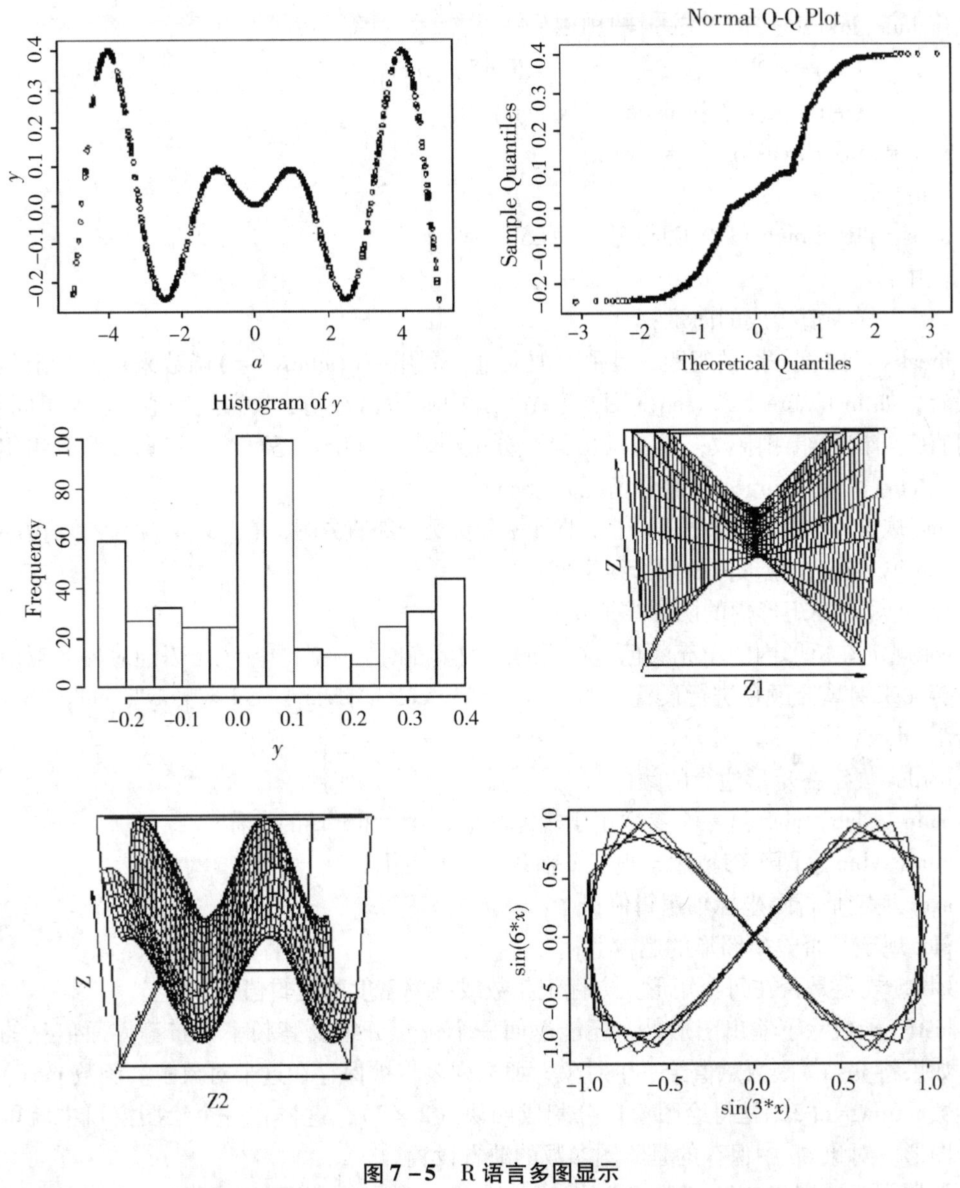

图7-5 R语言多图显示

7.11.3 直方图

对于数据的分析，常用直方图（Histogram）进行描述。将数据的取值范围分成若干互不重叠的区间（一般是等间隔），区间的长度被称为组距。图形统计数据落入每个区间的频数或者频率，常用于表示连续型变量的频数分布，实际应用中常用于考察变量的分布是否服从某种分布类型，如正态分布。图形以矩形的面积表示各组段的频数（或频率)，各矩形的面积总和为总频数（或等于 1）。R 语言里用函数式 hist ( ) 来作直方图，也可以用频率作直方图，在 R 语言里作频率直方图很简单，只要把 probability 参数设置为 T 就可以了，默认为 F。hist( ) 的一般用法为

```
hist(x,breaks = "Sturges",
freq = NULL,probability = ! freq,
include. lowest = TRUE,right = TRUE,
        density = NULL,angle = 45,col = NULL,border = NULL,
        main = paste("Histogram of",xname),
xlim = range(breaks),ylim = NULL,
xlab = xname,ylab,
axes = TRUE,plot = TRUE,labels = FALSE,…)
```

其中:

x 是由样本值构成的向量;

breaks 规定直方图的组距，其值可取向量，利用 seq(a,b,by = c) 函数来对向量取值进行设置，如 hist(x,breaks = (seq(a,b,by = c))，其中 a 为最小值，b 为最大值，c 为组间距；也可直接给出各组组限数；或者给出等距分组组数字符串；还可给出计算等距分组组数的算法的名称 ["Sturges"（缺省情况）、"Scott"、"FD"];

freq 规定直方图的类型的逻辑性，取 T 表示频数分布直方图，取 F 表示频率密度直方图;

density 规定在矩形内的阴影线密度;

angle 规定在矩形内的阴影线角度;

col 规定在矩形内的填充颜色，在用阴影线填充时，阴影线颜色可以通过输入对应颜色的英文来对填充颜色进行设置，如 col = "red"，col = "green"，col = "gray"，col = "blue"，col = "yellow" 等;

border 规定在矩形边缘的颜色;

main，xlab，ylab 这三个参数用于规定图形、x 轴和 y 轴的名称;

xlim，ylim 这两个参数用于规定 x 轴和 y 轴的范围;

axes 规定是否画坐标轴逻辑值;

plot 规定是否输出图形的逻辑值;

labels 规定是否在每个矩形上方标记频数或频率密度的逻辑值。

hist( ) 函数除了输出图形外，还能返回一个包含分组及其频率分布等方面信息的列表，如果将 hist( ) 函数赋值给一个对象，那么列表将被保存在这个对象中。函数 par( ) 中的参数 mfrow = c(2,2)是将绘图窗口分割成四块（2 × 2），这样在一个绘图窗口中就可放四个图形。对象 op 中保存的是绘图参数的缺省设置。

例如，对“老忠实”间歇温泉的间隔时间作频数的直方图（见图 7 - 6 和图 7 - 7）。

```
> x = faithful
> op = par(mfrow = c(2,2))
> hist(x$waiting,breaks = (seq(40,100,by = 6)),density = 8,angle = 60,col = "red",border = 4,la-
bel = T)
> hist(x$waiting,breaks = (seq(40,100,by = 5)),col = "red",border = 4,label = T,ylim = c(0,50))
> hist(x$waiting,breaks = (seq(40,100,by = 3)))
```

```
> hist(x$waiting,breaks = (seq(40,100,by = 2)))
> par(op)
```

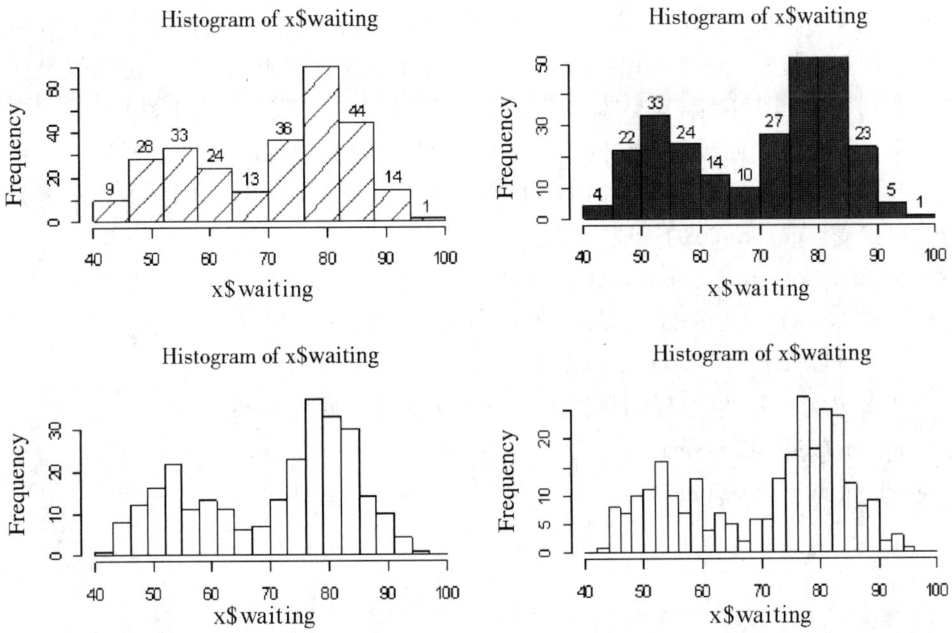

图 7-6　“老忠实”间歇温泉的间隔时间频数直方图

与直方图相配的是核密度估计函数 density ( )，其功能是用已知样本估计总体密度。

```
> hist(faithful$waiting,prob = T)                    #按频率绘制直方图#
> hist(faithful$waiting,prob = T)                    #按频率绘制直方图#
> lines(density(faithful$waiting))                   #增加概率密度曲线#
```

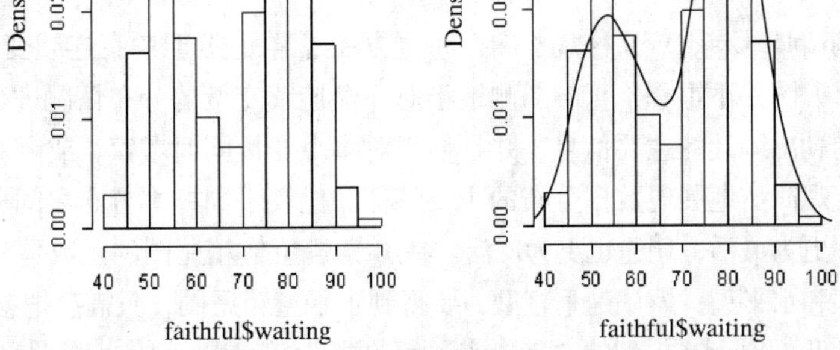

图 7-7　用已知样本估计总体密度

7.11.4 正态概率 QQ 图

正态概率 QQ 图展示的是样本的累积频率分布与概率正态分布的累积概率分布之间的关系，即正态概率 QQ 图是以标准正态分布的分位数为横坐标，样本值为纵坐标的散点图。要利用 QQ 图鉴别样本数据是否近似于正态分布，只需要看 QQ 图上的点是否近似地在一条直线附近，而且该直线的斜率为标准差，截距为均值。用 QQ 图还可以获得样本偏度和样本峰度的粗略信息。如果图中各点为直线或接近直线，则样本为正态分布的假设可以接受。qqnorm( )的一般用法是

```
qqnorm(y,ylim,main = "Normal Q-Q Plot",
xlab = "Theoretical Quantiles",ylab = "Sample Quantiles",
        plot. it = TRUE,datax = FALSE,…)
```

对“老忠实”间歇温泉的间隔时间作正态 QQ 图（见图 7 -8）。

```
> qqnorm(faithful$waiting)          #正态 QQ 图#
> qqline(faithful$waiting)          #期望正态 QQ 图(直线)#
```

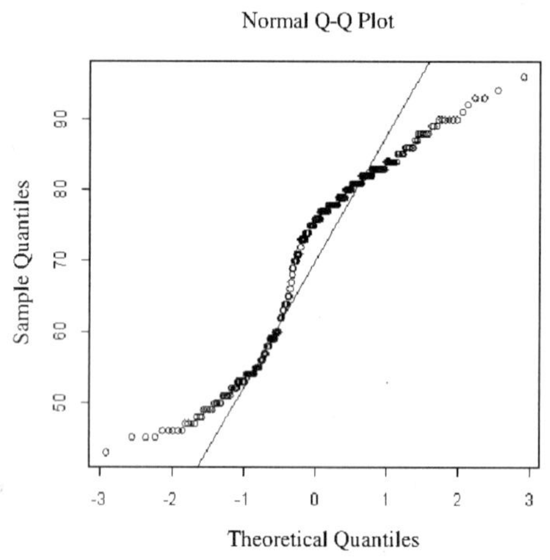

图 7 -8 “老忠实”间歇温泉间隔时间正态 QQ 图

7.11.5 箱尾图

箱尾图（Boxplot Gragh）又称盒子图，和直方图一样是用于考察连续变量的分布情况，但它的功能和直方图并不重叠，直方图侧重于对一个连续变量的分布情况进行详细考察，而箱尾图注重于勾勒出统计的主要信息，并且便于对多个变量同时考察，或者对一个变量进行分组考察，能直观简洁地展现数据分布的主要特征，比较不同样本分布之间分布的差异，在使用上比直方图更为灵活，用途也更为广泛。在 R 语言里作箱尾图的函数是 boxplot( )，而且可以设置垂直型和水平型，默认是垂直型，要得到水平型箱尾图，只需要把参数 horizontal 设为 T 即可。例如我们对上文提到的“老忠实”间歇温泉的间隔时间作箱尾图（见图 7 -9）。

```
> boxplot(x$waiting,ylab = 'waiting')
```

```
> boxplot(x$waiting,main = 'waiting',horizontal = T)          #水平放置#
```

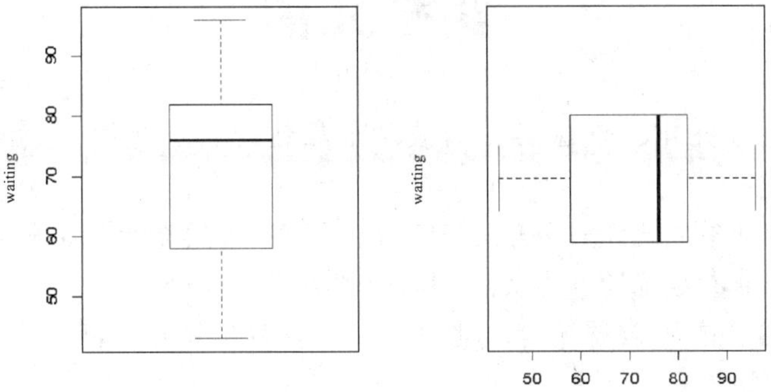

图 7-9 "老忠实"间歇温泉间隔时间的箱尾图

复习题

1. 上机实践：R 语言自带"老忠实"间歇温泉数据集 faithful，它有两个变量：等待时间 waiting 和喷发时间 duration，其中前者表示任意两次喷涌的间隔时间，后者表示任意一次喷涌持续时间，完成以下任务：

（1）将等待时间 50 分钟以下的数据挑选出来。

（2）将等待时间 50 分钟以下，且等待时间不等于 15 分钟的数据挑选出来。

（3）将等待时间 50 分钟以下的喷发时间挑选出来。

（4）将喷发时间大于 50 分钟的等待时间挑选出来。

2. 用 R 语言随机产生 100 个 $N(3, 5^2)$ 分布的观察值和 20 个 $N(5, 3^2)$ 分布的观察值。作出这 120 个数据的直方图、盒子图和 QQ 图并解释图上表现出的特征。

3. 随机产生一个 100 个数的 $N(0, 1)$ 观察值，对它们作指数和对数变换如下：

$$y = \begin{cases} (x^\lambda - 1)/\lambda, & \lambda \neq 0 \\ \log x, & \lambda = 0 \end{cases}$$

画出 $\lambda=0$，$\lambda=1$ 以及 $\lambda=-1$ 相应的直方图和 QQ 图，解释你所观察到的结果。

参考文献

[1]陈希孺，方兆本，李国英，陶波．非参数统计．上海：上海科学技术出版社，1989.

[2]易丹辉．非参数统计——方法与应用．北京：中国统计出版社，1996.

[3]吴喜之．非参数统计．北京：中国统计出版社，1999.

[4]茆诗松等．高等数理统计．北京：高等教育出版社，海德堡：施普林格出版社，1998.

[5]孙山泽．非参数统计讲义．北京：北京大学出版社，2000.

[6]王星．非参数统计．北京：中国人民大学出版社，2005.

[7]叶阿忠．非参数计量经济学．天津：南开大学出版社，2003.

[8]李竹渝，鲁万波，龚金国．经济、金融计量学中的非参数估计技术．北京：科学出版社，2007.

[9]W. J. Conover. *Practical Nonparametric Statistics*（3rd ed.）. New York：John Wiley & Sons，1998.

[10]P. Sprent，N. C. Smeeton. *Applied Nonparametric Statistical Methods*（4th ed.）. London：Chapman & Hall，2007.

[11]P. J. Green，B. W.，Silverman. *Nonparametric Regression and Generalized Linear Models：A Roughness Penalty Approach*. London：Chapman & Hall/CRC，1993.